U0319842

金属矿地下开采职业危害防控技术

主　编　王洪胜　徐晓虹
副主编　闫香果　李静芸

北　京
冶　金　工　业　出　版　社
2020

内 容 提 要

本书内容主要包括：金属矿地下开采；矿山常见职业性有害因素；矿山职业性有害因素的测定；矿山职业性有害因素的控制；矿山职业性有害因素可能引起的职业病。

本书可作为矿山企业职业危害防控的培训教材，也可供相关研究人员和大专院校有关师生参考。

图书在版编目(CIP)数据

金属矿地下开采职业危害防控技术/王洪胜，徐晓虹主编. —北京：冶金工业出版社，2020.9
ISBN 978-7-5024-5914-7

Ⅰ.①金… Ⅱ.①王… ②徐… Ⅲ.①金属矿开采—地下开采—职业危害—防护 Ⅳ.①TD853

中国版本图书馆 CIP 数据核字（2020）第 169225 号

出 版 人 陈玉千
地　　址 北京市东城区嵩祝院北巷 39 号 邮编 100009 电话 (010)64027926
网　　址 www.cnmip.com.cn 电子信箱 yjcbs@cnmip.com.cn
责任编辑 俞跃春 杜婷婷 美术编辑 郑小利 版式设计 禹 蕊
责任校对 郭惠兰 责任印制 李玉山
ISBN 978-7-5024-5914-7
冶金工业出版社出版发行；各地新华书店经销；三河市双峰印刷装订有限公司印刷
2020 年 9 月第 1 版，2020 年 9 月第 1 次印刷
169mm×239mm 13.25 印张；255 千字；201 页
86.00 元

冶金工业出版社 投稿电话 (010)64027932 投稿信箱 tougao@cnmip.com.cn
冶金工业出版社营销中心 电话 (010)64044283 传真 (010)64027893
冶金工业出版社天猫旗舰店 yjgycbs.tmall.com
（本书如有印装质量问题，本社营销中心负责退换）

前　言

随着社会进步和人们健康意识的提高，矿山企业职业危害问题越来越引起人们的重视。但因矿山开采强度的增大以及机械化程度的提高，矿山尘害问题日趋突出，主要表现为职业病人数居高不下，用人单位职业危害严重，这已成为制约矿山企业健康持续发展的重大问题之一。它不仅给社会、企业带来极大的经济负担，也给个人及家庭带来极大的痛苦和精神压力。因此，掌握矿山职业性有害因素的来源、基本物化特性、侵入人体的途径，对人体可能造成的危害；了解矿山职业性有害因素可能引起的职业病，及其发病机制、病理改变及临床表现，具备基本的预防知识；对于加强矿山企业接触职业危害因素的作业人员的自我防范意识，提高矿山企业职业危害因素治理的管理水平，降低职业病的发生几率，具有重要的现实和长远意义。

本书以矿山开采一般工艺过程为切入点，对矿山常见的职业性有害因素进行了全面介绍，并详细阐述了每一类职业有害因素的检测方法和控制措施。在此基础上综合分析了矿山系统常见的职业性有害因素可能引起的职业病，并对各类职业病的鉴别、预防与治疗进行了阐述，具体内容包括：金属矿山开采的一般结构、开采、运输的方法；矿山粉尘、刺激性气体、窒息性气体、物理性有害因素的测定和控制；矿山常见职业性有害因素可能导致的尘肺病，有毒有害气体导致的职业中毒，物理因素引起的中暑、冻伤、减压病、高原病、噪声聋、手臂振动病等职业病的发病机制、表现特征及其预防及治疗等。

本书由北京市化工职业防治院（北京市职业病防治研究院）王洪胜、徐晓虹、闫香果、黄晓罡、王红、徐国良、刘雪琴，国家卫生健康委职业安全卫生研究中心李静芸，五矿矿业控股有限公司西石门铁矿张法胜，五矿矿业控股有限公司芜湖和成矿业发展有限公司孙二伟，五矿矿业控股有限公司技术中心王志君，河北科技大学孙忠强，吉林电子信息职业技术学院陈国山等共同编写。编写分工为：王洪胜、陈国山（第1章），张法胜、王志君（第2章），徐晓虹、刘雪琴（第3章），孙二伟、孙忠强（第4章），闫香果、王红、李静芸（第5章），黄晓罡、徐国良（第6章）。王洪胜、徐晓虹担任主编，闫香果、李静芸担任副主编。

本书在编写过程中，参考了有关专家、学者的相关著作和成果，在此一并致以真诚的感谢！

由于编者水平所限，书中不妥之处，恳请广大读者批评指正！

作　者

2020年4月

目　　录

1　金属矿地下开采

1.1　地下开采一般结构

地下开采的矿床通常有两种情况：一是埋藏较深的盲矿体，即矿体的上端距地表的垂直距离较深；二是矿体上端虽然较浅甚至有露头，但延伸到较大的深度。第一种矿床一般采用单一地下开采，第二种矿床一般浅部采用露天开采，深部采用地下开采。

金属矿床地下开采中，首先把井田（或称矿田）在垂直方向上划分为阶段，然后再把阶段垂直方向上划分为矿块（或采区）。矿块（或采区）是独立的回采单元。地下开采一般结构如图 1-1 所示。

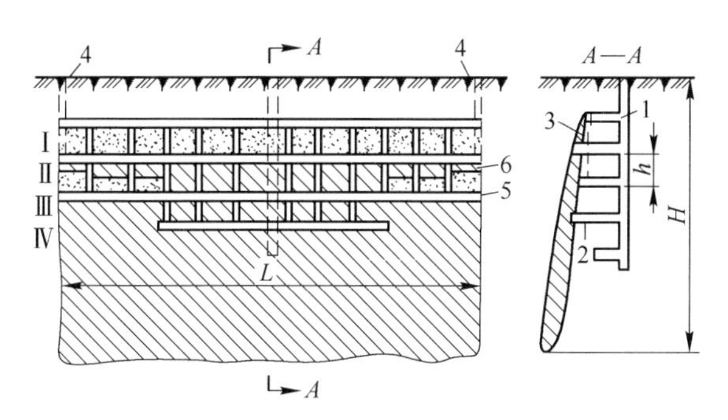

图 1-1　地下开采一般结构示意图

Ⅰ ~ Ⅳ—不同的开采阶段；H—矿体垂直埋藏深度；h—阶段高度；L—矿体的走向长度；

1—主井；2—石门；3—天井；4—排风井；5—阶段运输巷道；6—矿块

矿床结构随采矿方法而异，一般由矿房和矿柱构成，并在水平方向上依据其与矿体的走向关系有不同的布置方式，如图 1-2 所示。

1.2　采矿方法

1.2.1　采矿方法的概念

采矿方法是研究矿块内矿石的开采方法，它包括采准、切割和回采三项工作，是采准、切割、回采在空间上、时间上的有机结合，采矿方法是采准、切割、回采的总称。采准工作是按照矿块构成要素的尺寸来布置的，为矿块回采解

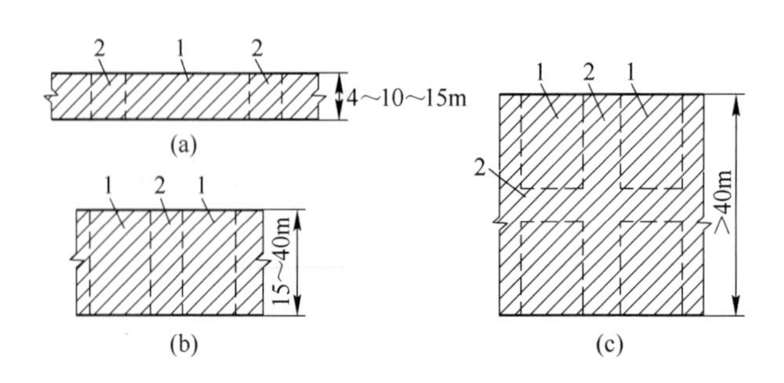

图 1-2　铁矿及其布置方式示意图

（a）沿走向布置；（b）垂直走向布置；（c）垂直走向布置且沿走向矿柱

1—矿房；2—矿柱

决行人、矿石搬运、运送设备材料、通风及通信等问题；切割则为回采创造必要的自由面和落矿空间等这两项工作完成后，再直接进行大面积的回采。采准、切割、回采这三项工作都是在一定的时间与空间内进行的，把它们联系起来，并依次在时间与空间上做有机配合，这一工作总称为采矿方法。

采矿方法与回采方法的概念是不同的。在采矿方法中，完成落矿、矿石运搬和地压管理三项主要作业的具体工艺，以及它们相互之间在时间与空间上的配合关系，称为回采方法。开采技术条件不同，回采方法也不相同。矿块的开采技术条件在采用何种回采工艺中起决定性作用，所以回采方法实质上成了采矿方法的核心内容，由它来反映采矿方法的基本特征。采矿方法通常以它来命名，并由它来确定矿块的采准、切割方法和采准切割巷道的具体布置。

1.2.2　采矿方法的分类

目前，采矿方法的分类很多，各有其取用的根据。一般以回采过程中采区的地压管理方法作为依据。采区的地压管理方法实质上是基于矿石和围岩的物理力学性质，而矿石和围岩的物理力学性质又往往是导致各类采矿方法在适用条件、结构参数、采切布置、回采方法以及主要技术经济指标上有所差别的主要因素。根据采区地压管理方法，可将现有的采矿方法分为以下三大类。

1.2.2.1　空场法

通常是将矿块划分为矿房与矿柱，作两步骤回采。这类采矿方法随着回采工作面的推进，采空场中无任何填充物而处于空场状态，采空场的地压控制与支撑借助临时矿柱或永久矿柱，或依靠围岩的自身稳固性。显然，这类采矿方法一般只适用于开采矿石稳固的矿体。即使矿房采用留矿采矿，因留矿不能作为支撑空场的主要手段，仍需依靠矿岩自身的稳固性来支持。所以，用这类采矿方法矿石与围岩均要稳固是基本条件。

1.2.2.2 崩落法

这类采矿方法不同于其他方法的是矿块按一个步骤回采。随回采工作面自上向下推进，用崩落围岩的方法处理采空区。围岩崩落以后，势必引起一定范围内的地表塌陷。因此，围岩能够崩落，地表允许塌陷，是使用这类采矿方法的基本条件。

1.2.2.3 充填法

这类采矿方法矿块一般也分矿房与矿柱，作两个步骤回采；也可不分房柱，连续回采矿块。矿石性质稳固时，可作上向回采，稳固性差的可做下向回采。回采过程中空区要及时用充填料充填，以它来作为地压管理的主要手段（当用两个步骤回采时，采用第二步骤矿柱需用矿房的充填体来支撑）。因此，矿岩稳固或不稳固均可作为采用本类采矿方法的基本条件。

随着对采矿方法的深入研究，现实生产中已陆续应用跨越类别之间的组合式采矿方法。如空场法与崩落法相结合的分段矿房崩落组合式采矿法、阶段矿房崩落组合式采矿法、空场法与充填法相结合的分段空场充填组合式采矿法等。这些组合式采矿法在分类中还体现得不够完善。采用这些组合方法，能够汲取各自方法的优点，摒弃各自方法的缺点，起到扬长避短的作用，并且在适用条件方面加以扩大。

此外，采用两个步骤回采的采矿方法时，第二步骤的矿柱回采方法应该与第一步骤矿房的回采方法作通盘考虑。第二步骤回采矿柱，受矿柱自身条件的限制，以及相邻矿房采出后的空区状态、回采间隔时间等影响，使采柱工作变得更为复杂，但其回采的基本方法，仍不外乎上述三类。

金属矿床地下采矿方法分类见表 1-1。

表 1-1 金属矿床地下采矿方法分类

类别	回采期间采空场填充状态	组　别
空场采矿法	空场	1. 房柱采矿法； 2. 全面采矿法； 3. 分段采矿法； 4. 阶段矿房采矿法； 5. 留矿采矿法； 6. 无矿柱的留矿采矿法
充填采矿法	充填料	7. 单层充填采矿法； 8. 上向分层充填采矿法； 9. 下向分层充填采矿法； 10. 下向进路充填采矿法

续表 1-1

类别	回采期间采空场填充状态	组　　别
崩落采矿法	崩落围岩	11. 单层崩落采矿法； 12. 分层崩落采矿法； 13. 有底柱分段崩落采矿法； 14. 有底柱阶段崩落采矿法； 15. 无底柱分段崩落采矿法

1.2.3　回采的主要生产工艺

回采的主要生产工艺有落矿、矿石运搬和地压管理。

落矿又称为崩矿，是将矿石从矿体上分离下来，并破碎成适于运搬的块度；运搬是将矿石从落矿地点（工作面）运到阶段运输水平，这一工艺包括放矿、二次破碎和装载；地压管理是为了采矿而控制或利用地压所采取的相应措施。

通常，各种采矿方法均包含这三项工艺。但因矿石性质、矿体和围岩条件、所用设备及采矿方法等不同，这些工艺的特点并非完全相同。

1.2.3.1　*落矿*

目前广泛应用的落矿方法是凿岩爆破，在开采坚硬矿石时常用的落矿方法包括：浅孔、中深孔、深孔及药室落矿。

A　浅孔落矿

目前我国地下矿山浅孔落矿仍占有近一半的比重。

浅孔凿岩一般采用轻型风动凿岩机。回采工作面浅孔落矿炮孔布置形式如图 1-3 所示、开采薄矿体浅孔布置与爆破顺序如图 1-4 所示。

B　中深孔落矿

金属矿山用于中深孔落矿（有的矿山称为接杆炮孔落矿）的凿岩机，主要有风动的内回转 YG-40、YG-80 型和外回转 YGZ-70、YGZ-90、YGZ-120 型。国产液压凿岩机有 YYG-80、TYYG-20 等型号。常用的炮孔布置形式有上向及水平扇形布置，但上向扇形布置居多。装药合理时，扇形布孔可以基本达到平行布孔均匀装药的落矿效果，如图 1-5 所示。

C　深孔落矿

深孔落矿主要用于阶段矿房法、有底柱分段崩落法和阶段强制崩落法，以及矿柱回采与采空区处理等。目前我国的深孔凿岩设备主要是潜孔凿岩机，常用的国产机型是 QZJ-80、YQ-100、QZJ-100A、QZJ-100B、KQD100 等。钻机台班效率一般为 10～18m，每米深孔崩矿量为 10～20t。

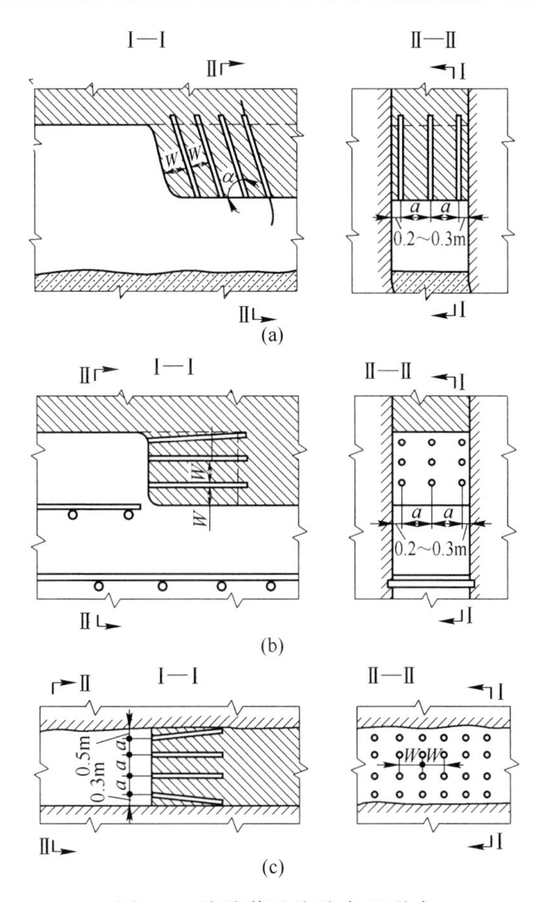

图 1-3 浅孔落矿炮孔布置形式

(a) 急倾斜矿体中阶梯工作面上向孔；(b) 急倾斜矿体水平孔；(c) 水平或缓倾斜矿体中浅孔

a—孔间距；W—最小抵抗线；α—上向孔倾角

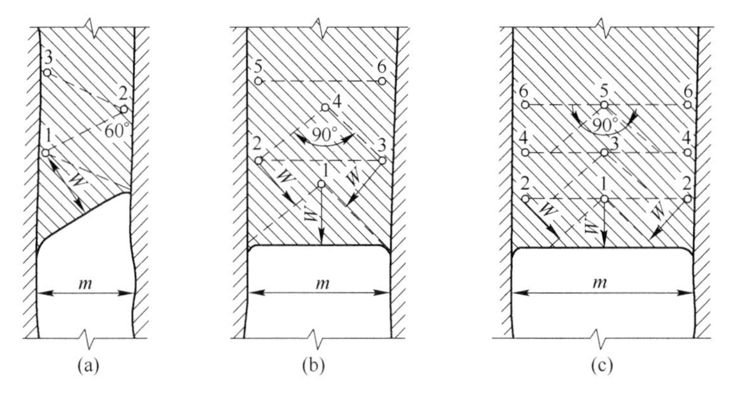

图 1-4 开采薄矿体浅孔布置与爆破顺序

(a) $W=m$；(b) $W=0.5m$；(c) $W=1/3m$

1~6—起爆顺序；m—矿体厚度；W—最小抵抗线

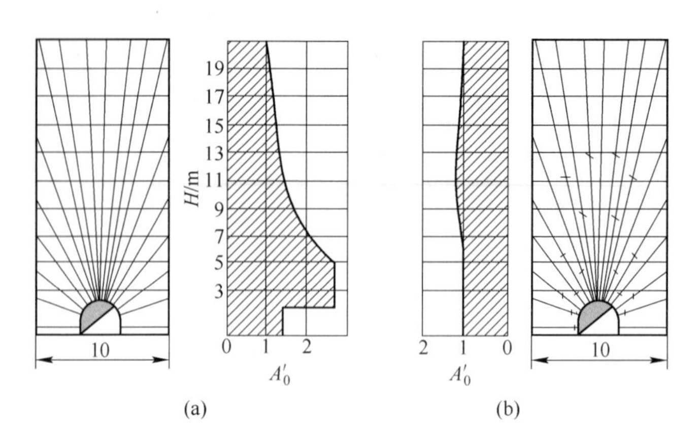

图 1-5　垂直扇形孔不同装药方式的炸药能量分布

（a）全部孔装满药；（b）合理装药

H—矿脉厚度；A_0'—炸药能量分布

深孔凿岩在凿岩硐室内进行操作。水平深孔凿岩硐室最小尺寸为高 2m、宽 2. 5m、长 3~3. 5m。上向和下向深孔凿岩硐室尺寸为高 3~3. 5m，宽大于 2. 5m。

图 1-6 是深孔布置与落矿方式，在实践中可以根据矿岩及采矿设备灵活应用。

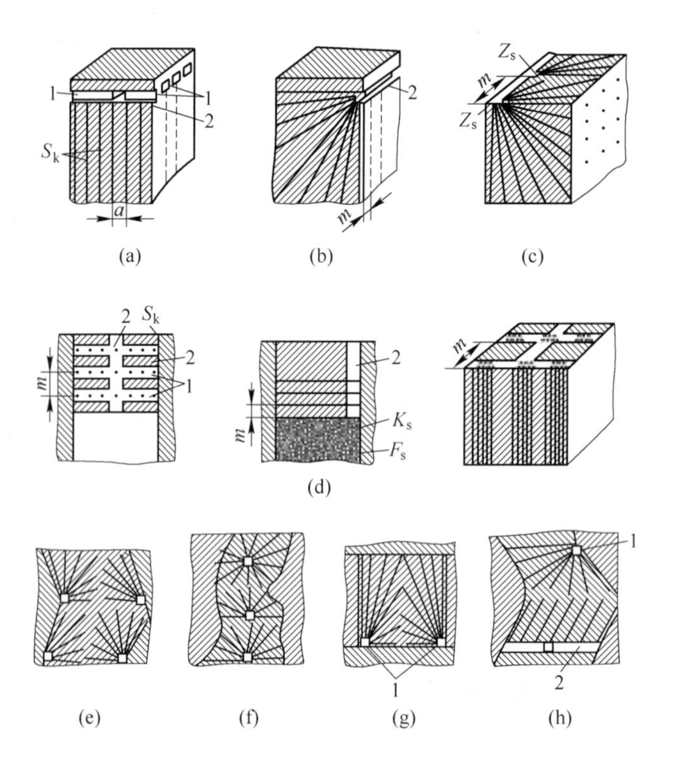

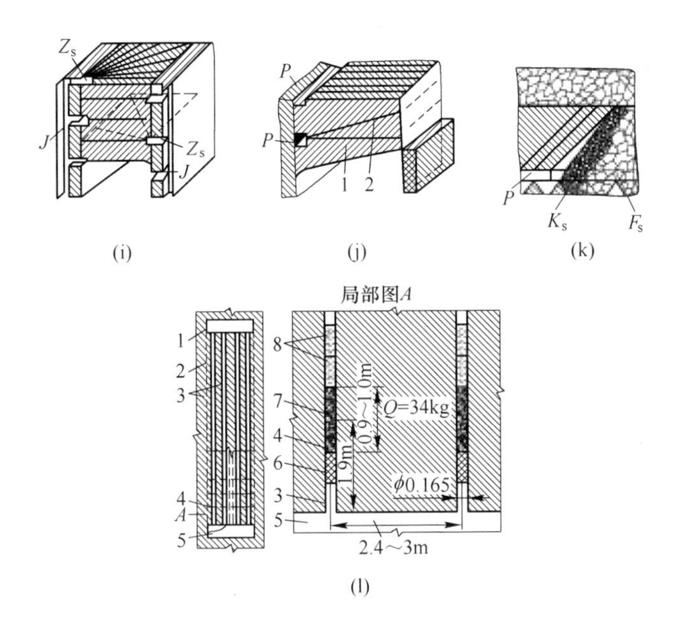

图 1-6 深孔布置与落矿方式

(a)(b)(e)(f)(g)(h)平行或扇形深孔垂直层落矿；(c)(d)密集深孔垂直层落矿；
(i)(j)(l)水平层落矿；(k)倾斜层落矿
S_k—深孔；m—落矿厚度；K_s—矿石；Z_s—凿岩硐室；Z—矿柱厚度；
J—天井；P—平巷；F_s—废石；1，5—上下拉底层；2—设计矿房边界；
3—大直径下向平行垂直深孔；4—炸药；6—堵塞孔；7—球状药包中心；8—封孔橡胶水袋

D 药室落矿

药室落矿崩矿效率高，但是需要的巷道硐室工程量大，容易产生大块，因此很少用于正常的矿房或矿柱回采，多用于特殊情况下回采矿柱处理采空区。但在矿石极坚硬，深孔凿岩效率特别低，或者矿石非常松软破碎用炮孔落矿有困难，或缺乏深孔凿岩设备时，可考虑采用。

1,2.3.2 矿石运搬

运搬与运输的概念和任务不同，运输是指在阶段运输平巷中的矿石运送，而运搬则指将矿石从落矿地点运送到阶段运输巷道装载处。

矿石的运搬方法分为重力运搬、暴力运搬、机械运搬、水力运搬、人力运搬以及联合运搬等。

A 重力运搬

这是一种效率高而成本低的运搬方式，是借助于矿石自重的运搬方法。重力运搬可以通过采空场，也可以通过矿石溜井。它必须具备的条件是，矿体溜放的倾角大于矿石的自然安息角。安息角的大小取决于矿石块度组成、有无粉矿和胶结物质、矿石湿度、矿石溜放面的粗糙程度与起伏情况等。重力运搬一般要求溜放倾角在50°~55°之间，采用铁板溜槽时可降为25°~30°。

重力运搬适用于倾角大于矿石的自然安息角的薄矿体及各种倾角的厚大矿体。

B　暴力运搬

采用房式采矿法开采倾角小于矿石自然安息角的矿体，如图1-7（b）所示，矿石不能用重力运搬时，可借助于落矿时的暴力将矿石抛到放矿区。

为了提高矿石回收率，凿岩巷道应深入矿体底板0.5m以上（见图1-7（a）Ⅱ—Ⅱ剖面）。

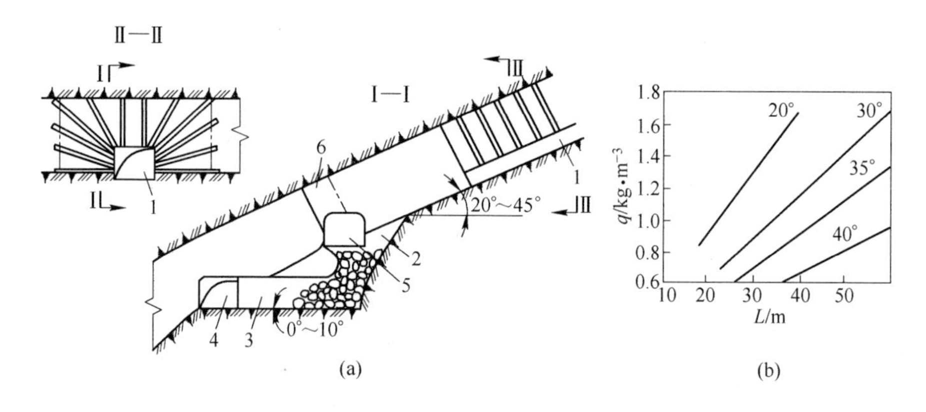

图1-7　暴力运搬示意图

1—凿岩巷道；2—受矿堑沟或喇叭口；3—装矿巷道；4，5—开切割槽及拉底巷道；6—切割槽

采用暴力运搬，可避免在矿体底板开大量漏斗，从而大幅度减少采切工程量；工人不必进入采空区，作业安全。但矿体倾角不宜太小，一般要求在35°~40°之间；矿房也不能太长，否则后期清理采场残留矿石的工作量太大。清理采场残留矿石一般采用遥控推土机或水枪。

C　机械运搬

机械运搬适用于各种倾角的矿体，在国内外地下矿山广泛应用。

现在国内矿山常用的机械运搬方式有：

（1）电耙运搬。这是我国目前使用最广的运搬方式，其投资少，操作简单，适用性强，由电耙绞车、耙斗和牵引钢绳组成。国产电耙绞车功率一般为4~100kW，耙斗容积一般为0.1~1.4m^3。

（2）装岩机运搬。常用设备有轨轮式电动或风动单斗装岩机，其需要在钢轨上运行，机动性受限。

（3）装运机运搬。常用轮胎式风动装运机，机动性好，运搬能力大。

（4）铲运机运搬。常见的有内燃铲运机和电动铲运机，铲斗容积为0.75～$3m^3$，机动性好，运搬能力大。

（5）振动放矿机械及运输机运搬。这种运搬方式可实现连续运搬，能力大；但投资大，机动性差。

开采水平或缓倾斜矿体所用运搬机械与开采急倾斜矿体所用设备基本相同，但当矿体厚大和矿岩稳固时，设备规格更大，甚至接近露天型设备。

1.3 运输与提升

矿井运输与提升是矿石生产过程中必不可少的重要环节。矿石从回采工作面采出之后，就开始了它的运输过程。通过各种相互衔接的运输方式将矿石从工作面运至井底车场，再经提升设备或其他运输设备提升或运至地面。另外，人员和设备等也需要运送。

运输和提升方式的选择，主要取决于矿床的埋藏特征、井田的开拓方式、采矿方法及运输工作量的大小。井下常用的运输方式有输送机运输和轨道运输。对于倾角较大（一般在17°以上）、运输距离较短的倾斜巷道和回采工作面，也可采用溜槽或溜井运输。矿井的主、副提升通常采用绞车提升，而在倾角小于17°，且运输量大的斜井也常采用输送机运输。

1.3.1 输送机运输

输送机有刮板输送机和胶带输送机两类。刮板输送机是用刮板链牵引，在槽内运送散料的输送机。其特点是结构简单、牢固、装载和卸载高度低；但运行阻力大，易碾碎物料，噪音和能耗大。它适用于岩矿井下采、掘工作面、采区平巷、上、下山巷道运送矿石或矸石，但沿倾斜向上运输时，倾角不得大于35°；沿倾斜向下运输时，倾角不得大于25°。胶带输送机主要用于采区顺槽、倾角小于17°的倾斜巷道、地面生产系统和选岩厂中的矿石运输。在一些大型矿井的主要运输平巷和斜井中，也可采用胶带输送机运输。

1.3.1.1 刮板输送机

按结构刮板输送机可分为刚性和可弯曲两种形式。刚性输送机多为早期出现的刮板输送机，输送能力小，结构简单、轻便。可弯曲刮板输送机多采用矿用圆环链牵引，主要用于移动场合，在岩矿井下采岩工作面中广泛使用，常配合大功率采岩机使用，是缓倾斜长壁式采岩工作面主要的矿石运输设备。按用途刮板输送机分类有工作面刮板输送机、拐角刮板输送机、桥式转载机和仓式刮板输送机。

可弯曲刮板输送机主要由机头部、机尾部、过渡槽、中部槽、刮板链以及辅助部件组成，如图 1-8 所示。

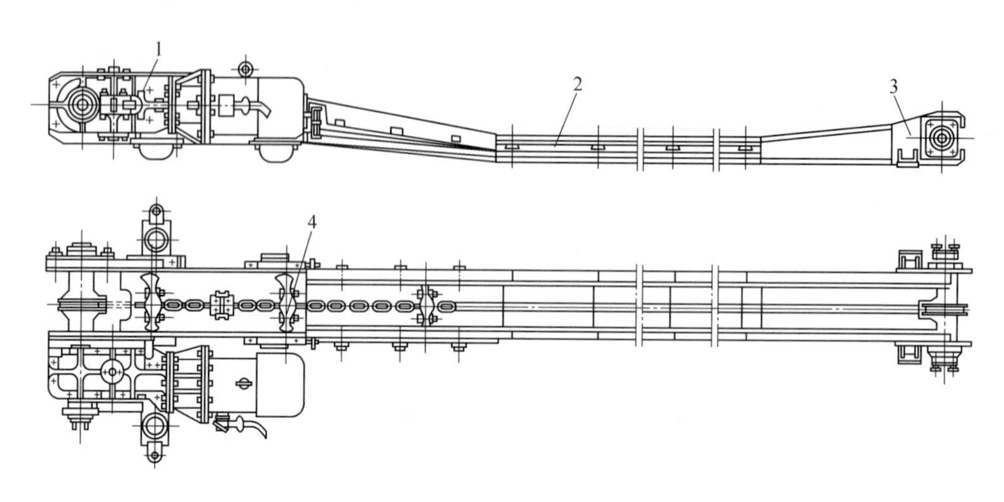

图 1-8　可弯曲刮板输送机

1—机头部；2—过渡槽；3—机尾部；4—刮板链

1.3.1.2　胶带输送机

胶带输送机分为刚性机架胶带输送机、挂式胶带输送机、可伸缩式胶带输送机、钢丝绳芯胶带输送机、钢丝绳胶带输送机、大倾角带式输送机、管状带式输送机。

可伸缩式胶带输送机的特点是机身可以很方便地伸缩，比普通胶带输送机多一个储带装置，可以随输送机缩短而储存 50～100m 一卷的胶带。当胶带储满时，利用收发胶带装置将胶带成卷取出，如图 1-9 所示。它是目前综合机械化采区的顺槽配套设备。

大倾角带式输送机是在倾角为 16°～25°范围内使用的带式输送机。其结构上采取了以下措施：(1) 输送带的装载断面为深槽形。(2) 物料装载到输送带上的瞬间，两者间的相对速度接近于零。(3) 输送带的起动加速度和制动减速度是可控的。(4) 设置有防止物料自溜、滚落的安全设施。其他形式的大倾角带式输送机还有压带式、斗式、花纹、裙边挡板式和刮板-带式等多种形式。

管状带式输送机是物料在输送过程中完全处于封闭状态的带式输送机，其输送带在受料时展开，输送时卷成管状，管截面有圆形和矩形等形状，可实现倾角 35°和水平弯曲的输送。

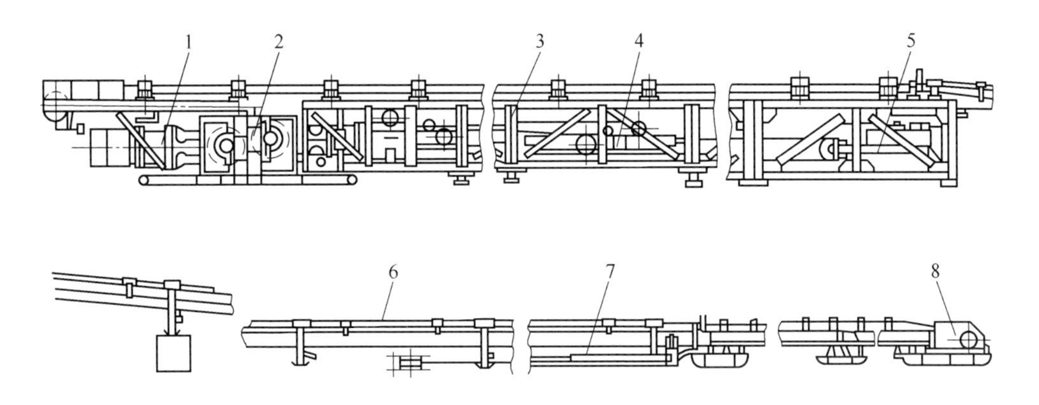

图 1-9 可伸缩带式输送机

1—驱动装置；2—机头；3—储带装置；4—游动小车；5—张紧绞车；6—机身；7—移机尾装置；8—机尾

1.3.2 轨道运输

1.3.2.1 轨道

井下巷道中铺设的轨道通常是窄轨，如图 1-10 所示。两条钢轨轨头内侧的距离叫轨距。根据车辆运行速度、流量及载重量选用不同重量的钢轨和不同尺寸的轨距。我国小型矿井的主要运输巷道用 600mm 轨距和 11～18kg/m 的钢轨，大中型矿井的主要运输巷道常用 900mm 轨距和 18～24kg/m 的钢轨。

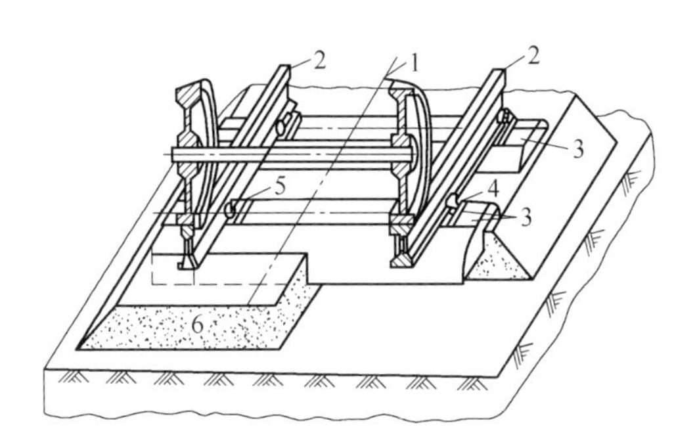

图 1-10 轨道

1—轨道中心线；2—钢轨；3—轨枕；4—垫板；5—道钉；6—道碴

任何线路系统都是由直线和连接直线的连接部分组成，连接部分是曲线或曲线与道岔的组合。矿井轨道线路中采用的曲线都是圆曲线，其曲率半径的确定与车辆运行速度和车辆轴距有关，井下常用的曲率半径有 6m、9m、12m、15m、20m、25m 等几种。

1.3.2.2　矿车

轨道运输的矿车分为固定车箱式矿车、V 形（或 U 形）翻斗车、前倾式矿车和底卸式矿车，如图 1-11 所示。

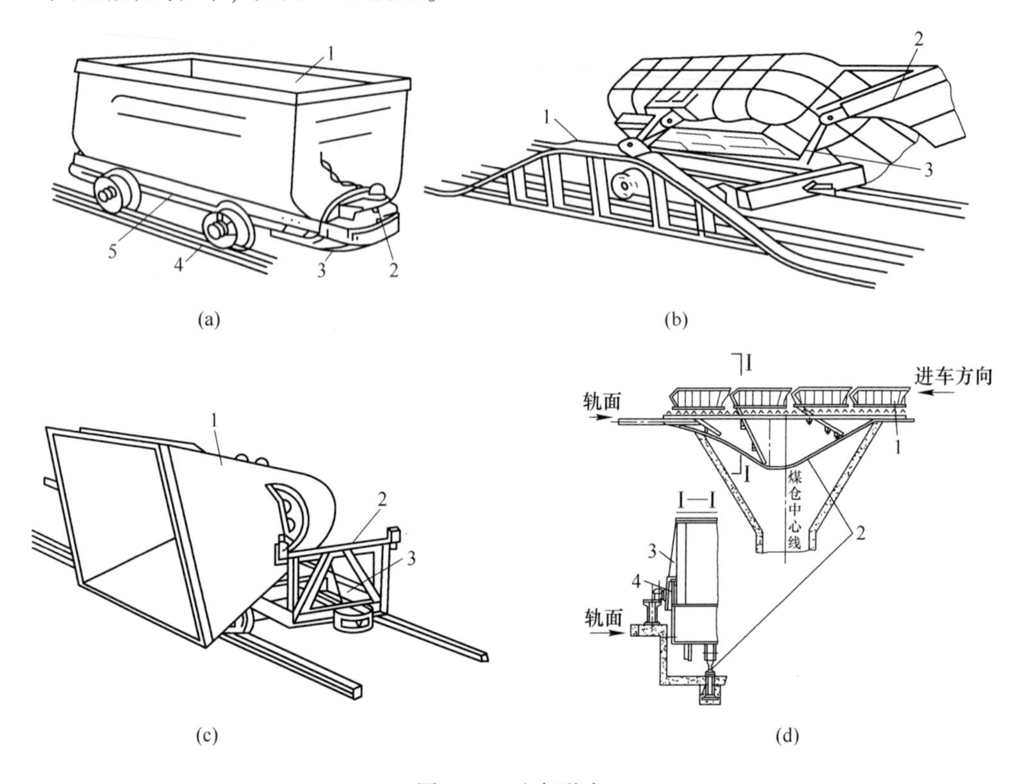

图 1-11　矿车形式

（a）固定式矿车：1—车箱；2—连接器；3—缓冲器；4—钢轨；5—车架

（b）侧卸式矿车：1—卸矿曲轴；2—侧门；3—拉杆；

（c）V 形（或 U 形）翻斗车：1—车箱；2—翻转轨；3—车架

（d）底卸式矿车：1—车箱；2—卸矿曲轨；3—底门；4—车轮轴

1.3.2.3　钢丝绳运输

钢丝绳运输是利用绞车通过钢丝绳牵引矿车在水平或倾斜的轨道上运行。一次牵引的矿车数可以是单个的，也可以是几个矿车编成一组（串车），钢丝绳运输分为：有极绳运输和无极绳运输，如图 1-12 所示。

连续动作式也称为无极绳运输，如图 1-12 所示。这种运输方式是钢丝绳绕过无极绳绞车的主动轮和尾轮后，绳头连接在一起，电动机带动主动轮转动，通过摩擦力传递使钢丝绳绕主动轮和尾轮不停地运转。空车和重车在固定位置利用挂车装置分别挂在往返的两条钢丝绳上，即可进行运输。无极绳运输多用于水平巷道或坡度不大的倾斜巷道中。

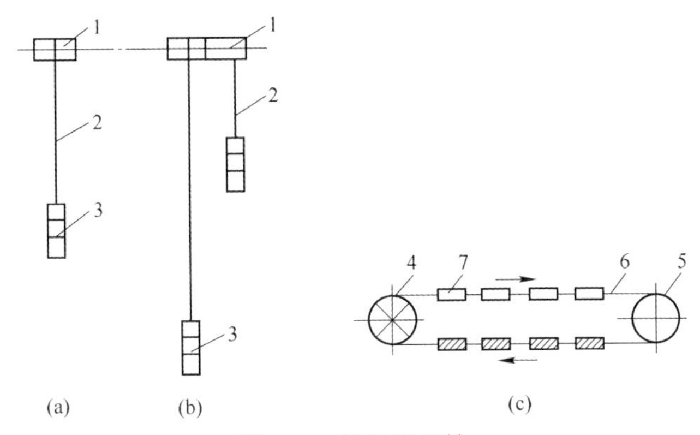

图 1-12 钢丝绳运输

（a）单绳运输；（b）双绳运输；（c）无极绳运输

1—绞车；2—钢丝绳；3—矿车；4—主动轮；5—尾轮；6—钢丝绳；7—矿车

1.3.2.4 电机车运输

电机车运输在岩矿中应用很广。矿井地面、平硐和井下主要平巷多数采用电机车运输。在一些矿井的采区巷道，条件合适时也可采用小型电机车运输。

我国目前采用的电机车均为直流电机车。根据供电方式不同，可分为架线式电机车（如图 1-13 所示）和蓄电池式电机车。

电机车的牵引力取决于电机车的自重吨数，井下常用的架线式电机车有 7t、10t、14t 三种，蓄电池电机车有 8t、12t 两种。

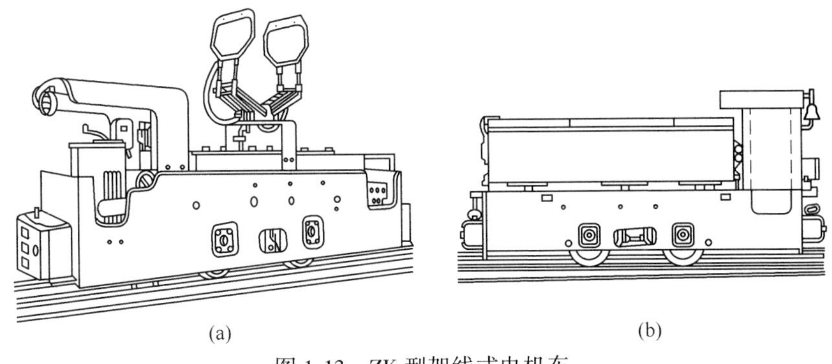

图 1-13 ZK 型架线式电机车

（a）架线式电机率；（b）蓄电池式电机车

1.3.2.5 矿井轨道运输的辅助设备

矿井轨道运输的辅助设备包括：翻车机、推车机和阻车器、爬车机等。

爬车机是用来在短距离内将矿车沿轨道送到较高轨面上去的设备。它能单个连续地运送矿车。在矿车自溜运输线路上，可以用它来使矿车补偿因自溜运行而失去的高度。

1.3.3　矿井提升

1.3.3.1　矿井提升系统及提升设备的组成

矿井提升系统分为普通罐笼提升系统（如图 1-14 所示）、单绳罐笼提升系统（如图 1-15 所示）、立井箕斗提升系统（如图 1-16 所示）、斜井箕斗提升系统、立井单绳箕斗提升系统（如图 1-17 所示）、斜井串车提升系统、斜井钢丝绳胶带输送机提升系统等。

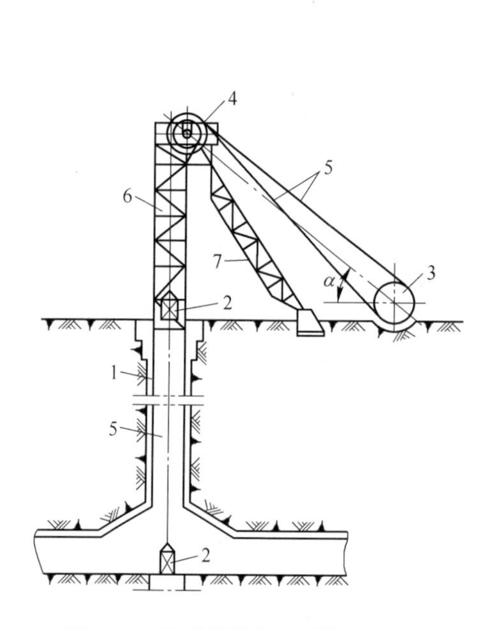

图 1-14　普通罐笼提升系统示意图

1—井筒；2—罐笼；3—提升机；4—天轮；5—钢丝绳；6—井架；7—井架斜撑

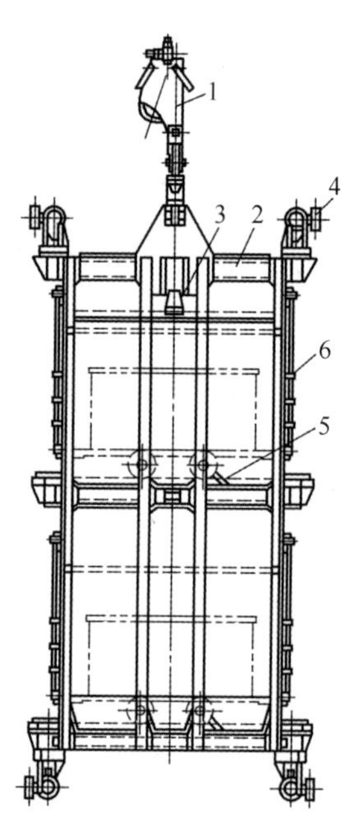

图 1-15　单绳罐笼提升系统示意图

1—悬挂装置；2—防坠器；3—罐体；4—导向装置；5—罐门；6—罐内阻车器

矿井提升设备包括矿井提升机与提升钢丝绳、罐笼、罐道、罐座与摇台、天轮与井架等。

1.3.3.2　矿井提升机

A　单绳缠绕式矿井提升机

单绳缠绕式矿井提升机有单滚筒提升机和双滚筒提升机两类。双滚筒提升机是两根钢丝绳以不同的方向分别缠绕在提升机的两个滚筒上，绳的另一端均挂有提升容器，如图1-18所示。由于其中一个滚筒与轴固定，称为死滚筒，而另一个滚筒则通过离合器和轴相连接，称为活滚筒。因此，它可以调节两根钢丝绳的长度，适用于双钩提升。提升机运转时，滚筒上的钢丝绳一根缠绕一根放松，使两个容器一个上升，一个下降，从而完成提升重容器，下放空容器的任务。

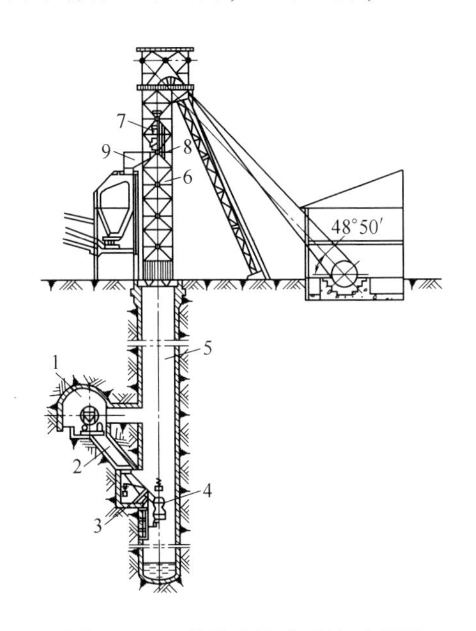

图1-16　立井箕斗提升系统示意图

1—翻笼硐室；2—井底岩仓；3—装载闸门；4、7—箕斗；5—井筒；6—井架；8—卸载机构；9—地面岩仓

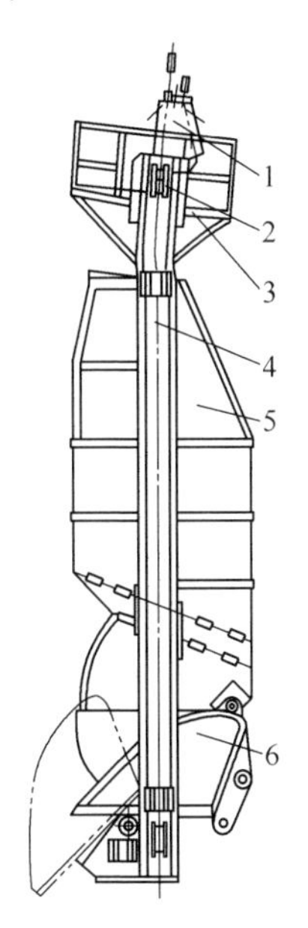

图1-17　立井单绳箕斗提升系统示意图

1—悬挂装置；2—导向装置；3—顶棚；4—框架；5—斗箱；6—闸门

B　多绳摩擦式提升机

多绳摩擦式提升机是把钢丝绳搭在滚筒上，电动机带动滚筒旋转时，利用钢丝绳和固定在滚筒上的摩擦衬块之间的摩擦力进行传动，实现升降提升容器，如图1-19所示。

1.3.3.3　提升钢丝绳

矿井提升钢丝绳用于直接连接提升容器和提升机，进行传递动力，完成提升任务的重要部件。

钢丝绳一般是由若干钢丝捻成绳股，再由若干绳股中间加一绳芯捻制而成。绳芯是由苧麻、线麻等具有较大抗拉强度的有机质纤维捻成。其作用是储存绳油，以便减少钢丝绳工作时内部钢丝的磨损并防止钢丝生锈。此外，绳芯可以增加钢丝绳的柔软性，并起衬垫作用，以减少绳股变形。

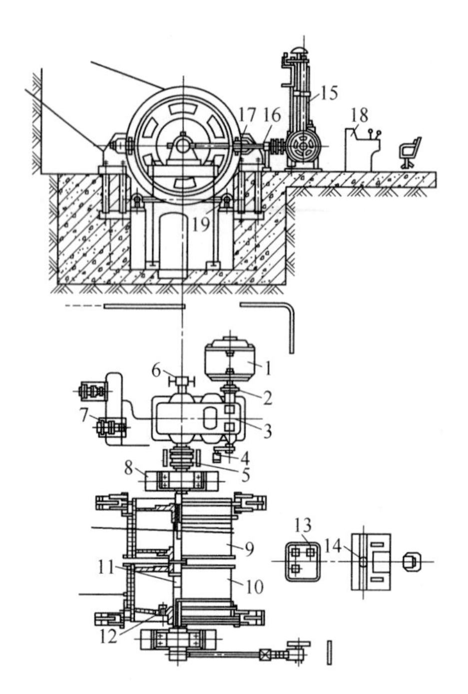

图 1-18　JK 型双滚筒提升机

1—电机；2—联轴机；3—减速箱；4—测速发电机；5—离合器；6—离合器制动器；7—润滑系统；8—滑动轴承；9—固定滚筒；10—游动滚筒；11—主轴；12—调绳离合器；13—液压站；14—操纵台显示屏；15—深度指示器；16—深度指示器机械传动装置；17—盘式制动器；18—操纵台；19—松绳保护装置

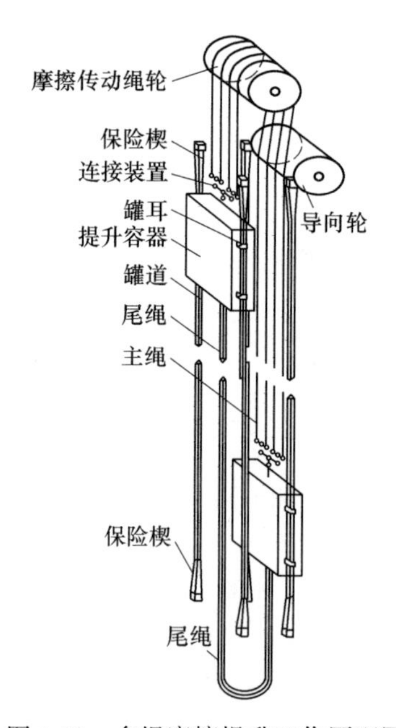

图 1-19　多绳摩擦提升工作原理图

常用钢丝绳有圆股、三角股或椭圆股。

矿用圆股钢丝绳多用6股捻成，每股又有若干钢丝组成，通常有6股7丝、6股18丝、6股37丝等几种，其中钢丝数目越多，耐弯曲性能越好，但耐磨性随着降低。因此，6股7丝的钢丝绳多用于斜井提升，而6股19丝、6股37丝的钢丝绳多用于立井提升。

2 矿山常见职业性有害因素

2.1 矿山粉尘

2.1.1 粉尘的分类

2.1.1.1 按粉尘中游离二氧化硅的含量分类

矿山粉尘可分为矽尘和其他粉尘。根据我国“矽尘作业工人医疗预防措施实施办法”中规定，作业环境粉尘中游离二氧化硅含量（质量分数）在10%以上的称为矽尘，10%以下者称为非矽尘。根据金属矿的特点，在开采不同类型的矿石时，金属矿山粉尘中会含有一定数量的金属粉尘，如铅矿开采中的方铅矿（硫化铅）、碳酸铅矿（白铅矿）及硫酸铅矿会产生含铅的粉尘；汞矿开采会产生含汞的粉尘；开采黄铁矿、雄黄、雌黄等含砷矿石时会产生含砷的粉尘；如果锌、铅及铜矿伴生有镉时，在开采中会产生含有锌、铜、镉的粉尘；开采锰矿、铬矿、镍矿、钡矿、钒矿等矿石时会产生含有锰、铬、镍、钡、钒等物质的粉尘。这些都是金属矿山开采所特有的特点。

2.1.1.2 按粉尘被人体吸入的情况分类

矿山粉尘可分为呼吸性粉尘和非呼吸性粉尘。一般说来，大于10μm的尘粒，由于重力沉降和冲击作用而滞留于上呼吸道（鼻、咽喉、气管）黏膜上，能随痰排出体外；5～10μm的尘粒进入呼吸道后，大部分沉积于气管和支气管中，只有很少部分能到达肺泡中；小于5μm的尘粒能到达和沉积于肺泡中，故称呼吸性粉尘，是引起尘肺的主要尘粒，其中最危险的是2～5μm尘粒，小于2μm的尘粒又大多能随呼气排出体外。

2.1.1.3 按粉尘的粒径分类

（1）粗尘。粒径大于40μm，相当于一般筛分的最小粒径，在空气中极易沉降。

（2）细尘。粒径为10～40μm，在明亮的光线下，肉眼可以看到，在静止空气中作加速沉降。

（3）微尘。粒径为0.25～10μm，用光学显微镜可以观察到，在静止空气中呈等速沉降。

(4) 超微粉尘。粒径小于0.25μm，用电子显微镜才能观察到，在空气中作布朗扩散运动。

2.1.2 矿山粉尘的来源

矿山粉尘主要是指矿山生产过程中产生的微细粉尘的总称。按其存在状态分为浮沉和落尘，悬浮飞扬在空气中的叫浮尘，沉降于巷道四周的则叫落尘，浮沉与落尘两种状态相对存在，随温度、湿度和风速等条件的改变而相互转化。

生产性粉尘分布广泛，尤其在矿山行业。矿山在生产、储存、运输及巷道掘进等各个环节中都会向井下空气中排放大量的粉尘。

影响粉尘产生的因素主要有以下几种。

A 生产工序

在采掘过程各环节中（如打眼、爆破、装载、运输、提升等）都能产生大量的矿山粉尘。

B 地质构造及赋存条件

矿区的地质构造、断层褶皱发育情况都会影响粉尘的产生。一般情况下，矿体和岩层未遭到强烈破坏的区域，开采时矿山粉尘产生量较小。

C 通风状况

粉尘的悬浮能力与粒径、形态、比重、空气流动方向和速度有关，在矿内空气中，小于10μm的粉尘易于悬浮，而大于10μm的粉尘大多数在风流中先后沉降。合理的风速可以有效地排除工作空间的细小粉尘，但又不会将较大颗粒的粉尘吹扬起来。

2.2 矿山常见的刺激性气体

2.2.1 刺激性气体的分类

刺激性气体是指对眼、呼吸道黏膜和皮肤具有刺激作用，引起机体以急性炎症、肺水肿为主要病理改变的一类气态物质。它们包括在常态下为气体以及在常态下虽非气体，但可以通过蒸发、升华或挥发后形成蒸气或气体的液体或固体物质。

刺激性气体一般可分为以下几类。

酸：无机酸，如硫酸、盐酸、硝酸、铬酸、氯磺酸；有机酸，如甲酸、乙酸、丙酸、丁酸。

氮的氧化物：一氧化氮、二氧化氮、五氧化二氮等。

氯及其他化合物：氯、氯化氢、二氧化氯、光气、双光气、氯化苦、二氯化砜、四氯化硅、三氯氢硅、四氯化钛、三氯化锑、三氯化砷、三氯化磷、三氯氧磷、五氯化磷、三氯化硼等。

硫的化合物：二氧化硫、三氧化硫、硫化氢等。

成碱氢化物：氨。

强氧化剂：臭氧。

酯类：硫酸二甲酯、二异氨酸甲苯酯、甲酸甲酯、氯甲酸甲酯，丙烯酸甲酯。

金属化合物：氧化银、硒化氢、波基镍、五氧化二钒，氧化镉、羰基镍、硒化氢。

醛类：甲醛、己醛、丙烯醛、三氯乙醛等。

氟代烃类：八氟异丁烯、氟光气、六氟丙烯、氟聚合物的裂解残液气和热解气等。

其他：二硼氢、氯甲甲醚、四氯化碳、一甲胺、二甲胺、环氧氯丙烷等。

军用毒气：氮芥气、亚当氏气、路易氏气等。

2.2.2　矿山常见的刺激性气体

矿山常见的刺激性气体有：氮氧化物、硫化物、氨气等。

2.2.2.1　氮氧化物

氮氧化物俗称硝烟，是氮和氧化物的总称，主要有氧化亚氮（N_2O，俗称笑气）、氧化氮（NO）、二氧化氮（NO_2）、三氧化二氮（N_2O_3）、四氧化二氮（N_2O_4）、五氧化二氮（N_2O_5）等。除 NO_2 外，其他氮氧化物均不稳定，遇光、湿、热转变成 NO_2 及 NO，NO 又转化为 NO_2。矿山作业环境中接触到的是几种氮氧化物气体的混合物，主要是 NO_2 和 NO，其中以 NO_2 为主，其性质较稳定。

矿山在爆破过程中用到的硝铵炸药爆炸时产生的炮烟里含有大量的氮氧化物。矿山铲运过程中用到的油铲产生的尾气也含有大量的氮氧化物。

2.2.2.2　二氧化硫

二氧化硫又称亚硫酸酐，是最常见的硫氧化物。由于煤和石油通常都含有硫化合物，因此燃烧时会生成二氧化硫。当二氧化硫溶于水中，会形成亚硫酸（酸雨的主要成分）。若在催化剂（如二氧化氮）的存在下，SO_2 进一步氧化，便会生成硫酸（H_2SO_4），碰到皮肤会腐蚀，使用时要小心。

在开采含硫的矿石时，受到爆破作用产生的炮烟中会含有少量的二氧化硫，同时受开采影响裸露的矿石经过自然氧化作用也可能产生部分二氧化硫并逸散于矿井的空气中。另外，矿山铲运过程中用到的油铲产生的尾气也含有部分二氧化硫气体，矿山开采时遇到的断层、老窿等也积蓄有大量的二氧化硫气体。

2.2.2.3 硫化氢

硫化氢（H_2S）是一种无色、易燃的酸性气体，浓度低时带恶臭，气味如臭蛋；浓度高时反而没有气味（因为高浓度的硫化氢可以麻痹嗅觉神经）。它能溶于水，硫化氢的水溶液称为氢硫酸，是一种弱酸；当它受热时，硫化氢又从水里逸出。硫化氢是一种急性剧毒物质，吸入少量高浓度硫化氢可在短时间内致命。低浓度的硫化氢对眼、呼吸系统及中枢神经都有不利影响。

2.2.2.4 氨气

氨气（NH_3）是无色气体，有刺激性气味、密度小于空气、极易溶于水（且快）；低浓度氨对黏膜有刺激作用，高浓度可造成组织溶解坏死。氨气能刺激皮肤和上呼吸道，并能严重损伤眼睛。

2.3 矿山常见的窒息性气体

2.3.1 窒息性气体的分类

窒息性气体是指被机体吸入后，可使机体中氧的供给、摄取、运输和利用发生障碍，使全身组织细胞得不到或不能利用氧，而导致组织细胞缺氧窒息的一类有害气体的总称。

按其作用机制不同分为单纯窒息性气体和化学窒息性气体两大类：

（1）单纯窒息性气体本身无毒，或毒性很低，或为惰性气体。由于它们的高浓度存在对空气氧产生取代或排挤作用，致使空气氧的比例和含量减少，肺泡气氧分压降低，动脉血氧分压和血红蛋白氧饱和度下降，导致机体组织缺氧窒息。如氮（N_2）、氢（H_2）、甲烷（CH_4）、乙烷（C_2H_6）、丙烷、丁烷、乙烯、乙炔、二氧化碳（CO_2）、水蒸气，以及氦气（He）、氖气（Ne）、氩气（Ar）惰性气体等。

（2）化学窒息性气体是指不妨碍氧进入肺部，但被吸入后，可对人体的血液或组织产生特殊化学作用，使血液对氧的运送、释放或组织利用氧的机制发生障碍，引起组织细胞缺氧窒息的气体。如一氧化碳、硫化氢、氰化氢、苯胺（$C_2H_5NH_2$）等。

按中毒机制不同又分为两小类：

1）血液窒息性气体。阻止血红蛋白与氧结合，或妨碍血红蛋白向组织释放氧，影响血液对氧的运输功能，造成组织供氧障碍而窒息。如一氧化碳、一氧化氮，以及苯胺、硝基苯等苯的氨基、硝基化合物蒸气等。

2）细胞窒息性气体。主要抑制细胞内呼吸酶，使细胞对氧的摄取和利用机制障碍，生物氧化不能进行，发生所谓的细胞“内窒息”。如硫化氢、氰化氢等。

2.3.2　矿山常见的窒息性气体

矿山常见的窒息性气体主要有井下受到氧化作用产生的一氧化碳和二氧化碳等。

2.3.2.1　一氧化碳

一氧化碳（carbonmonoxide，CO），俗称“煤气”，是无色、无味、无臭、无刺激性的气体。CO 是最常见的窒息性气体，因其无色、无味、无臭、无刺激性，故无警示作用，易于忽略而致中毒。急性一氧化碳中毒，也称煤气中毒，是我国最常见、发病和死亡人数最多的急性职业中毒，也是常见的生活性中毒之一。

采矿爆破作业、井下内燃机车的尾气及井下一些有机物的自然氧化等均能产生一氧化碳。

2.3.2.2　二氧化碳

二氧化碳（CO_2）是一种无色、微毒、稍有酸味的气体，它不助燃，也不维持人的呼吸，它比空气重，常聚集在巷道的下方及通风不良的下山尽头；易溶于水，生成碳酸，对人的眼、鼻、喉的黏膜有刺激作用。

2.4　矿山常见的物理因素

2.4.1　物理因素的分类

在金属矿山开采的过程中，与劳动者健康密切相关的物理性因素包括气象条件，如气温、气湿、气流、气压等，同时噪声和振动也是矿山开采过程中不可避免的物理因素。

2.4.2　矿山常见的物理因素

2.4.2.1　高温

矿山生产环境中的气象条件主要指空气温度、湿度、风速和热辐射，由这些因素构成了工作场所的微小气候。

（1）气温。生产环境中的气温除取决于大气温度外，还受太阳辐射、工作热源和人体散热等的影响。工作所产生的热能通过传导和对流，加热生产环境中的空气，并通过辐射加热四周的物体，从而形成二次热源。这使受热空气的面积增大，温度进一步升高。

（2）气湿。生产环境中的气湿以相对湿度表示。相对湿度在80%以上称为高气湿，低于30%称为低气湿。高气湿主要由于水分蒸发和蒸汽释放所致，如1000m深的潮湿的矿井、隧道等，温度一般能达到30℃以上；低气湿可见于冬季高温车间中的作业。

（3）气流。生产环境中的气流除受自然界风力的影响外，主要与矿井中的热源有关。为保证矿井内新鲜气流的供给，通过机械通风的方式人为使矿山井巷形成一定的定向气流。

在高气温或同时存在高气湿或热辐射的不良气象条件下进行的生产劳动，通称为高温作业。深矿井作业为高温、高湿作业，其气象特点是高气温、高气湿，而热辐射强度不大。高湿度的形成，主要是由于生产过程中产生大量水蒸气，且矿井温度较高所致。潮湿的深矿井内气温可达30℃以上，相对湿度在95%以上。如通风不良就容易形成高温、高湿和低气流的不良气象条件，即湿热环境。

2.4.2.2 低温

低温作业是指生产劳动过程中，工作地点平均气温≤5℃的作业。按照工作地点的温度和低温作业时间，可将低温作业分为4级，级数越高冷强度越大。

在北方开采深度较浅的矿山井下作业时，这些作业人员在接触低于0℃的环境下工作时，均有发生冻伤的可能。

2.4.2.3 高气压

海底矿产资源的勘探与开发时所处的环境为高气压环境，所从事的作业为高气压作业。

2.4.2.4 低气压

我国约有1/4的陆地领土海拔高度超过3000m，这些地区有丰富的资源等待开发利用，如青藏高原拥有我国40%以上的水电资源和30%以上的淡水资源，在这些地区从事的矿产资源开发作业均属于低压作业。

2.4.2.5 噪声

噪声从卫生学意义上讲，凡是使人感到厌烦、不需要或有损健康的声音都称为噪声。生产性噪声在生产过程中产生的，其频率和强度没有规律，听起来使人感到厌烦的声音，称为生产性噪声或工业噪声。

噪声的分类方法有多种，按照来源，生产性噪声可以分为以下三种：

（1）机械性噪声。由于机械的撞击、摩擦、转动所产生的噪声，如凿岩机、运输机械、破碎机械等发出的声音。

（2）流体动力性噪声。由于气体压力或体积的突然变化或流体流动所产生的声音，如井下高压风镐、高压水流等发出的声音。

（3）爆破噪声。在进行掘进和回采时爆破产生的噪声。

2.4.2.6　振动

振动是指质点或物体在外力作用下，沿直线或弧线围绕平衡位置（或中心位置）做往复运动或旋转运动。由生产或工作设备产生的振动称为生产性振动。长期接触生产性振动对机体健康可产生不良影响，严重者可引起职业病。

根据振动作用于人体的部位和传导方式，可将生产性振动分为手传振动和全身振动。

手传振动也称作手臂振动或局部振动，是指生产中使用手持振动工具或接触受振工件时，直接作用或传递到人的手臂的机械振动或冲击。

全身振动是指工作地点或座椅的振动，人体足部或臀部接触振动，通过下肢或躯干传播至全身。

矿山常见的振动为手传振动，主要存在于使用风动工具（如风铲、风镐、风钻、凿岩机）的生产过程中。

3　矿山职业性有害因素的测定

3.1　矿山粉尘的测定

3.1.1　粉尘浓度测定

为了评价工作场所粉尘对工人健康的危害状况、研究改善防尘技术措施、评价除尘器性能、检验排放粉尘浓度和排放量是否符合国家标准以及保护机电设备、防止粉尘爆炸等，均需对粉尘浓度进行测定。

粉尘浓度表示方法有两种：一种以单位体积空气中粉尘的颗粒数（颗/cm^3），即计数表示法；另一种以单位体积空气中粉尘的质量（mg/cm^3），即计重表示法。

3.1.1.1　滤膜质量测尘法

目前中国规定的粉尘浓度测定方法是采用滤膜计重法。此法具有采样简便、操作快速及准确性较高的优点，在矿井下高湿环境或有水雾存在的情况下采样时，样品称量前应做干燥处理；在有油雾的空气环境中采样时，可用石油醚除油，再分别计算粉尘浓度和油雾浓度。

A　原理

抽取一定体积的含尘空气，将粉尘阻留在已知质量的滤膜上，由采样后滤膜的增量，求出单位体积空气中粉尘的质量。

B　器材

（1）采样器。采用经过国家防尘通风安全质量监督检验测试中心检验合格的，并经国务院所属部委一级单位鉴定的粉尘采样器。在需要防爆的作业场所采样时，用防爆型粉尘采样器，采样器并附带有采样支架。

（2）滤膜。滤膜测尘法是以滤膜为滤料的测尘方法。测尘用滤膜一般有合成纤维与硝化纤维两类。我国测尘用的是合成纤维滤膜，由直径 1.25~1.5μm 的一种高分子化合物过氯乙烯制成的超细纤维构成物，所组成的网状薄膜孔隙很小，表面呈细绒状，不易破裂，具有静电性、憎水性、耐酸碱和质量轻等特点，纤维滤膜质量稳定性好，在低于 55℃ 的气温下不受温度变化影响。当粉尘浓度 ≤50mg/m^3时，用直径为 40mm 的滤膜；高于 50mg/m^3时，用直径为 75mm 的滤膜。当过氯乙烯纤维滤膜不适用时，改用玻璃纤维滤膜。

（3）采样头、滤膜夹及样品盒。采样头一般采用武安Ⅲ型采样头如图 3-1 所示，可用塑料或铝合金制成，滤膜夹由固定盖、锥形环和螺丝底座组成。滤膜夹及样品盒用塑料制成。

（4）气体流量计。常用 15~40L/min 的转子流量计，也可用涡轮式气体流量计。需要加大流量时，也可用 40~80L/min 的上述流量计，其精度为±2.5%。流量计至少每半年用钟罩式气体计量器、皂膜流量计或精度为±1%的转子流量计校正一次。若流量计管壁和转子有明显污染时应及时清洗校正。

（5）天平。用感量为 0.0001g 的分析天平，按计量相关要求定期检定，确保使用时在检定周期内。

（6）计时器。用秒表或相当于秒表的计时器。

（7）干燥剂。干燥器内盛变色硅胶。

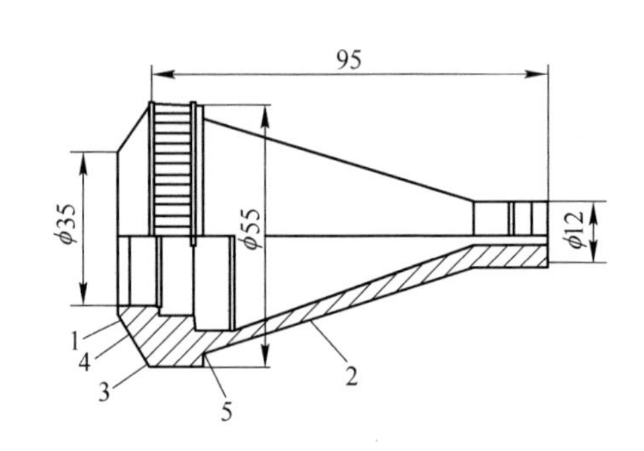

图 3-1 滤膜采样头

1—顶盖；2—漏斗；3—固定盖；4—锥形环；5—螺丝底座

C 测定步骤

a 采样前的准备

（1）称量滤膜。用镊子取下滤膜两面的夹衬纸，将滤膜置于天平上称量至恒重（相邻两次的质量差不超过 0.1mg）；编号（可按滤膜夹号）、记录质量。

（2）滤膜的固定。滤膜夹应先用酒精棉球擦净。

1）旋开滤膜夹的固定盖，用镊子夹取已称量的滤膜，将毛面向上平铺在锥形环上，再将固定盖套上并拧紧。

2）检查固定的滤膜有无褶皱或裂隙，若有褶皱或裂隙应重新固定。

3）将装好的滤膜放入带有编号的样品盒内备用。

（3）直径 75mm 滤膜（漏斗形）的固定。

1）旋开滤膜夹的固定盖。

2）用镊子将滤膜对折两次成 90°角的扇形，然后张开成漏斗状，置于固定盖内，使滤膜紧贴固定盖的内锥面。

3）用锥形环压紧滤膜的周边，将螺丝底座拧入固定盖内，如滤膜边缘由固定盖的内锥面膜脱出时，则应重装。

4）用圆头玻璃棒将滤膜漏斗的锥顶推向对侧，在固定的另一方向形成滤膜漏斗。

5）检查安装的滤膜有无漏隙，若有应重装。将装好的滤膜夹放入带有编号的样品盒内备用。

b　现场采集样品要求

采样前应对生产场所的作业情况进行调查，对工艺流程、生产设备、操作方法、粉尘发生源及其扩散规律和主要防尘措施等进行了解。

（1）根据采样点选定的原则选好采样点。

（2）连续性产尘作业点采样，开始时间应在作业开始 30min 后，粉尘浓度稳定时采样。阵发性产尘作业点，应在工人工作时采样。

（3）采样常用流量为 15~40L/min。一般以 20L/min 或 25L/min 的流量采样，粉尘浓度较低时，可适当加大流量，但不得超过 80L/min。在整个采样过程中，流量应稳定。

（4）采样的持续时间。根据采样点的粉尘浓度估计值及滤膜上所需粉尘增量的最低值确定采样的持续时间，一般不得小于 10min（当粉尘浓度高于 $10mg/m^3$时，采气量不得小于 $0.2m^3$；低于 $2mg/m^3$时，采气量为 $0.5 \sim 1m^3$），采样的持续时间一般按式（3-1）估算。

$$t \geqslant \frac{\Delta m \times 1000}{C q_{\mathrm{v}}} \tag{3-1}$$

式中，t 为采样持续时间，min；Δm 为要求的粉尘增量，其质量应大于或等于 1mg；C 为作业场所的估计粉尘浓度，mg/m^3；q_{v} 为采样时的流量，L/min。

（5）采样有以下几个步骤。

1）架设采样器。将已准备好的滤膜夹从样品盒中取出，放入采样头内，拧紧顶盖，安装在采样器上，再将采样器固定在采样支架上。采样器距地面一般 1.5m 左右（作业人员操作时呼吸带高度），采样时滤膜的受尘面应迎向含尘气流。当迎向含尘气流无法避免飞溅的泥浆、砂粒对样品的污染时，受尘面可以侧向。

2）检查采样器、流量计和采样接头的连接部分的气密性。

3）开动采样器的“电源开关”迅速调节“流量”旋钮，达到预定的流量，同时计时器计时进行采样，在采样过程中要保持流量稳定。

4）根据现场情况，按照采气量的要求确定采样时间，采样终止关闭“电源开关”，记录采样的流量和时间。采集在滤膜上的粉尘增量：直径为 40mm 滤膜上的粉尘增量不应少于 1mg，但不得多于 10mg；直径为 75mm 的滤膜应做成锥形漏斗进行采样，其粉尘增量不受此限。

5）采样结束后，轻轻地拿下采样头，再从采样头内取出滤膜夹；将受尘面向上，小心放入样品盒中，带回实验室进行称量分析。

6）采样记录。采样时应对采样日期、采样地点、样品编号、采样流量及时间、生产工艺、作业环境、尘源的特点、防尘措施的使用情况以及个体防护措施等进行详细记录。

c　采样后样品的处理

（1）用镊子小心地将滤膜取下，如果采样现场干燥，可直接放在规定的天平上称量至“恒重”，记录质量，取其较小值进行计算。

（2）如果采样时现场的相对湿度在 90%以上或有水雾存在时，应将滤膜放在干燥器内干燥 2h 后称量，记录测定结果，称量后再放入干燥器中干燥 30min，再次称量。当相邻两次的质量差不超过 0. 1mg 时，取其最小值。

（3）当采样地点空气中有油雾存在时，应将滤膜进行除油处理，分别计算出粉尘及油雾的浓度。

d　粉尘浓度计算

粉尘浓度按式（3-2）计算：

$$C = \frac{m_2 - m_1}{q_v t} \times 1000 \tag{3-2}$$

式中，C 为粉尘浓度，mg/m^3；m_1 为采样前滤膜的质量，mg；m_2 为采样后滤膜的质量，mg；t 为采样时间，min；q_v 为采样流量，L/min。

在进行试验研究的现场调查中，一般需要进行平行样品的采样。两个平行样品间的浓度偏差应小于 20%为有效结果，并取其平均值作为该采样点的粉尘浓度。

平行样品间的偏差按式（3-3）计算：

$$\text{平行样品间的偏差} = \frac{a - b}{\frac{a + b}{2}} \times 100\% \tag{3-3}$$

式中，a，b 为平行样品各自的粉尘浓度。

D　滤膜测尘的除油方法

在矿山测尘中，由于凿岩机喷散出大量机油，会使滤膜采样后称量所得的结果偏大，因此需要将滤膜除油后，才能得到粉尘的真实增重。采用的滤膜除油方法有以下两种。

a　石油醚除油法

（1）原理。将采集有粉尘和机油的滤膜经石油醚处理去除机油，干燥后称量，测定出粉尘和机油的质量，再换算出粉尘和机油的浓度。

（2）试剂和器材。石油醚（沸点 30~60℃）、250mL 索氏提脂器、水浴锅、45mm²塑料网若干块、曲别针、长镊子、滤纸、干燥器、天平。

（3）操作方法

1）向索氏提脂器中加入 150~200mL 石油醚。

2）将称量后的含有机油的粉尘滤膜样品向内折叠一次，用塑料网包夹，再用曲别针固定。

3）将夹好的样品 20 个为一批放入装有石油醚的提脂器中。

4）将提脂器放在水浴锅上，调节水温，控制在 60℃左右，使石油醚蒸发循环。

5）经石油醚循环 2~3 次处理后，用长镊子将样品取出，放在滤纸上。

6）取下塑料网，待滤膜稍干后，放在干燥器中 30min 后进行称量。

（4）粉尘和油雾浓度的计算

$$\text{粉尘和油雾的总浓度} = \frac{\text{采样后薄膜质量(mg)} - \text{采样前薄膜质量(mg)}}{\text{样本流量(L/min)} \times \text{样本时间(min)}} \times 100\% \tag{3-4}$$

$$\text{粉尘浓度} = \frac{\text{除油后薄膜质量(mg)} - \text{样本前薄膜质量(mg)}}{\text{样本流量(L/min)} \times \text{样本时间(min)}} \times 100\% \tag{3-5}$$

$$\text{机油浓度} = \text{粉尘和油雾的总浓度} - \text{粉尘浓度}$$

b 汽油除油法

（1）原理。将采集有粉尘和机油的滤膜经汽油处理除去机油，称量至恒重换算出粉尘的浓度。

（2）试剂与器材。120 号溶剂汽油、定性滤纸称量瓶（ϕ50mm×30mm）、天平、弯头止血钳、镀铬镊子、玻璃板（150mm×150mm）、秒表。

（3）操作方法

1）将 120 号汽油用定性滤纸过滤。

2）取 3 个干净的称量瓶编号，倒入适量的汽油。

3）用镊子和止血钳将采有粉尘和机油的滤膜对折 3 次，再用止血钳将折好的滤膜边缘夹紧，分别在 1 号和 2 号装有汽油的称量瓶中各摇动 2min。

4）将除油的滤膜放在玻璃板上，用镊子打开滤膜，让汽油自行挥发，30min 后在天平上称量。

5）再将第一次除油的滤膜按上述方法，在第 3 号称量瓶中进行第二次除油、挥发、称重，直到达到恒重为止，即可计算出粉尘浓度。

E 注意事项

（1）为了提高采气量的精度，在采样前应先用试滤膜对所需采样流量的调节，待调好后再换上已称量的滤膜采样。

（2）在现场采样前必须检查采样系统是否漏气。可采用简易方法，即用手掌堵住装有滤膜的采样头进气口（注意勿使滤膜破裂或受到污染），在抽气条件下流量计的转子即刻回到静置状态，说明采样系统不漏气，否则表示有漏气现象。

（3）采样前后的滤膜如被污染或粉尘失落时，应作废并重新安装滤膜和采样。

（4）采样前后滤膜的称量所使用的天平、砝码均应相同。

（5）滤膜在采样前后的称量间隔时间应尽量缩短，以免因环境条件的变化影响测定结果的准确性。

（6）因滤膜具有较强的静电性，滤膜在采样前后称量时，应使用滤膜静电消除器，先除静电后再称量。

3.1.1.2　压电体差频法

石英晶体差频粉尘测定仪以石英谐振器为测尘传感器，其工作原理示意图如图 3-2 所示。含尘的空气样品经粒子切割器剔除粒径大的颗粒物，欲测粒径范围的小的颗粒物进入测量气室。测量气室内有高压放电针、石英谐振器及电极构成的静电采样器，气样中的粉尘因高压电晕放电作用而带上负电荷，然后在带正电荷的石英谐振器表面放电并沉积，除尘后的气样流经参比室内的石英谐振器排出。因参比石英谐振器没有集尘作用，当没有气样进入仪器时，2 个振荡器固有振荡频率相同（$f_1=f_2$）$\Delta f=f_1-f_2=0$。无信号输出到电子处理系统，数显屏幕上

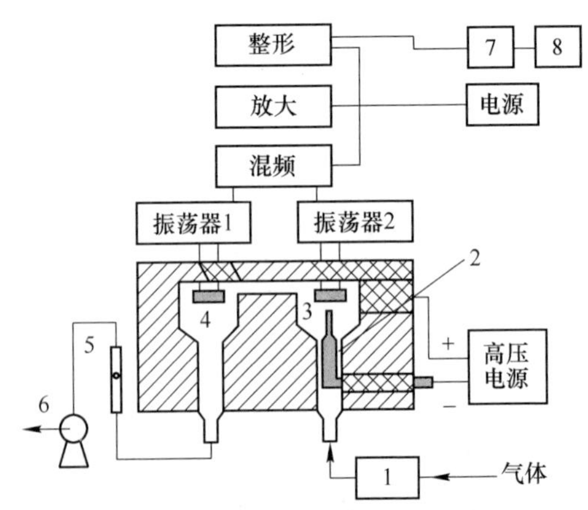

图 3-2　石英晶体粉尘测定仪工作原理图

1—粒子切割器；2—放电针；3—测量石英谐振器；4—参比石英谐振器；5—流量计；6—抽气泵；7—浓度计算器；8—显示器

显示零。当有气样进入仪器时，则测量石英振荡器因集尘而质量增加，使其振荡频率（f_1）降低，2个振荡器频率之差（Δf）经信号处理系统转换成粉尘浓度并在数显屏幕上显示。测量石英谐振器集尘越多，振荡频率（f_1）降低也越多，二者具有线性关系，即：

$$\Delta f = K \times \Delta M \tag{3-6}$$

式中，K为由石英体特性和温度等因素决定的常数；ΔM为测量石英体质量增值，即采集的粉尘质量，mg。

如空气中粉尘浓度为c(mg/m^3)，采样流量为Q(m^3/min)，采样时间为t(min)，则

$$\Delta M = c \cdot Q \cdot t \tag{3-7}$$

代入式（3-6）得：

$$c = (1/K) \cdot (\Delta f/Q \cdot t) \tag{3-8}$$

因实际测量时Q、t值均已固定，故可改写为：

$$c = A \cdot \Delta f \tag{3-9}$$

可见，通过测量采样后2个石英谐振器频率之差（Δf），即可得知粉尘浓度。

用标准粉尘浓度气样校正仪器后，即可在显示屏幕上直接显示被测气样的粉尘浓度。

为保证测量准确度，应定期清洗石英谐振器，已有采样程序控制自动消洗的连续自动石英体测尘仪。

图3-3为MODEL3511压电天平式数字粉尘计，该仪器对0.005μg的超微少量浮游粒子物质也有很高的感度，即使在低浓度环境下测试，仅用120s的采样时间就能得出正确的测试值。它是一种测试精度高，并且便于短时间测试的粉尘质量浓度计，真正实现了用称重法进行浮游粉尘质量浓度的实时测试。

图3-3 MODEL3511压电天平式数字粉尘计

光电法是将光线通过含尘气流使光强变化的一种方法。检测原理包括白炽灯透射、红外光透射、光散射、激光散射等。本节以光散射法和β射线吸收法为例介绍光电法。

A 光散射法

光散射法测尘仪是基于粉尘颗粒对光的散射原理设计而成的。其原理如图3-4所示，在抽气动力作用下，将空气样品连续收入暗箱，平行光束穿过暗箱，照射到空气样品中的细小粉尘颗粒时，发生光散射现象，产生散射光。颗粒物的形状、颜色、粒度及其分布等性质一定时，散射光强度与颗粒物的质量浓度成正比。

散射光经光电传感器转换成微电流，微电流被放大后再转换成电脉冲数，利用电脉冲数与粉尘浓度成正比的关系便能测定空气中粉尘的浓度。

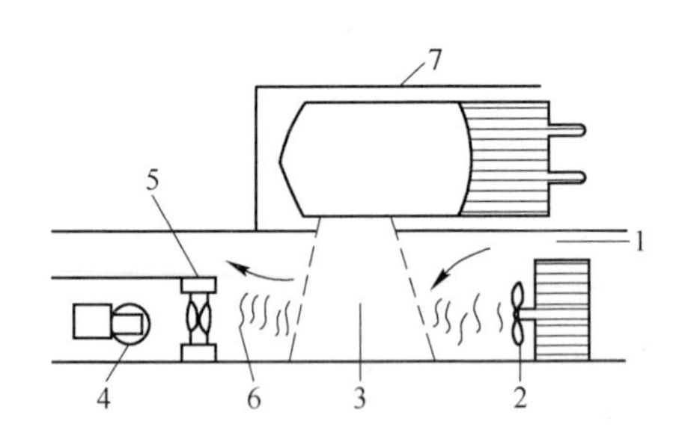

图 3-4　光散射测尘仪

1—被测空气；2—风扇；3—散射光发生区；4—光源；5—暗箱；6—光束；7—光电倍增管

$$c = K(R - B) \tag{3-10}$$

式中，c 为空气中 PM10 质量浓度（mg/m^3），采样头装有粒子切割器；R 为仪器测定颗粒物的测定值—电脉冲数，R = 累计读数/t，即 R 是仪器平均每分钟产生的电脉冲数，t 为设定的采样时间（min）；B 为仪器基底值（仪器检查记录值），又称暗计数，即无粉尘的空气通过时仪器的测定值，相当于由暗电流产生的电脉冲数；K 为颗粒物质量浓度与电脉冲数之间的转换系数。

当被测颗粒物质量浓度相同，而粒径、颜色不同时，颗粒物对光的散射程度也不相同，仪器测定的结果也就不同。因此，在某一特定的采样环境中采样时，必须先用重量法与光散射法所用的仪器相结合，测定计算出 K 值。这相当于用重量法对仪器进行校正。光散射法仪器出厂时给出的 K 值是仪器出厂前厂方用标准粒子校正后的 K 值，该值只表明同一型号的仪器 K 值相同。仪器的灵敏度一致，不是实际测定样品时可用的 K 值。

实际工作中 K 值的测定方法是在采样点将重量法、光散射法测定所用相同采样器的采样口放在采样点的相同高度和同一方向，同时采样 10min 以上，根据式（3-11），用两种仪器所得结果或读数计算 K 值如下。

$$K = \frac{C}{R - B} \tag{3-11}$$

式中，C 为重量法测定 PMTO 的质量浓度值，mg/m^3；R 为光散射法所用仪器的测量值，电脉冲数。

例如，用滤膜重量法测得某现场颗粒物质量浓度 C = 1.5mg/m^3，用 P-5 型光散射法仪器同时采样测定，仪器读数为 1260（电脉冲数），已知采样时间为 10min，B = 3（电脉冲数），则：

R = 1260/10 = 126（电脉冲数），K = 1.5/(126−3) = 0.012

有时，可能由于颗粒物诸多性质不同，在同一环境中反复测定的转换系数 K 值也有差异，这主要是由于粉尘颗粒的性质随机发生变化，即仪器显示值本身的随机误差造成的。因此，应该取多次测定 K 值的平均值作为该特定环境中的 K 值。只要环境条件不变，该 K 值就可用于以后的测定计算。产生粉尘的环境条件及物料变化时，要重新测定 K 值。

图 3-5 为美国 tsi 粉尘测定仪，运用 90°直角光散射的测量原理，测量范围为 0.001～100mg/m^3，粒径范围为 0.1～0μm，分辨率为 0.001mg/m^3，流量范围为 1.4～2.4L/min，所需环境温度为 10～50℃，环境湿度为 0～95%rh（无冷凝水）。

图 3-5　美国 tsi 粉尘测定仪

B　β 射线吸收法

该测量方法基于的原理是让 β 射线通过特定物质后，其强度将衰减，衰减程度与所穿过的物质厚度有关，而与物质的物理、化学性质无关。β 射线测尘仪的工作原理如图 3-6 所示。

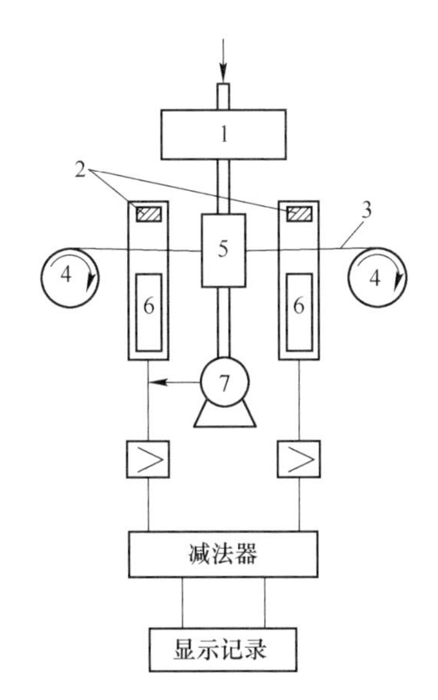

图 3-6　β 射线粉尘检测仪工作原理

1—大粒子切割器；2—β 射线源；3—玻璃纤维滤带；4—滚筒；5—集尘器；6—检测器（技术管）；7—抽气泵

它是通过测定清洁滤带（未采尘）和采尘滤带（已采尘）对 β 射线吸收程度的差异来测定采尘量的。因采集含尘空气的体积是已知的，故可得知空气中含尘浓度。

设两束相同强度的 β 射线分别穿过清洁滤带和采尘滤带后的强度为 N_0（计数）和 N（计数），则二者关系为：

$$N = N_0^{-k \cdot \Delta M} \text{ 或 } \ln(N_0/N) = K \cdot \Delta M \tag{3-12}$$

式中，K 为质量吸收系数，cm^2/mg；ΔM 为滤带单位面积上粉尘的质量，mg/cm^2。

式（3-12）经变换可写成如下形式：

$$\Delta M = (1/K)\ln(N_0/N) \tag{3-13}$$

设滤带采尘部分的面积为 S，采气体积为 V，则空气的含尘浓度 c 为：

$$\begin{aligned} c &= (\Delta M \cdot S)/V \\ &= [S/(V \cdot K)]\ln(N_0/N) \end{aligned} \tag{3-14}$$

式（3-14）说明当仪器工作条件选定后，气样含尘浓度只决定于 β 射线穿过清洁滤带和采尘滤带后的两次计数的比值。从式（3-14）可以看出，其工作原理与双光束分光光度计有相似之处。β 射线源可用 14C、60Co 等检测器采样计数管，对放射性脉冲进行计数，反映 β 射线的强度。

3.1.2　个体呼吸性粉尘测定

呼吸性粉尘采样流量与采样位置大体分为两种：佩戴式个体粉尘采样及定点粉尘采样。

个体测尘由佩戴在工人身上的个体采样器连续在呼吸带抽取一定体积的含尘气体，测定工人在一个工作班的接触粉尘浓度或呼吸性粉尘浓度。个体采样器若测定个人接触浓度，所捕集的粉尘应为工人呼吸区域内的总粉尘粒子；若测定呼吸性粉尘浓度，所捕集的粉尘应为进入到人体肺部的粒子。目前国际上普遍采用的呼吸性粉尘卫生标准有 ACGIH 和 BMRC 两种，因此在测定呼吸性粉尘浓度时，个体采样器必须带有符合上述要求的采样器入口及分粒装置。个体采样器主要由采样头、采样泵、滤膜等组成。采样头是个体采样器收集粉尘的装置，主要由入口、分粒装置（测定呼吸性粉尘时用）、过滤器三部分组成。采样器入口将呼吸带内满足总粉尘卫生标准的粒子有代表性地采集下来。分粒装置将采集的粒子中非呼吸性粉尘阻留；其余部分，即呼吸性粉尘由过滤器全部捕集下来。分粒装置主要有以下形式。

（1）旋风分离器。如图 3-7 所示，含尘气流由入口圆筒，变为旋转气流。在离心力作用下，大颗粒被抛向管壁而落入大粒子收集器。气流继续向下运动至收缩锥部挟带小粒子沿旋流核心上升，这些小粒子最终被滤膜捕集。改变入口气流速度，可分离不同粒径的粒子。

（2）冲击式分离器。如图 3-8 所示，气体由喷孔高速喷出，在冲击板上方气流弯曲，大粒子由于惯性而脱离流线被冲击板捕集，而小粒子则随气流运动，最终被滤膜捕集。

采样头必须经过严格的实验室标定及检验。它包括使用目前国际上普遍应用的单分散标准粒子对分粒装置进行标定，对采样器入口效率以及测量一致性等进行检验。接触的粉尘浓度 c 按式（3-2）计算，如计算呼吸性粉尘浓度，只需将滤膜上粉尘量代入式（3-2）的计算即可。

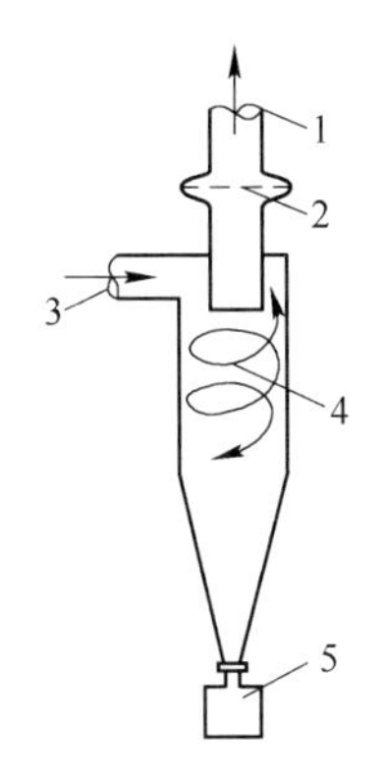

图3-7 旋风分离器

1—气体出口；2—滤膜；3—气体入口；4—气流线；5—大粒子接收器

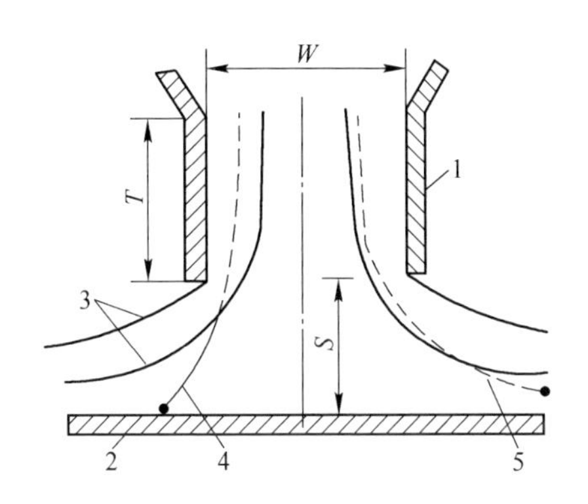

图3-8 冲击式分离器

1—喷嘴；2—捕集板；3—气流线；4—被捕集的粒子轨迹；5—不能捕集的小粒子轨迹

3.1.3 定点呼吸性粉尘测定

定点粉尘采样是指在一个工作班的正常生产条件下，确定固定采样位置进行采样。定点采样流量依具体情况而不同，可以选用采样流量为20L/min或10~15L/min或使用小流量2L/min的流量采样。

3.1.3.1 水平淘析器质量法

A 原理

利用空气动力学原理，在重力作用下，使呼吸性粉尘和非呼吸性粉尘分离，非呼吸性粉尘沉降在淘析板上，而呼吸性粉尘采集在滤膜上，可进行称量并计算出呼吸性粉尘浓度。

B 器材

(1) 水平淘析采样器。(2) 分析天平：感量为0.0001g或0.00001g。(3) 具有10h以上计时功能的计时器。(4) 55mm滤膜。(5) 滤膜夹（带托网）及滤膜盒。(6) 不锈钢小镊子。(7) 干燥器（装有变色硅胶）。(8) 记录本。(9) 十字头螺丝刀。

C 分析步骤

a 采样前准备

(1) 滤膜安装。在分析天平上准确称量直径为55mm的滤膜一张，并记录其质量，用干净的滤膜夹将滤膜夹紧。然后用十字头螺丝刀打开弧形门，旋松过滤器的翼形压环，将夹有滤膜的滤膜夹放入过滤器内。夹子上的小凹耳应朝上，调整好夹子的位置后，旋紧翼形压环，关上弧形门，并拧紧螺丝钉。

（2）电池组安装。用钥匙打开采样器的前门，将充足电的电池插入采样器内的电池室，并将其插头插入采样器的插座内，迅速插到底，然后将止动弹簧片推到右边，并拧紧锁。

b　现场采样

将采样器处于水平位置，可通过采样器自身的水准泡来调整水平，并调到呼吸带高度，打开电源开关进行采样，同时计时并且观察流量计流量（一般选用2.5L/min）。采样结束时，再次检查流量，并记录连续采样时间。

c　采样后的处理

将采样器平放在工作台上，轻轻擦拭采样器表面的粉尘，然后用十字螺丝刀打开弧形门，把翼形压环松到底，仔细地将滤膜夹从过滤器中取出来，再从滤膜夹里用小镊子取下滤膜，然后将滤膜放置分析天平上称至恒重。

D　计算粉尘浓度

利用公式（3-2）计算粉尘浓度。

E　注意事项

（1）采样器在未装滤膜情况下不得开机。

（2）采样时采样器一定要保持水平，不得倾斜，携带时避免碰撞、振动。

（3）采样前要旋紧螺丝及上好锁，避免采样时打开影响测定结果的准确性。

（4）取出滤膜拧翼形压环时，不可用力过猛，以免引起振动。

（5）使用完采样器后，应清擦仪器内外，并将电池组取下充足电，便于下次使用。

3.1.3.2　惯性撞击器质量法

A　原理

抽取一定体积的含尘空气，通过惯性撞击方式的分粒装置将较粗大的尘粒撞击在涂抹硅油的玻璃捕集板上；而通过玻璃捕集板周围的微细尘粒，则阻留在纤维滤膜上。由采样后的玻璃捕集板及滤膜上的增量，计算出单位体积空气中呼吸性粉尘和总粉尘的质量。

B　器材

（1）采样器：采用检验合格的采样器。（2）采样头：惯性撞击式采样头，特性符合“BMRC”曲线采样头前级捕集效率>7.07μm 为 100%，5μm 为 50%，2.2μm 为 10%。（3）捕集板：呈圆形无色玻璃捕集板。（4）滤膜：直径为 40mm 过氯乙烯纤维滤膜。（5）天平：感量不低于 0.0001g 的分析天平，有条件时最好用感量为 0.00001g 的分析天平。（6）硅油：国产 7501 真空硅脂。（7）秒表或相当于秒表的计时器。(8) 干燥器内盛有变色硅胶。(9) 牙科用弯头镊子。

C 测定前准备及现场采样

(1) 分粒装置的准备。将分粒装置内壁用无水乙醇擦干净，并晾干放在洁净的器皿中。

玻璃捕集板的消洗及涂抹硅油的方法如下。

1) 玻璃捕集板的消洗。首先将玻璃捕集板放置于中性洗涤液中浸泡，除去污物，用蒸馏水进行冲洗，再用95%乙醇或无水乙醇脱脂棉球擦净，晾干。

2) 玻璃捕集板涂抹硅油。用清洁的牙科弯头镊子的一侧尖部，蘸取1~2mg的硅油，滴在玻璃捕集板中央；使镊子头部与捕集板成平行，将硅油滴由中间向外扩张涂抹，涂抹范围的直径在15mm左右，使捕集板边缘距摊开的硅油外缘4~5mm；因硅油的黏度很高，刚涂抹后有不均匀现象，应放置4h以上，捕集板表面上的硅油，随时间的延长而扩散平滑均匀，因此向玻璃捕集板涂抹硅油工作，应在采样前一天进行，但必须注意使其不受污染。

玻璃捕集板及滤膜的安装方法如下。

1) 玻璃捕集板的固定。将已涂好硅油的玻璃捕集板用镊子夹取，迅速放在天平称量上至恒重，并记录后再将捕集板（涂油面向上）小心地安放在分粒装置前部的冲突台上，压紧金属卡环，使其固定。

2) 滤膜的安装。将直径40mm的纤维滤膜用镊子取下两面的夹衬纸，置于天平称量上称量至恒重，记录后将滤膜装入金属的滤膜夹中夹紧，安装在分粒装置底座的金属网上，将冲突台部分与底座螺旋旋紧，盖上保护盖即可带到现场进行采样。

(2) 现场采样。现场采样时应按照以下要求进行。

1) 选好采样地点。将采样器安装在支架上并调到呼吸带高度，然后将采样头安装在采尘器上，采样头进气口迎向含尘气流。

2) 采样流量必须按规定20L/min设置进行采样。在采样过程中，要保持流量的稳定。

3) 采样时间。根据现场的粉尘种类及作业情况而定，一般采样时间为20~25min，浓度较高的煤尘可采样3~5min。

D 采样后样品的称量及计算

(1) 采样结束后，应小心取下分粒装置，将进气口上防护罩盖好，将其轻轻地直立，放入样品箱中。带样品回实验室后一般不需干燥处理，可直接放在天平上分别进行捕集板和滤膜采样后的称量，并记录质量。如果采样现场的相对湿度在90%以上，或有水雾存在时应进行干燥处理后再称量至恒重。

(2) 粉尘浓度计算。粉尘浓度按照下列方式计算。

1) 呼吸性粉尘浓度的计算采用式 (3-2)。

2）总粉尘浓度 T 的计算公式如下：

$$T = \frac{(G_2 - G_1) + (f_2 - f_1)}{q_v t} \tag{3-15}$$

式中，f_1 为采样前滤膜的质量，mg；f_2 为采样后滤膜的质量，mg；T 为总粉尘浓度，mg/m^3；G_1 为采样前捕集板的质量，mg；G_2 为采样后捕集板的质量，mg；q_v 为采样流量，L/min；t 为采样时间，min。

E　注意事项

（1）玻璃捕集板要洗净擦干，涂抹硅油要适量，应在0.5~5mg的范围内，粉尘捕集效率不受影响。

（2）滤膜夹要消洗干燥，安装滤膜后要夹紧，防止采样时被气流抽出夹外，影响测定结果。滤膜上粉尘增量不可小于0.5mg，也不得多于10mg。

（3）采样头（分粒装置）擦洗可使用蒸馏水或无水乙醇膜脂棉球或纱布。

（4）到作业场所前后，要注意保护好样品，使其不受污染和掉落粉尘。

（5）采样流量必须是20L/min，否则会改变采样头对粉尘的捕集效率而影响测定结果。

（6）采样头各部件安装时，一定要旋紧螺旋，否则发生漏气时会改变分离曲线。

3.1.3.3　旋风分离器质量法

A　原理

抽取一定体积的含尘空气，通过粉尘采样头进气口时，沿切线方向进入采样头内壁，在锥形圆筒内产生离心力，粉尘粒子受离心力的作用，把粗大尘粒抛向器壁，由于粉尘本身的重力，落到采样头底部的接尘罐内。而离心后的微细尘粒则随气流通过出气口时，被阻留在采样头上部安装的滤膜上，由采样后滤膜及接尘罐的增量计算出单位体积空气中呼吸性粉尘和总粉尘浓度。

B　器材

（1）采样器。采用检验合格的采样器，在需要防爆的作业场所采样时，用防爆型或本质安全型采样器。（2）采样头。旋风离心式采样头，特性符合BMRC曲线。（3）接尘罐。该罐高为23mm，直径为14mm。（4）滤膜。采用直径为40mm的过氯乙烯纤维滤膜。（5）天平。感量不低于0.0001g的分析天平，有条件的可使用感量为0.00001g的分析天平。（6）秒表或相当于秒表的计时器。（7）干燥器。内盛有变色硅胶。（8）弯头镊子。

C　测定方法

（1）采样头的准备。接尘罐的清擦、称量及安装方法如下。

1）用镊子夹取95%酒精棉球，将接尘罐内外擦干净、晾干。

2）将接尘罐在分析天平上称量至恒重，并记录质量。

3）将称量好的接尘罐，安放在采样器底部的底盒内。

（2）滤膜的称量。将直径10mm的滤膜，用镊子取下两面的夹衬纸，置于分析天平上称量至恒重，并记录质量。

（3）现场采样。现场采样按照以下要求进行。

1）采样流量必须按规定20L/min设置，在采样过程中要保持流量稳定。

2）采样时间为10~20min，如遇粉尘浓度较高时可采样3~5min。

3）采样结束后，小心地将旋风式采样头取下，轻轻地放入样品箱中。一般情况下不需要干燥处理，可直接放在天平上分别进行滤膜采样后的称量，并记录质量。

如果现场采样时的相对湿度在90%以上或有水雾存在时，应进行干燥处理后再称量至恒重，并进行计算。

D 粉尘浓度计算

（1）呼吸性粉尘浓度的计算采用式（3-2）。

（2）总粉尘浓度的计算采用式（3-15）。

E 注意事项

（1）接尘罐和滤膜夹要擦净晾干。滤膜夹安装时，要将滤膜压紧，以免在采样过程中抽出。

（2）旋风式采样头的离心圆筒在每次采样后要及时清擦，消除积尘后再使用。

（3）采样流量必须是20L/min；否则将改变旋风采样头对粉尘的捕集效率，影响测定结果。

（4）到作业场所采样前后，要注意保护好样品，使其不受污染和掉落粉尘。

3.1.4 粉尘中游离二氧化硅的测定

粉尘的化学成分决定其对人体危害的性质和程度，其中游离状态的二氧化硅影响尤为严重。长期大量吸入含结晶型游离二氧化硅的粉尘将引起矽肺病。粉尘中游离二氧化硅的含量愈高，引起病变的程度越重，病变的发展速度越快。本节仅介绍粉尘的游离二氧化硅检测，粉尘中其他无机组分和有机组分的检测从略。

测定粉尘中的游离二氧化硅有化学法和物理法。化学法采用焦磷酸重量法和碱熔钼蓝比色法。其中焦磷酸重量法国内应用普遍，其优点是适用范围广、可靠性较好，缺点是操作程序繁琐、花费时间。碱熔钼蓝比色法灵敏度较高，但应用范围有一定局限性。物理法有X射线衍射法和红外分光光度法。物理法不改变被分析样品的化学状态，需要的样品量很少，分析资料可以保存在图谱上，常用于定性鉴别化合物的种类，用于定量测定则有一定的局限性。

3.1.4.1　焦磷酸重量法

A　原理

硅酸盐溶于加热的焦磷酸而石英几乎不溶，以质量法测定粉尘中游离二氧化硅的含量。

B　器材与试剂

a　器材

（1）硬质锥形烧瓶（50mL）。（2）量筒（25mL）。（3）烧杯（250～400mL）。（4）玻璃漏斗（60°）。（5）温度计（0～360℃）。（6）玻璃棒（长300mm，直径5mm）。（7）可调式电炉（0～1100W）。（8）高温电炉（温度控制0～1100℃）。（9）瓷坩埚或铂坩埚（带盖）。（10）坩埚钳或尖坩埚钳。（11）干燥器（内盛有变色硅胶）。（12）抽滤瓶（1000mL）。（13）玛瑙乳钵。（14）慢速定量滤纸（7～9cm）。（15）粉尘筛（200目）。

b　试剂

（1）焦磷酸试剂。将85%磷酸试剂加热，沸腾至250℃不冒泡为止，放冷后，置塑料试剂瓶中。（2）氢氟酸。（3）结晶硝酸铵。（4）0.1mol/L盐酸。

以上均为二级化学纯试剂。

C　采样

采集工人经常工作地点呼吸带附近的悬浮粉尘。按滤膜直径为75mm的采样方法以最大流量采集0.2g左右的粉尘，或用其他合适的采样方法进行采样。当受采样条件限制时，可在其呼吸带高度采集沉降尘。

D　分析步骤

（1）将采集的粉尘样品放在（105±3）℃烘干箱中烘干2h，稍冷，储于干燥器中备用。如粉尘粒子较大，可先过200目粉尘筛，取筛下粉尘用玛瑙乳钵研细至手捻有滑感为止。

（2）准确称取0.1～0.2g粉尘样品于50mL的锥形烧瓶中。

（3）若样品中含有煤、炭素及其他有机物的粉尘时，应放在瓷坩埚中，在800～900℃下灼烧30min以上，使碳及有机物完全灰化，冷却后将残渣用焦磷酸洗入锥形烧瓶中；若含有硫化矿物（如黄铁矿、黄铜矿、辉钼矿等），应加数毫克结晶硝酸铵于锥形烧瓶中。

（4）用量筒取15mL的焦磷酸，倒入锥形烧瓶中，振动搅拌使样品全部湿润。搅拌时取一支玻璃棒与温度计用胶圈固定在一起，玻璃棒的底部稍长温度计2mm左右。

（5）将锥形烧瓶置于可调电炉上，迅速加热至245~250℃，保持15min，并用带有温度计的玻璃棒不断搅拌。

（6）取下锥形烧瓶，在室温下冷却到100~150℃。再将锥形烧瓶放入冷水中冷却到40~50℃。在冷却过程中，用加热（50~80℃）的蒸馏水稀释到40~45mL。稀释时一边加水，一边用力搅拌混匀，使黏稠的酸与水完全混合。

（7）将锥形烧瓶内容物小心移入250mL或400mL的烧杯中。再用蒸馏水冲洗温度计、玻璃棒及锥形烧瓶，把洗液一并倒入250mL或400mL的烧杯中，并加蒸馏水稀释到150~200mL，用玻璃棒搅匀。

（8）将烧杯放在电炉上煮沸内容物，同时将60℃玻璃漏斗放置1000mL抽滤瓶上，并在漏斗中放置无灰滤纸过滤（滤液中有尘粒时，须加纸浆），滤液勿倒太满，一般约在滤纸的2/3处。为增加过滤速度可用胶管与玻璃抽气管相接，利用水流产生负压加速过滤。

（9）过滤后，用0.1mol/L热盐酸（10mL左右）洗涤烧杯移入漏斗中，并将滤纸上的沉渣冲洗3~5次，再用热蒸馏水洗至无酸性反应为止（可用pH试纸检验）。如用铂坩埚时，要洗至无磷酸根反应后再洗3次，以免损坏铂坩埚。

（10）将带有沉渣的滤纸折叠数次，放于恒重的瓷坩埚中，在80℃的烘干箱中烘干。再放在高温电炉中炭化，炭化时要加盖并稍留一小缝隙。炭化过程中滤纸在燃烧时应打开高温电炉门，放出烟雾后，继续加温在800~900℃灼烧30min，待炉内温度下降到300℃左右时，取下瓷坩埚在室温下稍冷后，再放入干燥器中冷却1h。然后，将样品称至恒重并记录质量。

E　计算

$$SiO_2(F)\% = \frac{m_2 - m_1}{G} \times 100 \tag{3-16}$$

式中，$SiO_2(F)$ 为游离二氧化硅的含量（质量分数），%；m_1 为坩埚质量，g；m_2 为坩埚加沉渣质量，g；G 为粉尘样品质量，g。

F　粉尘中含有难溶物质的处理

当粉尘样品中含有难以被焦磷酸溶解的物质时（如碳化硅、绿柱石、电气石、黄玉等），则需要用氢氟酸在铂坩埚中处理。其目的是将混于残渣中未被溶解的微量硅酸盐及其他有色金属氢化物的含量减掉，当用氢氟酸处理时，可使残渣中的游离二氧化硅（石英）变成四氟化硅挥发掉（即氢氟酸处理过程中的减重为游离二氧化硅的量）。其操作如下。

（1）向带有残渣的铂坩埚内（经灼烧至恒重后）加入数滴1∶1硫酸，使之全部湿润残渣。

（2）加入5~10mL 40%的化学纯氢氟酸（在通风柜内），稍加热使残渣中游离二氧化硅溶解。继续加热蒸发至不冒白烟为止（防止沸腾），再于900℃的温度下灼烧，干燥至恒重。

（3）计算方法如下。

$$SiO_2(F)\% = \frac{m_2 - m_3}{G} \times 100 \tag{3-17}$$

式中，m_3 为经氢氟酸处理后坩埚加沉渣质量，g；其他符号的含义同式（3-16）。

G　磷酸根（PO_4^{3-}）检验方法

（1）原理。磷酸和钼酸铵在 pH=4.1 时，用抗坏血酸还原生成蓝色。

（2）试剂有如下几种。

1）乙酸盐缓冲液（pH=4）。取 0.025mol/L 乙酸钠溶液，与 0.1mol/L 乙酸溶液等体积混合。

2）1%抗坏血酸溶液（保存于冰箱）。

3）钼酸铵溶液。取 2.5g 钼酸铵溶于 100mL 的 0.05mol/L 硫酸中（临时配制）。

（3）检验方法如下。

1）测定时分别将 1%抗坏血酸溶液和钼酸铵溶液用乙酸盐缓冲液各稀释 10 倍。

2）取 1mL 滤液加上述溶液各 4.5mL 混匀，放置 20min，如有磷酸根离子则显蓝色。

H　注意事项

（1）粉尘样品中含有硫化矿物时（如黄铁矿、黄铜矿、辉钼矿等），需在加焦磷酸溶解时，加少许硝酸铵。在 120～170℃，硝酸铵分解对硫化物起氧化作用，同时冒出二氧化氮（NO_2）气体，在此温度保持 3～5min，使硫化矿物完全溶解。如所加硝酸铵量不够，可待温度冷至 100℃左右再补加硝酸铵继续加热，硝酸铵也可使有机物被氧化除去。

（2）粉尘样品中如含有碳酸盐，在加热时因碳酸盐遇酸分解发生泡沫，要注意控制温度，缓慢加热，勿使反应太剧烈，以免样品损失。

（3）当样品为炭素粉尘时，如煤、石墨、活性炭等，称量后需先在瓷坩埚中炭化，并在 900℃灼烧 30min，使有机物及碳完全烧掉，冷却后将残渣用焦磷酸洗入锥形瓶中，如焦磷酸太黏可加热到 40～50℃再用。

（4）焦磷酸溶解硅酸盐时，温度不得超过 250℃，否则易形成胶状沉淀，影响测定。

（5）焦磷酸与水混合时应缓慢并充分搅拌，否则易形成胶状沉淀，使过滤困难。

（6）过滤时需用致密的无灰滤纸，如无致密的无灰滤纸或在滤液中见有白色的粉尘漏过时，可用较疏松的无灰滤纸做成纸浆倾在漏斗中放好的滤纸上，纸浆的制法是取一张无灰滤纸加 10mL 1∶1 盐酸，煮 5min 并捣烂，加水稀释到 200mL，搅拌悬浮液，可平均分配到 10 个漏斗上使用。

3.1.4.2 碱熔钼蓝比色法

用等量碳酸氢钠与氯化钠混合成混合熔剂。在坩埚中将粉尘与混合熔剂混匀，加热至 270~300℃时，碳酸氢钠发生热分解反应，转变成碳酸钠。

$$2NaHCO_3 \longrightarrow Na_2CO_3 + H_2O + CO_2 \uparrow \tag{3-18}$$

加热至 800~900℃时，碳酸钠与粉尘中的硅酸盐不作用，选择性地与粉尘中的游离二氧化硅发生反应，生成水溶性硅酸钠。

$$Na_2CO_3 + SiO_2 \longrightarrow Na_2SiO_3 + CO_2 \uparrow \tag{3-19}$$

硅酸钠溶解于水中，而非碱金属的硅酸盐不溶于水，经过滤将不溶物分离掉。在酸性条件下，硅酸钠与钼酸铵作用形成黄色硅钼酸铵络合物。

$$Na_2SiO_3 + 8(NH_4)_2MoO_4 + 7H_2SO_4 \longrightarrow$$
$$[(NH_4)_2SiO_3 \cdot 8MoO_3] + 7(NH_4)_2SO_4 + 8H_2O + Na_2SO_4 \tag{3-20}$$
$$[(NH_4)_2SiO_3 \cdot 8MoO_3] + 2H_2SO_4 \longrightarrow$$
$$[Mo_2O_5 \cdot 2MoO_3]_2 \cdot H_2SiO_3 + 2(NH_4)_2SO_4 + 2H_2O_3 \tag{3-21}$$

再用抗坏血酸（Vc）将其还原成硅钼蓝后用标准曲线法比色定量。自然界中的硅酸盐为非碱金属硅酸盐，不溶于水或弱碱溶液。

分析测定中的注意事项如下。

（1）混合熔剂中的氯化钠起到助熔剂的作用，800~900℃时为熔剂，它不参与反应。在高温下碳酸氢钠转变成碳酸钠，碳酸钠在氯化钠存在时，可以选择性熔融游离二氧化硅。实验证明，碳酸氢钠与等量的氯化钠混合使用，熔融效果最好。氯化钠过多，碳酸氢钠浓度下降，粉尘中的 SiO_2 熔融不完全；氯化钠太少时，硅酸盐也参与反应，测定结果偏高。

（2）熔融时间必须严格控制。当熔融物表面光亮如镜时，再保持加热 2min，以利于游离二氧化硅充分反应；若时间过长，碳酸钠也可与粉尘中硅酸盐作用，使测定结果偏高。这是获得准确结果的关键测定步骤。

（3）熔融物冷却后，必须用 5%碳酸钠溶液浸泡，溶解其中的硅酸钠。若用酸性溶液处理熔块，硅酸钠将水解形成胶体，不仅使过滤困难，而且测定结果偏低。

（4）过滤后，先用 H_2SO_4 溶液中和滤液中过剩的碳酸钠，并使硅酸钠生成硅酸，以利于形成硅钼酸铵络合物。

（5）在测定条件下，可溶性硅酸盐、磷酸盐和砷酸盐均可与钼酸铵反应生成有色配合物而干扰测定，可用空白实验方法扣除干扰。实验时取部分粉尘按上述方法熔融处理后测定，获得一个结果；另取部分粉尘不进行熔融处理进行测定，获得另一个测定结果。从前一个结果中扣除后一结果，就可以达到排除干扰的目的。

另外，镍坩埚对测定结果也有一定影响。因此，每次测定应作空白试验，做 Fe^{3+}、Fe^{2+}、Co^{2+}、Ni^{2+}、Cr^{3+}等有色离子干扰测定。实验中在加入酸性钼酸铵后，加入适量酒石酸作为掩蔽剂，与它们形成无色络合物即可排除其影响。

3.1.4.3 X 射线衍射法

X 射线在通过晶体时产生衍射现象。用照相法或 X 射线探测器可记录产生的衍射花纹。由于每种晶体化合物都有其特异的衍线图样，因此只要将被测试样的衍射图样与已知的各种试样的衍射图谱相对照，就可定性地鉴定出晶体化合物的种类；而根据衍射图样的强度就可定量测定试样中晶体化合物的含量。

测定游离二氧化硅含量时用粉末法制样。将 200 目的均匀粉末置于玻璃毛细管中，装入粉末照相机内测定。

粉末照相机成圆筒形，如图 3-9（a）所示。由 X 射线管发射的 X 射线束，透过滤光片后成为近乎单色的辐射束，通过细管准直，照射到样品晶体上，其中一部分 X 辐射被晶体中的原子散射。粉末中所有与入射线的夹角为 θ（该角决定于晶体的种类）的面放射的光束，在空间可连接成一个以入射线方向为轴，夹角为 4θ 的圆锥面。其他一定角度的散射可由其他方位的晶体产生，未被散射的辐射，通过出射细管射出照相机。散射线投射在衬有底片的相机内壁上，从而得出一对对的对称弧线组成的图样，如图 3-9（b）所示。

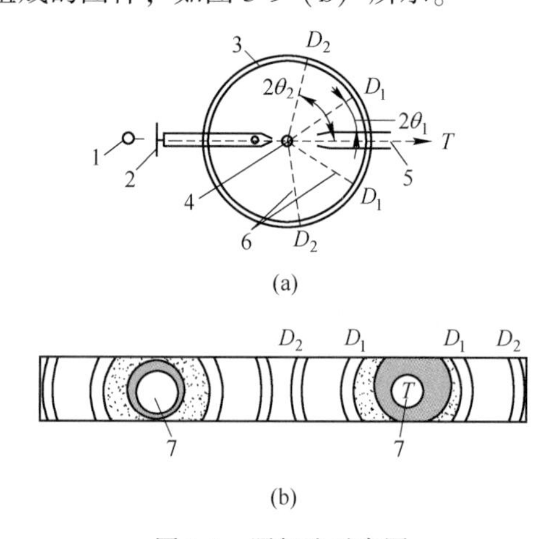

图 3-9　照相法示意图

（a）粉末照相机；（b）显影底片条

D_1，D_2，T—底片在照相机中的位置；1—X 射线管；2—滤光片；3—照相软片；4—样品；5—投射光束；6—衍射光束；7—照相软片上供入射和出射管用小孔

衍射图样的定性鉴定主要凭经验，可以根据纯晶体化合物的标准衍射图谱对照鉴别。对于定量测定，在试样组成简单的情况下，只需在同一条件下将未知试样与含量已知的样品中特定的衍射线的强度做比较即可定量；对组成复杂的样品，则需要根据积分强度的概念，用解方程式的方法计算。

3.1.4.4 红外分光光度法

红外分光光度法可用于样品的化学组成的分析和分子结构的研究。样品可以是无机物也可以是有机物，可以是气态、液态、固态或者溶液。

A 红外光谱分析的基本原理

光谱学是研究物质与电磁辐射相互作用的一门学科，按频率大小的次序，将电磁波排成一个谱，此谱叫作电磁波谱。不同频率（波长）的电磁波，所引起的作用也不同，因此出现了各种不同的波谱法。其中红外吸收波谱，仅是电磁波谱中的一种。按红外波长的不同，可分为三个区域，即近红外区，其波长在0.77~2.5μm；中红外区，其波长在2.5~25μm；远红外区，其波长在25~1000μm。红外光谱分析主要是应用中红外光谱区域。物质的分子是由原子或原子团（基团或官能团）组成的，在一个含有多原子的分子内，其原子的振动转动能级具有该分子的特征性频率。如果具有相同振动频率的红外线通过分子时，将会激发该分子的振动转动能级由基态能量跃迁到激发态，从而引起特征性红外吸收谱带，利用基团振动频率与分子结构具有一定相互关系，可确定该分子的性质，此即红外光谱的定性分析；特征性吸收谱带强度与该化合物的质量，一定范围内呈正相关，符合比尔·郎伯特定律，此即红外光谱的定量分析。

(1) 红外分光光度计的结构及原理。红外分光光度计的设备已日趋完善。自动化水平也越来越高。现对日立270-30型及TJ270-30型红外分光光度计的基本原理和基本结构做一简略介绍。该类型红外分光光度计是基于计算机直接比例记录的基本原理而进行工作（如图3-10所示）。由光源发出的光（碳化硅棒）被分为对称的两束，一束通过样品，称为样品光（S）；另一束作为基准用，称为参比光（R），这两束光通过样品室进入光度计后，被一个以每秒10周旋转着的扇形镜所调制，形成交变光信号，然后合为一路，并交替地通过入射狭缝而进入单色器中。在单色器中，离轴抛物镜将来自入射狭缝的光束转变为平行光投射在光栅上，经光栅色散并通过出射狭缝之后，被滤光片滤出高级次光谱，再经椭球镜而聚焦在探测器的接收面上。探测器将上述的交变光信号转换为相应的电信号，经过放大器进行电压放大后，馈入A/D转换单元，将放大电信号转换为相应的数字，然后进入数据处理系统的计算单元中去。

在计算机单元中，运用同步分离原理，将被测信号中的基频分量（$R-S$）和

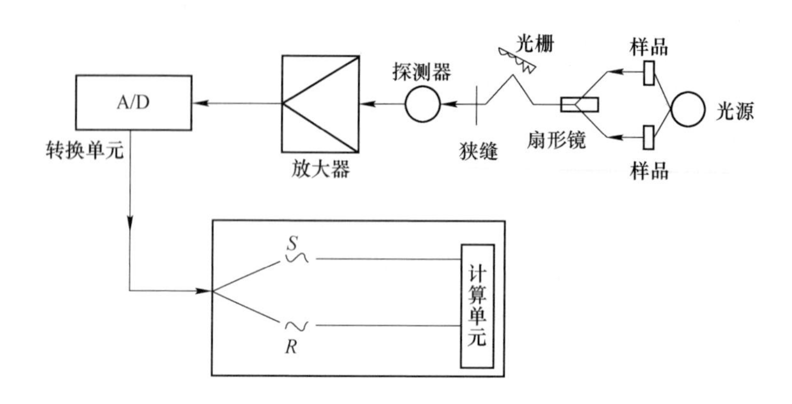

图 3-10　红外分光光度计的基本结构示意图

倍频分量（$R+S$）分离开来，再通过解联立方程求出 R 和 S 的值，最后再求出 S/R 的比值。这个比值表示被测样品在某一固定波数位置的透过率值。这个透过率值可以通过仪器的终端显示器显示出来，也可运用终端绘图打印装置记录下来。当仪器从高波数至低波数进行扫描时，就可连续地显示或记录被测样品的红外吸收光谱。

（2）通过介绍红外分光光度计的工作原理，就可以了解该仪器的基本结构，大体上分为光学系统、机械系统和数据处理系统三大系统。

1）光学系统包括光源室、样品室、光度计、单色器。

光源室：由平面镜和球面镜以及光源组成，光源长 18mm，直径 306mm，其灯丝是由一种耐高温的合金丝烧制而成。光源点燃时，温度可达 1150℃。

光度计：主要是参比光束和样品光束在空间上合为一路，而在时间上互相交替地进入单色器中。

单色器：采用李特洛型光栅—滤光片单色器，由入射狭缝、平面镜、抛物反射镜、光栅、射出狭缝组成。一块闪耀光栅覆盖整个波段，光栅刻线为 66. 6 条/mm，其闪耀波长分别为 3mm。

2）机械系统波数驱动系统，狭缝宽度控制机构，滤光片切换机构，$4000cm^{-1}$位置检出机构。

3）数据处理系统由专门编制的红外分光光度计操作系统程序及其高分辨率彩色显示器、打印仪等组成，具备自动控制和数据处理功能。

B　红外分光光谱法在游离二氧化硅测定中的运用

a　原理

生产性粉尘中常见的 α-石英。α-石英在红外光谱中于 12. 5（$800cm^{-1}$），12. 8（$780cm^{-1}$）及 14. 4（$695cm^{-1}$）处出现特异性的吸收谱带，在一定范围内其吸光度值与 α-石英质量呈线性关系，符合比尔 · 朗伯特定律。

b 器材与试剂

（1）器材

红外分光光度计，压片机及锭片模具，感量为 10~5g 或 10~6g 分析天平，箱式电阻炉或低温灰化炉，干燥箱及干燥器；玛瑙乳钵；200 目粉尘筛，瓷坩埚，坩埚钳，无磁性镊子。

（2）试剂

标准石英：纯度 99%以上，粒度<5μm。于 10%氢氧化钠溶液中浸泡 4h，以除去石英表面的非晶形物质，用蒸馏水冲洗至中性（pH=7）；干燥备用。

溴化钾：优级纯或光谱纯。过 200 目粉尘筛后，用湿式法研磨，于 150℃烘干后储存于干燥器中备用。

无水乙醇：分析纯。

c 粉尘样品采集及处理

（1）样品采集

按粉尘浓度测定方法的规定进行采样，将阻留在滤膜上的粉尘称取质量，并记录。

（2）样品处理

将采尘后的滤膜受尘面向内对折 3 次，放置洁净的瓷坩埚内，置于低温灰化炉或电阻炉内逐渐加热至（700±50）℃。持续 30min 后断电，温度降至 100℃以下时，打开炉门小心取出，放置干燥器中待用。

取溴化钾 250mg 和灰化后的粉尘样品一起放入玛瑙乳钵中研磨；充分研磨混合后，连同压片模具一起放入干燥箱内［(110±5)℃］10min。取出后迅速将样品用小毛刷扫至压片模具中，压力为 25~30MPa，持续 3min。制备出测定样品锭片。

取空白滤膜一张，放入瓷坩埚与测定样品同时灰化，与 250mg 溴化钾一起，放入玛瑙乳钵中研磨混匀，按上述方法进行压片处理，制备出参比样品锭片。

（3）样品测定

打开稳压电源，待电压稳定在 220V 后，打开红外分光光度计主机开关并预热 1h。依各种类型红外仪技术性能确定测试条件，以 x 轴横坐标记录 900~600cm^{-1}的光谱图形，并在 900cm^{-1}处校正 0%和 100%。以 y 轴纵坐标表示吸光度值。

分别将测定样品锭片与参比样品锭片置于样品室光路中进行扫描，以不同角度扫描 3 次，记录 800cm^{-1}处的吸光度值。根据 3 次结果的平均吸光度值，查石英标准曲线，计算出样品中游离二氧化硅质量。

d 石英标准曲线制备

精确称取<5g 标准石英，分别称取不同剂量的标准石英尘（10~1000g），各

加入 250mg 溴化钾，并置于玛瑙乳钵中，充分研磨混匀，按上述样品制备方法做出透明锭片。

制备石英标准曲线样品的分析条件应与被测样品的分析条件完全一致。将不同质量的标准石英锭片，置于样品室光路中进行波数扫描，根据红外光谱 900～600cm^{-1}区域内游离二氧化硅具有三个特征的吸收带的特点，即以 800cm^{-1}、780cm^{-1}、695cm^{-1}三处吸光度值为纵坐标，石英质量为横坐标，绘制出 3 条不同波数的石英标准曲线。

制备标准曲线时，每条曲线有 6 个以上质量点，每个质量点应不少于 3 个平行样品，并求出标准曲线回归方程。在无干扰的情况下，一般选用 800cm^{-1}标准曲线进行定量分析。

e　粉尘中游离二氧化硅含量计算

根据实测的粉尘样品的吸光度值，查石英标准曲线，求出样品中游离二氧化硅质量，按下列公式计算出粉尘中游离二氧化硅含量。

$$w(SiO_2) = \frac{M}{G} \times 100\% \qquad (3\text{-}22)$$

式中，$w(SiO_2)$ 为粉尘中游离二氧化硅含量,%；M 为粉尘样品测出的游离二氧化硅的质量，mg；G 为粉尘样品质量，mg。

f　注意事项

本法的石英最低检出量为 10mg，平均回收率为 96.0%～99.0%，精确度为 0.64%～1.41%。

粉尘粒度大小对测定结果有一定影响，粉尘样品、石英标准样品粒度小于 5μm 的占 95%以上，方可进行测定分析。

粉尘样品质量可能会影响吸收峰值，所以锭片直径 13mm 时，岩尘样品质量为 1～2mg，煤尘样品质量为 4～6mg，微量锭片直径 2mm 时，粉尘样品不可低于 0.5mg（十万分之一克天平）增量。

为减少测量时产生随机性误差，实验室温度控制在 18～26℃之间，相对湿度应<50%。标准曲线应每半年进行修正或重新制作新的标准曲线。

C　游离 SiO_2 分析的质量控制

利用红外光谱吸收带强度与测定样品浓度之间相关而进行定量分析，主要是根据被测样品光谱中欲测物质吸收强度来确定其浓度，所以提高红外光谱分析的质量控制水平，是保证测定结果准确的关键。

a　仪器设备及试剂的质量控制

（1）各种类型的红外分光光度计，应严格掌握仪器性能和技术指标，并在仪器性能允许范围内使用。在使用期间，每半年检测 100%线平滑度、波数精度、仪器能量检测及重复性检验。如性能不符合要求，应立即检修调至正常。

仪器测定参数设定应根据被测物质而定，波数范围及记录方式必须大于特征吸收峰值 100cm^{-1}以上，狭缝选择的宽度，应为吸收特征峰 1/2 处半带为最佳或选用 2~3cm^{-1}为宜。背景消除应以吸光度（Abs）方式，光标为 0.00 设定特征峰低波数，而且根据谱带确定基线法，并测定红外吸收强度。基线法是一种确定背景提取分析信号的认识方法，以定量吸收峰来测量被测物质的强度，用基线法表示，从而消除吸收峰背景，以求得准确测量。基线法最常用的有以下四种：1）平基线法；2）切线基线法；3）定点基线法；4）水平定点基线法。

（2）其他仪器及试剂条件。天平的使用必须在计量检定周期之内，机械天平零点校正及称量应连续称量 3 次取平均值。电子分析天平使用时应启动自动校正功能。压片模具、玛瑙乳钵使用前应擦拭洁净，并先用少量溴化钾进行研磨、压片后，方可进行样品处理。

制备标准曲线用溴化钾应以光谱纯为分析试剂，日常分析用优级纯溴化钾即可。

b　测定方法的质量控制

粉尘粒度对测定结果有直接影响，粉尘粒度越小，红外光谱带的吸光度值越高。当粉尘粒径>5μm 时，可在 800cm^{-1}处的吸收强度逐渐减弱；当粉尘粒度在 12~20μm 的占 50%以上时，可使测定结果误差在 30%以上。

称取样品质量准确与否是保证分析结果准确性的必要条件，因此称量准确度应控制在 1%以内，其计算公式为：

$$称量准确度 = \frac{天平感量}{样品质量} \times 100\% \tag{3-23}$$

样品与溴化钾混合要求必须均匀，反之将影响特征峰吸收度，用转动光路测定样品 45°分别进行 4 次打锚，以观察特征峰变化，吸收强度<±0.003，波数偏移<±2cm^{-1}。

判断标准曲线和校正标准是保证测定结果准确的重要步骤，所以技术要求高，判断标准曲线必须在同一天内完成测定。同时，在不同质量点上选做内标法或增量法，以提高标准曲线可信性，并计算直线回归方程，由于红外仪器的杂散辐射以及样品的反射、折射等因素，所以工作曲线一般不通过原点，应经统计学处理后，求出的方程应校正至通过原点。石英含量越低（<80μg）对谱带强度影响也越大。在制备低含量的标准曲线时，应多增加质量点数，求平均值后绘制曲线。同一批测定样品，其灰化时间、研磨程度、制片压力及压片时间等应保持一致，一次测定样品数超过 25 个时，应灰化 2 个参比空白滤膜分别进行制片，确保参比光路锭片在测定中保持透明度一致，使测定结果准确。

c　干扰物质的影响

干扰物质的影响谱带的选择及定位对分析物质的准确性十分关键。但在物质测定范围内会有干扰影响物质特征峰的吸收或重叠。有些矿物性粉尘可在α-石英吸收谱带（800cm^{-1}、780cm^{-1}）附近出现吸收带，因而干扰测定准确性。

3.1.4.5　落尘沉积强度的测定

A　落尘的特性

为了研究落尘特性，定义如下表征尘粒沉积的典型参数。

（1）落尘空隙率 ε 指尘粒空隙体积 V_b 与整个落尘颗粒所占总体积 V_t 之比值。

$$\varepsilon = \frac{V_b}{V_t} \tag{3-24}$$

（2）落尘真密度按式（3-25）计算。

$$\rho_p = \frac{m_p}{V_t - V_b} \tag{3-25}$$

式中，m_p 为落尘质量，g。需要说明的是，由于浮尘颗粒只具有真密度，因此，在以后章节的研究中，浮尘颗粒的密度直接沿用 ρ_p 符号。

（3）落尘堆积难度指落尘总体积下的密度。

$$\rho_b = \frac{m_p}{V_t} = (1 - \varepsilon)\rho_p \tag{3-26}$$

（4）落尘密度分散度 P_m 指某粒级尘粒质量占落尘总质量的百分比。

$$P_m = \frac{m_{pi}}{\sum m_{pi}} \tag{3-27}$$

（5）落尘沉积率指落尘堆积密度 ρ_b 与其密度 ρ_p 之比值。

$$\Phi_p = \frac{\rho_b}{\rho_p} \tag{3-28}$$

（6）尘粒的等效粒径 d_p 尽管尘粒尺寸是微米级的，但其形状是极不规则的，有球形、椭圆形、锥形等。从动力学角度考虑，球形是最理想的形状，也是迄今为止研究最充分的形状。因此，本文采用等效粒径 d_p 的概念，将各种形状的尘粒简化为球形尘粒处理。等效粒径 d_p 的定义是：真实尘粒的粒径等于具有相同密度、质量的球形尘粒的粒径。

B　落尘聚集体、凝结体的形成

尘粒之间存在着各种各样的吸引力，总称内聚力。当尘粒在重力、扩散力等作用下沉积于巷道周壁凸凹不平的表面上时，由于内聚力作用，几个甚至成百上千个尘粒将聚合在一起。若尘粒间的内聚力小，则相邻尘粒间的结合力弱，在外力作用下这种集合体容易再次破碎成单个尘粒，此类集合体称作聚集体；若尘粒间的内聚力大于外来力，则尘粒将一直牢固地结合在一起，这种集合体称作凝结体。笔者认为，在煤矿井下采用落尘聚集体、凝结体的概念可以较直观地研究落尘的沉积与飞扬特性，科学地评价抑制落尘的技术价值。

一些文献在分析各种粒子间内聚力后指出，能够使尘粒聚合的内聚力主要有：尘粒间分子吸引力（范德华力）、带电粒子间的静电吸引力、尘粒表面存在水分而产生的液体桥联力（亦称附着力）及毛细作用力等，现分述如下。

（1）尘粒间的范德华力：

$$F_{vw} = \frac{C_p}{12l^2} \cdot \left(\frac{d_{p1} \cdot d_{p2}}{d_{p1} + d_{p2}}\right) \tag{3-29}$$

式中，C_p 为尘粒间有性质常数，在 10^{-10}dyn · cm 数量级内；l 为尘粒表面分子间距，$l<10^{-5}$cm；d_{p1}、d_{p2}为尘粒的粒径，cm。

（2）带电尘粒间的静电吸引力：

$$F_e = \frac{1}{4\pi\varepsilon_0} \cdot \left(\frac{q_1 \cdot q_2}{L_p^2}\right) \tag{3-30}$$

式中，ε_0 为真空介电常数，为 3.42×10^9e/(dyn · μm^2)，L_p 为两个尘粒间的距离，μm，可按下式计算：

$$L_p = \frac{d_{p1} + d_{p2}}{2} \tag{3-31}$$

其中 q_1、q_2 为两个尘粒所带的异性电荷。Billings 曾综合 36 种文献列出了不同粒径的粒子所能获得的最大电荷估算值（图 3-11），并归纳指出，正常尘粒所带电荷量为最大值的$\frac{1}{10}$。

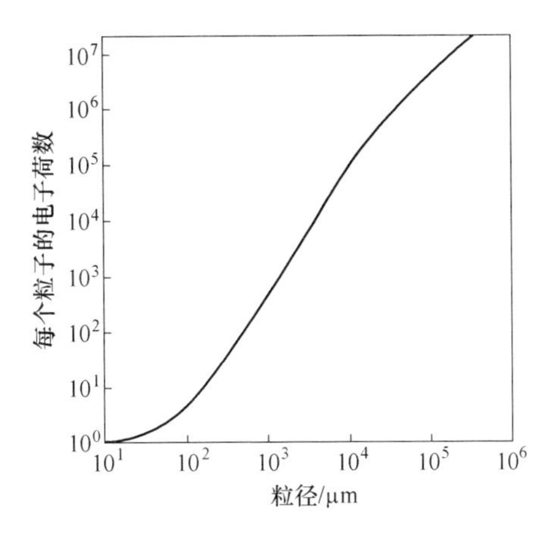

图 3-11 干空气中单个尘粒子的最大电子电荷估计值

（3）被润湿尘粒间的液体桥联力：

$$F_q = 2\pi\sigma r_n \tag{3-32}$$

式中，r_n 为两个尘粒间悬摆液环最窄处半径，cm。

（4）被润湿尘粒间产生液体毛细管负压作用力：

$$F_m = \pi r_n^2 \sigma \left(\frac{1}{r_q} - \frac{1}{r_n}\right) \tag{3-33}$$

式中，r_q 为悬摆液环的曲率半径，cm。对上述四种内聚力及尘粒自身重力 F_c、风速为 10m/s 时的气流浮力进行量级分析的结果见表 3-1。

通过量级分析可以看出，不同粒径 d_p 下的静电力 F_o 和范德华 jJ 均比气流浮力 F_Q 小 10^2 量级以上，仅依靠这两种力形成的落尘集合体，在风流吹激下即可破碎成单个尘粒而重新飞扬（单个尘粒的重力 $F_G \ll F_Q$），因此，仅在 F 和 w 作用下的落尘只能成为聚集体；由表 3-1 可以看出，尘粒间的液体桥联力 F_q 及毛细作用了 F 的量级比 F 大 $10 \sim 10^2$，因此可形成在风流中较稳定的落尘凝结体，也就是说，落尘颗粒只有被充分润湿，才能形成凝结体。

表 3-1　内聚力量级比较

d_p/μm	F/dyn					
	F_e①	F_{vw}	F_m	F_q	F_G	F_Q
0.1	6×10^{-10}	4×10^{-7}	7×10^{-4}	1×10^{-3}	5×10^{-30}	2×10^{-5}
1	6×10^{-8}	4×10^{-6}	7×10^{-3}	1×10^{-2}	5×10^{-10}	2×10^{-4}
10	6×10^{-6}	4×10^{-5}	7×10^{-2}	1×10^{-1}	5×10^{-7}	2×10^{-3}
100	6×10^{-4}	4×10^{-4}	7×10^{-1}	1×10^{0}	5×10^{-4}	2×10^{-2}

注：取尘粒所带电荷量为其最大值的 1/10。

C　落尘聚集体和凝结体沉积特征

通过分析可以看出，聚集体尘粒间结合力较弱，因此在重力以及风流扩散力作用下，尘粒的沉积符合粒子自然沉积规律，使尘粒紧密堆积；而凝结体形成后，则将造成较大空隙。

假定落尘聚集体由二组元尘粒组成，则根据粒子自然沉积原理，大尘粒间的空隙将被小尘粒填充，聚集体单位体积内大、小尘粒的质量 m_{p1}、m_{p2} 可分别写成下式：

$$m_{p1} = l \cdot (1 - \varepsilon_1) \cdot \rho_{p1} \tag{3-34}$$

$$m_{p2} = l \cdot \varepsilon_1 \cdot (1 - \varepsilon_2) \cdot \rho_{p2} \tag{3-35}$$

$$m_{p1} = \frac{m_{p1}}{m_{p1} + m_{p2}} = \frac{(1 - \varepsilon_1) \cdot \rho_{p1}}{(1 - \varepsilon_1) \cdot \rho_{p1} + \varepsilon_1 (1 - \varepsilon_2) \cdot \rho_{p2}} \tag{3-36}$$

考虑井下某一区域内实际落尘系由同一矿体产生，因此式（3-36）可简化为：

$$m_{p1} = 1/(1+\varepsilon) \tag{3-37}$$

井下落尘实际上是多组元尘粒体系，故其聚集体沉积模型因为是初一级大尘粒之间的空隙由二级次大尘粒填充，二级次大尘粒间的空隙又被三级小尘粒填塞，依次类推，定义 $V_m = 1/(1-\varepsilon^2)$，则在落尘聚集体内，每一组元的体积 V，如下：

$$\begin{aligned}
V_1 &= V_m \cdot (1-\varepsilon) = \rho_{ml} \\
V_2 &= \varepsilon \cdot V_m \cdot (1-\varepsilon) = 1-\rho_{ml} \\
V_3 &= \varepsilon \cdot \varepsilon \cdot V_m \cdot (1-\varepsilon) = (1-\rho_{ml}) \cdot \varepsilon \\
V_4 &= \varepsilon \cdot \varepsilon^2 \cdot V_m \cdot (1-\varepsilon) = (1-\rho_{ml}) \cdot \varepsilon^2 \\
&\vdots \\
V_n &= \varepsilon \cdot \varepsilon^2 \cdot V_m \cdot (1-\varepsilon) = (1-\rho_{ml}) \cdot \varepsilon^{n-2}
\end{aligned} \tag{3-38}$$

为计算方便，式中一级和二级尘粒体积之和取作 1，代入方程（3-37），并将方程（3-38）所有组分的体积加和，得到理想沉积时落尘聚集体体积公式如下：

$$\begin{aligned}
V_{tj} = \frac{1}{1+\varepsilon} + \left(1-\frac{1}{1+\varepsilon}\right) + \left(1-\frac{1}{1+\varepsilon}\right) \cdot \varepsilon + \\
\left(1-\frac{1}{1+\varepsilon}\right) \cdot \varepsilon^2 + \cdots + \left(1-\frac{1}{1+\varepsilon}\right) \cdot \varepsilon^{n-2} = \frac{1-\varepsilon^n}{1-\varepsilon^2}
\end{aligned} \tag{3-39}$$

对于落尘凝结体体积 V_m，可按 Pietsch 提出的疏松因子 f_y 公式进行校正：

$$V_{tn} = \left[V_{ts} + f_y\left(V_{ts} - \frac{1}{1+\varepsilon}\right)\right] \cdot \frac{1}{\phi_p} \tag{3-40}$$

式中，f_y 为 Pietsch 疏松沉积因子，它的数值在 0~2 之间，尘粒间的内聚力与外力相等时，取 $f=0$；内聚力远大于外力时，$f=2$。

3.2 矿山常见刺激性气体的测定

3.2.1 氮氧化物的测定

矿井空气中的氮氧化物以一氧化氮、二氧化氮、三氧化二氮、四氧化二氮、五氧化二氮等多种形态存在，其中一氧化氮和二氧化氮是主要存在形态，为通常所指的氮氧化物（NO_x）。它们主要来源于爆破产生的尾气以及油铲产生的尾气。

空气中 NO、NO_2 常用的测定方法有盐酸萘乙二胺分光光度法、化学发光分析法及原电池恒电流库仑法。

3.2.1.1 盐酸萘乙二胺分光光度法

该方法采样与显色同时进行，操作简便，灵敏度高，是国内外普遍采用的方法。因为测定 NO_x 或单独测定 NO 时，需要将 NO 氧化成 NO_2，主要采用酸性高锰酸钾溶液氧化法。当吸收液体积为 10mL，采样 4～24L 时，NO_x（以 NO_2计）的最低检出质量浓度为 0.005mg/m³。

A　原理

用无水乙酸、对氨基苯磺酸和盐酸萘乙二胺配成吸收液采样，空气中的 NO_2 被吸收转变成亚硝酸和硝酸。在无水乙酸存在的条件下，亚硝酸与对氨基苯磺酸发生重氮化反应，然后再与盐酸萘乙二胺偶合，生成玫瑰红色偶氮染料，其颜色深浅与气样中 NO_2 浓度成正比。因此，可用分光光度法测定。

吸收液吸收空气中的 NO_2 后，并不是全部地生成亚硝酸，还有一部分生成硝酸，计算结果时需要用 Saltzman 实验系数 f 进行换算。该系数是用 NO_2 标准混合气进行多次吸收实验测定的平均值，表征在采样过程中被吸收液吸收生成偶氮染料的亚硝酸量与通过采样系统的 NO_2 总量的比值。f 值受空气中 NO_2 的浓度、采样流量、吸收瓶类型、采样效率等因素影响，故测定条件应与实际样品保持一致。

B　酸性高锰酸钾溶液氧化法

该方法使用空气采样器如图 3-12 所示流程采集气样。如果测定空气中 NO_x 的短时间浓度，使用 10.0mL 吸收液和 5～10mL 酸性高锰酸钾溶液，以 0.4L/min 流量采气 4～24L；如果测定 NO_x 的日平均浓度，使用 25.0mL 或 50.0mL 吸收液和 50mL 酸性高锰酸钾溶液，以 0.2L/min 流量采气 28L。流程中酸性高锰酸钾溶液氧化瓶串联在 2 只内装显色吸收液的多孔筛板显色吸收液瓶之间，可分别测定 NO_2 和 NO 的浓度。

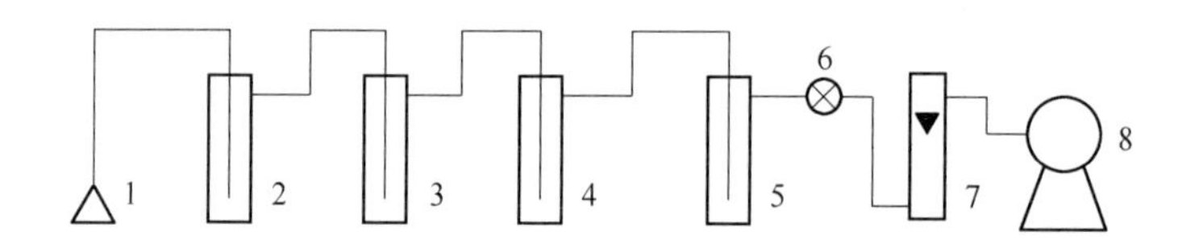

图 3-12　空气中 NO、NO_2 和 NO_x 采样流程

1—空气入口；2—显色吸收液瓶；3—酸性高锰酸钾溶液氧化瓶；4—显色吸收液瓶；5—干燥瓶；6—止水夹；7—流量计；8—抽气泵

测定时，首先配制亚硝酸盐标准色列和试剂空白溶液，在波长 540nm 处，以蒸馏水为参比测量吸光度。根据标准色列扣除试剂空白溶液后的吸光度和对应的 NO_2 质量浓度（μg/mL），用最小二乘法计算标准曲线的回归方程。然后，于同一波长处测量样品的吸光度，扣除试剂空白溶液的吸光度后，按以下各式分别计算 NO_2、NO 和 NO_x的质量浓度：

$$\rho(NO_2) = \frac{(A_1 - A_0 - a) \cdot V \cdot D}{b \cdot f \cdot V_0} \tag{3-41}$$

$$\rho(NO) = \frac{(A_2 - A_0 - a) \cdot V \cdot D}{b \cdot f \cdot K \cdot V_0} \tag{3-42}$$

$$\rho(NO_x) = \rho(NO_2) + \rho(NO) \tag{3-43}$$

式中，$\rho(NO_2)$，$\rho(NO)$、$\rho(NO_x)$为空气中二氧化氮、一氧化氮和氮氧化物的质量浓度（以 NO_2 计），mg/m^3；A_1、A_2 为第一只和第二只显色吸收液瓶中的吸收液采样后的吸光度；A_0 为试剂空白溶液的吸光度；b、a 为标准曲线的斜率（mL/μg）和截距；V、V_0为采样用吸收液体积（mL）和换算为标准状况下的采样体积（L）；K 为 NO 氧化为 NO_2 的氧化系数（0.68），表征被氧化为 NO_2 且被吸收液吸收生成偶氮染料的 NO 量与通过采样系统的 NO 总量之比；D 为气样吸收液稀释倍数；f 为 Saltzman 实验系数（0.88），当空气中 NO_2 质量浓度高于 $0.72mg/m^3$时为 0.77。

C 注意事项

（1）当空气中 SO_2 质量浓度为 NO_2 质量浓度的 30 倍时，使 NO_2 的测定结果偏低。

（2）当空气中含有过氧乙酰硝酸酯（PAN）时，使 NO_2 的测定结果偏高。

（3）当空气中臭氧质量浓度超过 $0.25mg/m^3$时，使 NO_2 的测定结果偏低。采样时在入口端串联长 15~20cm 的硅胶管，可排除干扰。

3.2.1.2 原电池库仑滴定法

这种方法与常规库仑滴定法的不同之处是库仑滴定池不施加直流电压，而依据原电池原理工作，如图 3-13 所示。库仑滴定池中有 2 个电极，一是活性炭阳极，二是铂网阴极，池内充 0.1mol/L 磷酸盐缓冲溶液（pH = 7）和 0.3mol/L 碘化钾溶液。当进入库仑滴定池的气样中含有 NO_2 时，则与电解液中的碘发生反应，将其氧化成 I_2，而生成的 I_2 又立即在铂网阴极上还原为 I^-，便产生微电流。如果微电流效率达 100%，则在一定条件下，微电流大小与气样中 NO_2 浓度成正比，故可根据法拉第电解定律将产生的微电流换算成 NO_2 的浓度，直接进行显示和记录。测定总氮氧化物时，需先让气样通过三氧化铬-石英砂氧化管，将 NO 氧化成 NO_2，如图 3-14 所示是这种监测仪的气路系统。

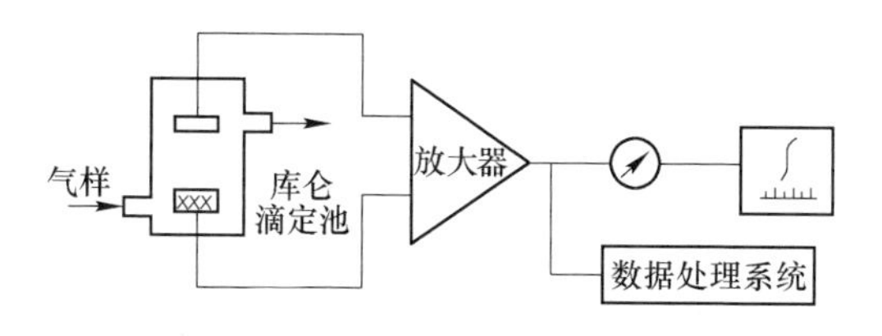

图 3-13 原电池库仑滴定法测定 NO_2原理

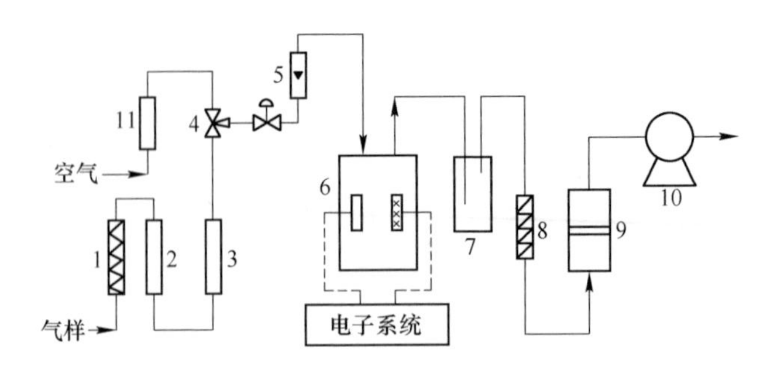

图 3-14　原电池库仑滴定法 NO_2 监测仪的气路系统

1，8—加热器；2—氧化高银过滤器；3—三氧化铬-石英砂氧化管；4—三通阀；5—流量计；6—库仑滴定池；7—缓冲瓶；9—稳流室；10—抽气泵；11—活性炭过滤器

该方法的缺点是 NO_2 在水溶液中还发生副反应，造成微电流损失 20%～30%，使测得的微电流仅为理论值的 70%～80%。此外，这种仪器连续运行能力较差，维护工作量也较大。

3.2.2　二氧化硫的测定

测定空气中 SO_2 常用的方法有分光光度法、紫外荧光光谱法、电导法、库仑滴定法（恒电流库仑法）和气相色谱法。下面介绍其中的几种方法。

3.2.2.1　分光光度法

A　甲醛吸收-副玫瑰苯胺（恩波副品红）分光光度法

用甲醛吸收-副玫瑰苯胺分光光度法测定 SO_2，避免了使用毒性大的四氯汞钾吸收液，在灵敏度、准确度方面均可与使用四氯汞钾吸收液的方法相媲美，且样品采集后相对稳定，但操作条件要求较严格。

（1）原理。空气中的 SO_2 被甲醛缓冲溶液吸收后，生成稳定的羟基甲基磺酸加成化合物，加入氢氧化钠溶液使加成化合物分解，释放出 SO_2 与盐酸副玫瑰苯胺反应，生成紫红色络合物，其最大吸收波长为 577nm，用分光光度法测定。

（2）测定要点。对于短时间采集的样品，将吸收管中的样品溶液移入 10mL 比色管中，用少量甲醛缓冲溶液洗涤吸收管，洗液并入比色管中并稀释至标线。加入 0.5mL 氨基磺酸钠溶液，混匀，放置 10min 以除去氮氧化物的干扰。测定空气中二氧化硫的检出限为 0.007mg/m^3，测定下限为 0.028mg/m^3，测定上限为 0.667mg/m^3。

对于连续 24h 采集的样品，将吸收瓶中样品移入 50mL 容量瓶中，用少量甲醛缓冲溶液洗涤吸收瓶后再倒入容量瓶中并稀释至标线。吸取适当体积的样品于 10mL 比色管中，再用甲醛缓冲溶液稀释至标线，加入 0.5mL 氨基磺酸钠溶液，混匀，放置 10min 以除去氮氧化物的干扰。测定空气中二氧化硫的检出限为 0.004mg/m³，测定下限为 0.014mg/m³，测定上限为 0.347mg/m³。

用分光光度计测定由亚硫酸钠标准溶液配制的标准色列、试剂空白溶液和样品溶液的吸光度，以标准色列二氧化硫的质量浓度为横坐标，相应吸光度为纵坐标，绘制标准曲线，并计算出斜率和截距，按下式计算空气中二氧化硫质量浓度：

$$\rho = \frac{A - A_0 - a}{b \times V_s} \times \frac{V_t}{V_a} \tag{3-44}$$

式中，ρ 为空气中二氧化硫的质量浓度，mg/m³；A 为样品溶液的吸光度；A_0 为试剂空白溶液的吸光度；b 为标准曲线的斜率，μg^{-1}；a 为标准曲线的截距（一般要求小于 0.005）；V_t 为样品溶液的总体积，mL；V_a 为测定时所取样品溶液的体积，mL；V_s 为换算成标准状况（101.325kPa，273K）时的采样体积，L。

（3）注意事项。在测定过程中，主要干扰物为氮氧化物、臭氧和某些重金属元素，可利用氨基磺酸钠来消除氮氧化物的干扰；样品放置一段时间后臭氧可自行分解；利用磷酸及环已二胺四乙酸二钠盐来消除或减少某些金属离子的干扰。当样品溶液中的二价锰离子质量浓度达到 1μg/mL 时，会对样品的吸光度产生干扰。

B　四氯汞盐吸收-副玫瑰苯胺分光光度法

空气中的 SO_2 被四氯汞钾溶液吸收后，生成稳定的二氯亚硫酸盐络合物，该络合物再与甲醛及盐酸副玫瑰苯胺作用，生成紫红色络合物，在 575nm 处测量吸光度。当使用 5mL 吸收液，采样体积为 30L 时，测定空气中二氧化硫的检出限为0.005 mg/m³，测定下限为 0.020mg/m³，测定上限为 0.18mg/m³。当使用 50mL吸收液，采样体积为 288L 时，测定空气中二氧化硫的检出限为 0.005mg/m³，测定下限为 0.020mg/m³，测定上限为 0.19mg/m³。该方法具有灵敏度高、选择性好等优点，但吸收液毒性较大。

C　钍试剂分光光度法

该方法也是国际标准化组织（ISO）推荐的测定 SO_2 的标准方法。它所用吸收液无毒，采集样品后稳定，但灵敏度较低，所需气样体积大，适合于测定 SO_2 日平均浓度。

该方法测定原理：空气中 SO_2 用过氧化氢溶液吸收并氧化成硫酸。硫酸根离子与定量加入的过量高氯酸钡反应，生成硫酸钡沉淀，剩余钡离子与钍试剂作用生成紫红色的钍试剂-钡络合物，据其颜色深浅，间接进行定量测定。有色络合物最大吸收波长为 520nm。当用 50mL 吸收液采气 2m³时，最低检出质量浓度为 0.01mg/m³。

3.2.2.2　定电位电解法

A　原理

定电位电解法是一种建立在电解基础上的检测方法，其传感器为一个由工作电极、对电极、参比电极及电解液组成的电解池（三电极传感器），如图 3-15 所示。当在工作电极上施加一个大于被测物质氧化还原电位的电压时，则被测物质在电极上发生氧化还原反应。工作电极是由具有催化活性的高纯度金属（如铂）粉末涂覆在透气憎水膜上制成的。当气样中的 SO_2 通过透气憎水膜进入电解液中时，在工作电极上迅速发生氧化反应，所产生的极限扩散电流与 SO_2 浓度的关系服从菲克扩散定律：

$$I_1 = \frac{n \cdot F \cdot A \cdot D \cdot c}{\delta} \tag{3-45}$$

式中，I_1 为极限扩散电流；n 为被测物质转移电子数，SO_2 为 2；F 为法拉第常数(96500C/mol)；A 为透气憎水膜面积，cm^2；D 为气体扩散系数，cm^2/s；δ 为透气憎水膜厚度，cm；c 为被测气体浓度，mol/mL。

在一定的工作条件下，n、F、A、D、δ 均为常数，电化学反应产生的极限扩散电流 I_1 与被测 SO_2 浓度 c 成正比。

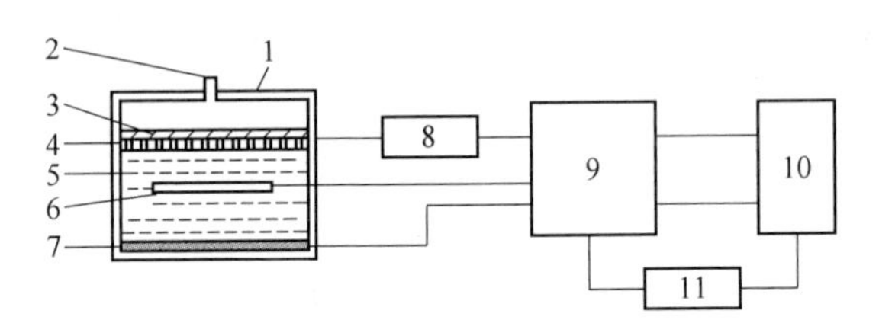

图 3-15　定电位电解 SO_2 分析仪

1—定电位电解传感器；2—进气口；3—透气憎水膜；4—工作电极；5—电解液；6—参比电极；7—对电极；8—恒电位源；9—信号处理系统；10—显示、记录系统；11—稳压电源

B　定电位电解 SO_2 分析仪

定电位电解 SO_2 分析仪由定电位电解传感器、恒电位源、信号处理及显示、记录系统组成，如图 3-15 所示。

定电位电解传感器将被测气体中 SO_2 浓度信号转换成电流信号，经信号处理系统进行 I/V 转换、放大等处理后，送入显示、记录系统指示测定结果。恒电位源和参比电极是为了向工作电极提供稳定的电极电位，这是保证被测物质仅在工作电极上发生电化学反应的关键因素。为消除干扰因素的影响，还可以采取在定电位电解传感器上安装适宜的过滤器等措施。用该仪器测定时，也要先用零气和 SO_2 标准气分别调零和进行量程校正。

这类仪器有携带式和在线连续测定式，后者安装了自控系统和微型计算机，将定期调零、校正、清洗、显示、打印等自动进行。

3.2.3　硫化物的测定

水体中硫化物包含溶解性的 H_2S，HS^- 和 S^{2-}，酸溶性的金属硫化物，以及不溶性的硫化物和有机硫化物。通常所测定的硫化物系指溶解性的及酸溶性的硫化物。硫化氢毒性很大，可危害人体的细胞色素氧化酶，造成细胞组织缺氧，甚至危及生命；它还腐蚀金属设备和管道，并可被微生物氧化成硫酸，加剧腐蚀性。因此，硫化氢是水体污染的重要指标。

测定水中硫化物的主要方法有对氨基二甲基苯胺分光光度法、直接吸收分光光度法、碘量法、气相分子吸收光谱法、间接火焰原子吸收光谱法、离子选择电极法等。

水样有色、含悬浮物、含有某些还原性物质（如亚硫酸盐、硫代硫酸盐等）及溶解性的有机化合物均对碘量法和分光光度法测定有干扰，需进行预处理。常用的预处理方法有乙酸锌沉淀-过滤法、酸化-吹气法或过滤-酸化-吹气法，视水样具体状况选择。

3.2.3.1 亚甲基蓝分光光度法

在含高价铁离子的酸性溶液中，硫离子与对氨基二甲基苯胺反应，生成蓝色的亚甲基蓝染料，颜色深度与水样中硫离子浓度成正比，于665nm波长处测其吸光度，与标准溶液的吸光度比较定量。

该方法最低检出质量浓度为0.02mg/L（以S^{2-}计），测定上限为0.8mg/L。减少取样量，测定上限可达4mg/L。

3.2.3.2 碘量法

该方法适用于测定硫化物含量大于1mg/L的水样。其原理：水样中的硫化物与乙酸锌生成白色硫化锌沉淀，将其用酸溶解后，加入过量碘溶液，则碘与硫化物反应析出硫，用硫代硫酸钠标准溶液滴定剩余的碘，根据硫代硫酸钠溶液消耗量和水样体积，按下式计算测定结果：

$$\rho(\text{硫化物}) = \frac{(V_0 - V_1) \cdot c \times 16.03 \times 1000}{V} \tag{3-46}$$

式中，ρ（硫化物）为以S^{2-}计硫化物的质量浓度，mg/L；V_0为空白试验消耗硫代硫酸钠标准溶液体积，mL；V_1为滴定水样消耗硫代硫酸钠标准溶液体积，mL；V为水样体积，mL；c为硫代硫酸钠标准溶液浓度，mol/L；16.03为硫离子（$1/2S^{2-}$）摩尔质量，g/mol。

3.2.3.3 间接火焰原子吸收光谱法

方法的原理：在水样中加入磷酸，将硫化物转化成硫化氢，用氮气带出；通入含有一定量铜离子的吸收液，则生成硫化铜沉淀；分离沉淀后，用火焰原子吸收光谱法测定上清液中剩余的铜离子，对硫化物进行间接测定。火焰原子吸收光谱法的测定原理参见金属化合物的测定。硫化物转化吹气装置如图 3-16 所示。

测定时，首先配制系列硫化物标准溶液，依次注入反应瓶中，加入磷酸与硫化物反应，同时通入氮气，将生成的硫化氢分别用硝酸铜溶液吸收。将吸收液定容，取部分进行离心分离，取上清液喷入原子吸收分光光度计的火焰，测定对铜空心阴极灯发射的 324.7nm 光的吸光度，绘制吸光度-硫含量标准曲线。然后，取一定体积水样于反应瓶中，按照系列标准溶液测定步骤，测定水样中铜的吸光度，从标准曲线查得硫的含量，根据所取水样体积，计算水样中硫的浓度。

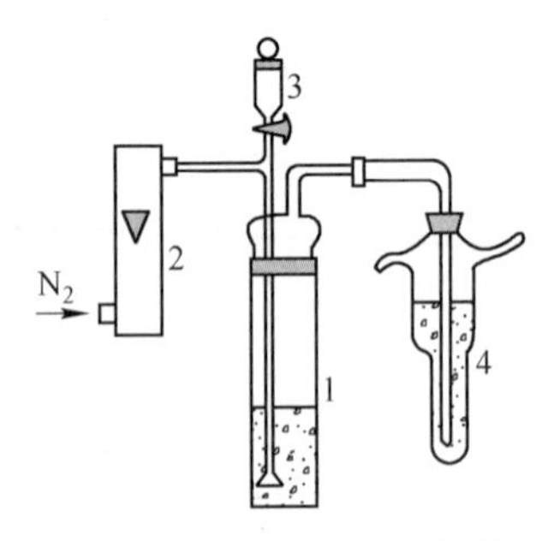

图 3-16　硫化物转化吹气装置
1—反应瓶（装待测水样）；2—流量计；3—加酸漏斗；4—吸收管

该方法适用于各种类型水中硫化物的测定，水样基体组分简单时，如地下水、饮用水等，可不经预处理直接测定。

3.2.3.4　气相分子吸收光谱法（HJ/T 200—2005）

在水样中加入磷酸，将硫化物转化为 H_2S 气体，用净化空气载入气相分子吸收光谱仪的吸光管内，测定对 202.6nm 或 228.8nm 波长光的吸光度，与标准溶液的吸光度比较，确定水样中硫化物的浓度。对于基体复杂、干扰组分多的水样，可采用快速沉淀、过滤与吹气分离双重处理方法消除干扰。

本法使用 202.6nm 波长测定时，测定范围为 0.005～10mg/L。本法适用于各种水样的硫化物测定。

3.3　矿山常见窒息性气体的测定

3.3.1　一氧化碳的测定

CO 是一种无色、无臭的有毒气体，燃烧时呈淡蓝色火焰。它容易与人体血液中的血红蛋白结合，形成碳氧血红蛋白，使血液输送氧的能力降低，造成缺氧症。中毒较轻时，会出现头痛、疲倦、恶心、头晕等感觉；中毒严重时，则会发生心悸、昏迷、窒息甚至造成死亡。

测定空气中 CO 的方法有非色散红外吸收法、气相色谱法、定电位电解法、汞置换法等。其中，非色散红外吸收法常用于自动监测。

3.3.1.1　气相色谱（GC）法

该方法测定空气中 CO 的原理：空气中的 CO、CO_2 和 CH_4 经 TDX-01 碳分子筛柱分离后，于氢气流中在镍催化剂［(360±10)℃］作用下，CO、CO_2 皆能转化为 CH_4，然后用火焰离子化检测器分别测定上述三种物质，其出峰顺序为：CO、CH_4、CO_2，流程如图 3-17 所示。

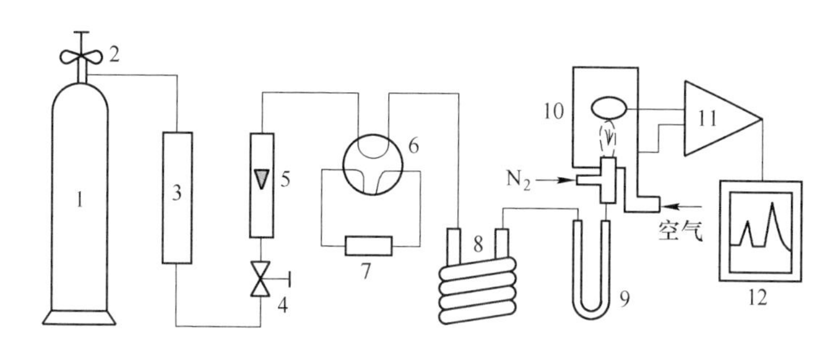

图 3-17 气相色谱法测定空气中 CO 流程

1—氢气钢瓶；2—减压阀；3—干燥净化管；4—流量调节阀；5—流量计；6—六通阀；7—定量管；8—转化炉；9—色谱柱；10—火焰离子化检测器；11—放大器；12—记录仪

测定时，先在预定实验条件下用定量管加入各组分的标准气，记录色谱峰，测其峰高，按下式计算定量校正值：

$$K = \frac{\rho_s}{h_s} \tag{3-47}$$

式中，K 为定量校正值，表示每毫米峰高代表的 CO(或 CH_4、CO_2)的质量浓度，mg/(m^3 · mm)；ρ_s 为标准气中 CO(或 CH_4、CO_2)的质量浓度，mg/m^3；h_s 为标准气中 CO(或 CH_4、CO_2)的峰高，mm。

在与测定标准气同样条件下测定气样，测定各组分的峰高（h_s），按下式计算 CO(或 CH_4、CO_2）的质量浓度（ρ_s）：

$$\rho_s = h_s \cdot K \tag{3-48}$$

为保证镍催化剂的活性，在测定之前，转化炉应在 360℃下通气 8h；氢气和氮气的纯度应高于 99.9%。

当进样量为 1mL 时，检出限为 0.2mg/m^3。

3.3.1.2 汞置换法

汞置换法也称间接冷原子吸收光谱法。该方法基于气样中的 CO 与活性氧化汞在 180~200℃发生反应，置换出汞蒸气，带入冷原子吸收测汞仪测定汞的含量，再换算成 CO 浓度。置换反应式如下：

$$CO(气) + HgO(固) \xrightarrow{180 \sim 200℃} Hg(蒸气) + CO_2(气)$$

汞置换法 CO 测定仪的工作流程如图 3-18 所示。空气经灰尘过滤器、活性炭管、分子筛管及硫酸亚汞硅胶管等净化装置除去尘埃、水蒸气、二氧化硫、丙酮、甲醛、乙烯、乙炔等干扰物质后，通过流量计、六通阀，由定量管取样送入氧化汞反应室，被 CO 置换出的水蒸气随气流进入测量室，吸收低压汞灯发射的253. 7nm 紫外线，用光电倍增管、放大器及显示、记录仪表测出吸光度，以实现对 CO 的定量测定。测定后的气体经碘-活性炭吸附管由抽气泵抽出排放。

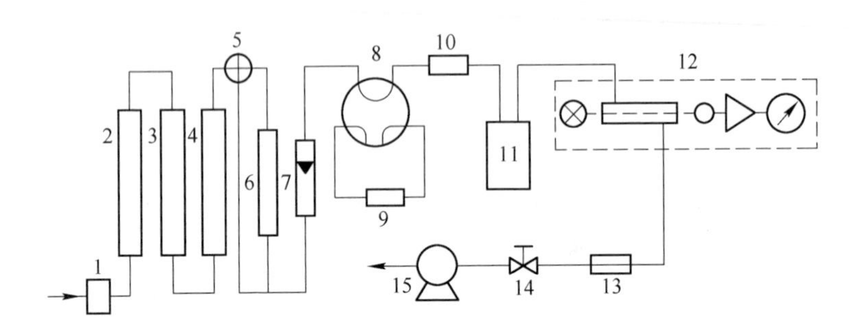

图 3-18　汞置换法 CO 测定仪的工作流程

1—灰尘过滤器；2—活性炭管；3，10—分子筛管；4—硫酸亚汞硅胶管；5—三通阀；6—霍加特氧化管；7—流量计；8—六通阀；9—定量管；11—加热炉及氧化汞反应室；12—冷原子吸收测仪；13—限流孔；14—流量调节阀；15—抽气泵

空气中的甲烷和氢气在净化过程中不能除去，和 CO 一起进入氧化汞反应室。其中，CH_4 在这种条件下不与氧化汞发生反应，而 H_2 则与之反应，干扰测定，可在仪器调零时消除。校正零点时，将霍加特氧化管串入气路，将空气中的 CO 氧化为 CO_2 后作为零气。

测定时，先将适宜质量浓度（ρ_s）的 CO 标准气由定量管进样，测量吸收峰高（h_s）或吸光度（A_s），再用定量管进入气样，测其峰高（h_x）或吸光度（A_x），按下式计算气样中 CO 的质量浓度（ρ_x）：

$$\rho_x = \frac{\rho_s}{h_s} \cdot h_x \tag{3-49}$$

该方法检出限为 0. 04mg/m^3。

3.3.2　二氧化碳的测定

3. 3. 2. 1　非色散红外吸收法

A　原理

二氧化碳对红外线具有选择性的吸收，在一定范围内，吸收值与二氧化碳浓度呈线性关系。根据吸收值确定样品二氧化碳的浓度。

B　仪器和设备

二氧化碳非色散红外线气体分析仪。

C 分析步骤

（1）仪器启动和零点校准。仪器通电源后，稳定 0.5~1h，将高纯氮气或空气经干燥管和烧碱石棉过滤管后，进行零点校准。

（2）终点校准。用二氧化碳标准气（如 0.50%）连接在仪器进样口，进行终点刻度校准。

（3）零点与终点校准重复 2~3 次，使仪器处在正常状态。

D 二氧化碳的测定

将内装 CO_2 气袋接在装有变色硅胶或无水氯化钙的过滤器和仪器的进气口相连接，二氧化碳被自动抽到气室中，并显示二氧化碳的浓度。

E 结果计算

样品中二氧化碳的浓度，可从气体分析仪直接读出。

3.3.2.2 气相色谱法

A 原理

色谱分析法又称层析分析法，是一种分离测定多组分混合物的及其有效成分的分析方法。它基于不同物质在相对运动的两相中具有不同的分配系数，当这些物质随流动相移动时，就在两相之间进行反复多次分配，使原来分配系数只有微小差异的各组分得到很好的分离，依次送入检测器测定，达到分离、分析各组分的目的。二氧化碳在色谱柱中与空气的其他成分完全分离后，进入热导检测器的工作臂，使该臂电阻值的变化与参考臂电阻值的变化不相等，惠斯登电桥失衡而产生的信号输出。在线性范围内，信号大小与进入检测器的二氧化碳浓度成正比，从而进行定性与定量测定。

B 仪器与设备

气相色谱仪：配备有热导检测器的气相色谱仪。

注射器：2mL，5mL，10mL，20mL，50mL，100mL，体积误差<±1%。

色谱柱：不锈钢管内填充 GDX-102 高分子多孔聚合物，柱管两端填充玻璃棉。

C 分析步骤

绘制标准曲线和测定校正因子。

（1）配置标准气体并绘制标准曲线。在 5 支 100mL 注射器内，分别注入不同浓度的标准气体，另取纯氮气作为零浓度气体。每个浓度的标准气体，分别通过色谱仪的六通阀进样，得到各浓度的色谱峰和保留时间。每个浓度做 3 次，测量色谱峰高（峰面积）的平均值。以二氧化碳的浓度对平均峰高（峰面积）绘制标准曲线，并计算回归线的斜率，以斜率的倒数 B_g 做样品测定的计算因子。

（2）测定校正因子。用单点校正法求校正因子，取与所测气体中含二氧化碳浓度相接近的标准气体，测量色谱峰的平均峰高（峰面积）和保留时间。用下式计算校正因子。

$$f=c_0/h_0 \tag{3-50}$$

式中，f为校正因子；c_0为标准气体浓度，%；h_0为平均峰高（峰面积）。

E　结果计算

用标准曲线法查标准曲线定量，或用下式计算浓度：

$$c = h_x B_g \tag{3-51}$$

式中，c为样品空气中二氧化碳浓度，%；h_x为样品峰高（峰面积）的平均值；B_g为计算因子。

用校正因子按下式计算浓度：

$$c = h_x f \tag{3-52}$$

式中，c为样品空气中二氧化碳浓度，%；h_x为样品峰高（峰面积）的平均值；f为校正因子。

3.3.2.3　容量滴定法

A　原理

用过量的氢氧化钡溶液与二氧化碳作用生成碳酸钡沉淀，采样后剩余的氢氧化钡用标准草酸溶液滴定至酚酞试剂红色刚退去。由容量滴定法滴定结果除以所采集的空气样品体积，即可测得空气中二氧化碳的浓度。

B　分析步骤

二氧化碳通入氢氧化钡溶液后，加塞静置，使碳酸钡沉淀完成，吸取上清液25mL于碘量瓶中（碘量瓶事先应充氮或充入经碱石灰处理的空气），加入2滴酚酞指示剂，用草酸标准液滴定至溶液由红色变为无色，记录所消耗的草酸标准溶液的体积a(mL)。同时用未加CO_2的氢氧化钡溶液作为空白滴定，记录所消耗的草酸标准溶液的体积b(mL)。

C　结果计算

将采样体积换算成标准状态下的体积。

空气中二氧化碳浓度按下式计算：

$$c = 20(b - a)/V_0 \tag{3-53}$$

式中，c为空气中二氧化碳浓度，%；a为样品滴定草酸标准溶液体积，mL；b为空白滴定所用草酸标准溶液体积，mL；V_0为通入CO_2的体积。

3.3.2.4　其他测量方法

（1）烧碱法。把一定体积的CO_2通过氢氧化钠溶液，记下溶液的增量，再

除以体积即为 CO_2 浓度。

(2) 半导体激光红外分光法。该法适合测大气中 CO_2 的含量。该法装置由激光光源器、分光器、样品槽和检测器组成，它的特点是在数十托以下的低压下具有非常高的分解能，不受共存物质的干扰；测定成分的分析有高选择性、高灵敏度和高精度。大气中的二氧化碳用光程长 15cm 的槽分析精度最好。

3.4 矿山物理因素的测定

3.4.1 温度的测定

使用测温仪表对物体的温度进行定量的测量。测量温度时，总是选择一种在一定温度范围内随温度变化的物理量作为温度的标志，根据所依据的物理定律，由该物理量的数值显示被测物体的温度。

目前，温度测量的方法已达数十种之多。根据温度测量所依据的物理定律和所选择作为温度标志的物理量，测量方法可以归纳成下列几类。

3.4.1.1 膨胀测温法

采用几何量（体积、长度）作为温度的标志。最常见的是利用液体的体积变化来指示温度的玻璃液体温度计，还有双金属温度计和定压气体温度计等。

玻璃液体温度计由温泡、玻璃毛细管和刻度标尺等组成。从结构上可分三种：棒式温度计的标尺直接刻在厚壁毛细管上；内标式温度计的标尺封在玻璃套管中；外标式温度计的标尺则固定在玻璃毛细管之外。温泡和毛细管中装有某种液体，最常用的液体为汞、酒精和甲苯等。当温度变化时毛细管内液面直接指示出温度。

3.4.1.2 精密温度计

几乎都采用汞作测温媒质。玻璃汞温度计的测量范围为-30～600℃；用汞铊合金代替汞，测温下限可延伸到-60℃；某些有机液体的测温下限可低至-150℃。这类温度计的主要缺点是：测温范围较小；玻璃有热滞现象（玻璃膨胀后不易恢复原状）；露出液柱要进行温度修正等。

3.4.1.3 双金属温度计

把两种线膨胀系数不同的金属组合在一起，一端固定，当温度变化时，因两种金属的伸长率不同，另一端产生位移，带动指针偏转以指示温度。工业用双金属温度计由测温杆（包括感温元件和保护管）和表盘（包括指针、刻度盘和玻璃护面）组成，测温范围为-80～600℃，它适用于工业上精度要求不高的温度测量。

3.4.1.4　定压气体温度计

对一定质量的气体保持其压强不变，以体积作为温度的标志。它只用于测量热力学温度，很少用于实际的温度测量。

压力测温法以压强作为温度的标志。属于这一类的温度计有工业用压力表式温度计、定容式气体温度计和低温下的蒸气压温度计三种。

压力表式温度计其密闭系统由温泡、连接毛细管和压力计弹簧组成，在密闭系统中充有某种媒质。当温泡受热时，其中所增加的压力由毛细管传到压力计弹簧，弹簧的弹性形变使指针偏转以指示温度。温泡中的工作媒质有三种：气体、蒸气和液体。(1) 气体媒质温度计如用氮气作媒质，最高可测到 500~550℃；用氢气作媒质，最低可测到-120℃。(2) 蒸气媒质温度计常用某些低沸点的液体如氯乙烷、氯甲烷、乙醚作媒质。温泡的一部分容积中放入这种液体，其余部分中充满它们的饱和蒸气。(3) 液体媒质一般用水银。

这类温度计适用于工业上测量精度要求不高的温度测量。

3.4.1.5　定容气体温度计

保持一定质量某种气体的体积不变，用其压强变化来指示温度。这种温度计通常由温泡、连接毛细管、隔离室和精密压力计等组成，它是测量热力学温度的主要手段。

蒸气压温度计用于低温测量。它是根据化学纯物质的饱和蒸气压与温度有确定关系的原理来测定温度的一种温度计，由温泡、连接毛细管和精密气压计等组成，工作媒质有氧、氮、氖、氢和氦。充氧的温度计使用范围为 54.361~94K，充氮为 63~84K，充氖为 24.6~40K，充氢为 13.81~30K，充氦为 0.2~5.2K。蒸气压温度计的测温精度高，装置较为复杂，但比气体温度计简单，在测温学实验中常用作标准温度计。

3.4.1.6　电学测温法

采用某些随温度变化的电学量作为温度的标志。属于这一类的温度计主要有热电偶温度计、电阻温度计和半导体热敏电阻温度计。

A　热电偶温度计

这是一种在工业上使用极广泛的测温仪器。热电偶由两种不同材料的金属丝组成，两种丝材的一端焊接在一起，形成工作端，置于被测温度处；另一端称为自由端，与测量仪表相连，形成一个封闭回路。当工作端与自由端的温度不同时，回路中就会出现热电动势。当自由端温度固定时（如 0℃），热电偶产生的电动势就由工作端的温度决定。热电偶的种类有数十种之多。有的热电偶能测高达 3000℃的高温，有的热电偶能测量接近绝对零度的低温。

B 电阻温度计

根据导体电阻随温度的变化规律来测量温度。最常用的电阻温度计都采用金属丝绕制成的感温元件，主要有铂电阻温度计和铜电阻温度计。低温下还使用铑铁、碳和锗电阻温度计。

C 精密铂电阻温度计

目前是测量准确度最高的温度计，最高准确度可达万分之一摄氏度。在 -273.34~630.74℃范围内，它是国际实用温标的基准温度计。

D 半导体热敏电阻温度计

利用半导体器件的电阻随温度变化的规律来测定温度，其灵敏度很高，主要用于低精度测量。

3.4.1.7 磁学测温法

根据顺磁物质的磁化率与温度的关系来测量温度。磁温度计主要用于低温范围，在超低温（小于 1K）测量中是一种重要的测温手段。

3.4.1.8 声学测温法

以声速作为温度标志，根据理想气体中声速的二次方与开尔文温度成正比的原理来测量温度。通常用声干涉仪来测量声速。这种仪表称为声学温度计，主要用于低温下热力学温度的测定。

3.4.1.9 频率测温法

以频率作为温度标志，根据某些物体的固有频率随温度变化的原理来测量温度，这种温度计称为频率温度计。在各种物理量的测量中，频率（时间）的测量准确度最高（相对误差可小到 1×10^{-14}），近些年来频率温度计受到人们的重视，发展很快。石英晶体温度计的分辨率可小到万分之一摄氏度或更小，还可以数字化，故得到广泛使用。此外，核磁四极共振温度计也是以频率作为温度标志的温度计。

3.4.2 压力的测定

根据不同的工作原理，压力检测方法可分为如下几种。

3.4.2.1 重力平衡方法

这种方法利用一定高度的工作液体产生的重力和砝码的重量与被测压力相平

衡的原理，将被测压力转换为液柱高度或平衡砝码的重量来测量，例如液柱式压力计或活塞式压力计。

3.4.2.2 弹性力平衡方法

利用弹性元件受压力作用发生弹性变形而产生的弹性力与被测压力相平衡的原理，将压力转换成位移，通过测量弹性元件位移变形的大小测出被测压力。此类压力计有多种类型，可以测量压力、负压、绝对压力和压差，应用最为广泛。

3.4.2.3 机械力平衡法

这种方法是将被测压力经变化元件转换成一个集中力，用外力与之平衡，通过测量平衡时的外力测得被测压力。机械力平衡式仪表可以达到较高精度，但是机构复杂。

3.4.2.4 物理测量方法

利用敏感元件在压力的作用下，其某些物理特性发生与压力确定关系变化的原理，将被测压力直接转换为各种电量来测量，如应变式、压电式、电容式压力传感器等。

3.4.3 噪声的测定

噪声测量仪器测量的内容主要是噪声的强度，即声场中的声压，而声强、声功率则较少直接测量，只在研究中使用；另外是测量噪声的特征，即声压的各种频率组成成分。

噪声测量仪器主要有：声级计、声级频谱仪、录音机、记录仪和实时分析仪等。

3.4.3.1 声级计

声级计，又称为噪声计，按照一定的频率计权和时间计权测量声音的声压级，是声学测量中最常用的基本仪器。它是一种电子仪器，但又不同于电压表等客观电子仪表。在把声信号转换成电信号时，可以模拟人耳对声波反应速度的时间特性，对高低频有不同灵敏度的频率特性，以及不同响度时改变频率特性的强度特性。因此，声级计是一种主观性的电子仪器。

声级计可用于环境噪声、机器噪声、车辆噪声，以及其他各种噪声的测量，也可用于电声学、建筑声学等测量。

A 声级计的工作原理

声级计的工作原理如图 3-19 所示。声音的声压由传声器的膜片接收后，将声压信号转换成电信号，经前置放大器作阻抗变换后送到输入衰减器。由于表头指示范围一般只有 20dB，而声音变化范围可达 140dB，甚至更高，所以必须使用输入衰减器来衰减较强的信号，再由输入放大器进行定量放大。放大后的信号由计权网络进行计权，计权网络的设计是模拟人耳对不同频率声音有不同灵敏度的听觉响应。在计权网络处可外接滤波器，这样可作频谱分析。输出的信号由输出衰减器衰减到额定值，随即送到输出放大器放大，使信号达到相应的输出功率，输出信号经 RMS 检波器（均方根检波电路）检波后输出有效值电压，推动电表或数字显示器，显示所测的声压级。

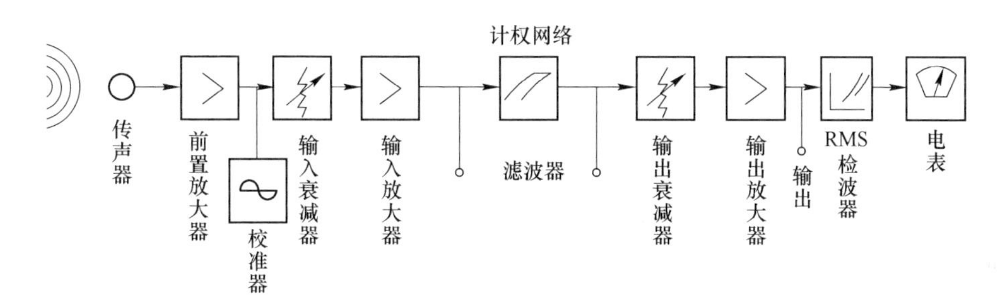

图 3-19 声级计的工作原理

B 声级计的分类

按其测量的准确度将声级计分为 1 级和 2 级。两种级别的声级计的各种性能指标具有同样的中心值，仅仅是允许误差不同，而且随着级别数字的增大，允许误差放宽。声级计按体积大小可分为台式声级计、便携式声级计和袖珍式声级计；按其指示方式可分为模拟指示（电表、声级灯）声级计和数字指示声级计。根据 IEC 标准和我国国家标准，两种声级计在参考频率、参考入射方向、参考声压级和基准温度、湿度等条件下，测量的准确度（不考虑测量不确定性）见表 3-2。

表 3-2 声级计测量的准确度

声级计级别/级	1	2
准确度/dB	±0.7	±1.0

声级计上有阻尼开关，能反映人耳听觉的动态特性，快挡“F”用于测量起伏不大的稳定噪声。如噪声起伏超过 4dB 可利用慢挡“S”，有的仪器还有读取脉冲噪声的“脉冲”挡。

老式声级计的示值采用表头刻度方式，通常是由－5（或－10）~0，以及 0~10，跨度共 15dB（或20dB）。现在使用的声级计一般具有自动加权处理数据的功能。图 3-20 是一种新式声级计 AWA5610D 型积分声级计的外形图。

3.4.3.2　其他噪声测量仪器

A　声级频谱仪

噪声测量中如需进行频谱分析，通常将精密声级计外接倍频程滤波器。根据规定需要使用 10 挡，即中心频率为 31.5Hz、63Hz，125Hz，250Hz、500Hz、1kHz、2kHz，4kHz、8kHz、16kHz。

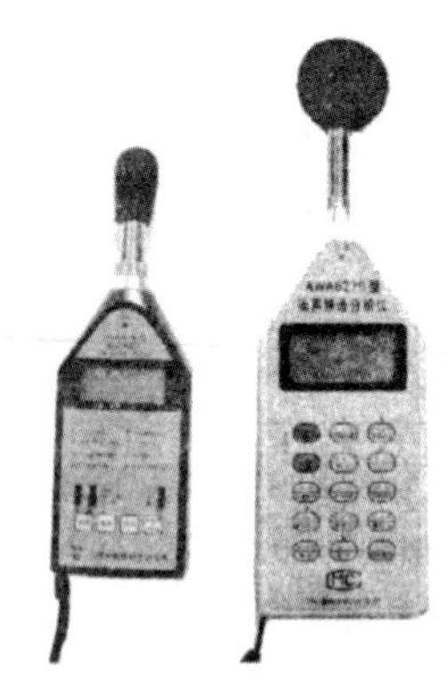

图 3-20　AWA5610D 型积分声级计的外形图

B　录音机

有些噪声由于某些原因不能现场进行分析，需要储存噪声信号，然后带回实验室分析，这就需要录音机。供测量用的录音机不同于家用录音机，其性能要求高得多。它要求频率范围宽（一般为 20～15000Hz）、失真小（小于 3%）、信噪比大（35dB 以上）。此外，还要求频响特性尽可能平直、动态范围大等。

C　记录仪

记录仪是将噪声音频信号随时间的变化记录下来，从而对环境噪声做出准确评价。记录仪能将交变的声谱电信号作对数变换，整流后将噪声的峰值、均方根值（有效值）和算术平均值表示出来。

D　实时分析仪

实时分析仪是一种数字式谱线显示仪，能把测量范围的输入信号在短时间内同时反映在一系列信号通道显示屏上，通常用于较高要求的研究、测量，目前使用尚不普遍。

3.4.3.3　工业企业噪声监测方法

测量工业企业噪声时，传声器的位置应在操作人员的耳朵处，但人须离开。

监测点选择的原则是：若车间内各处 A 声级波动小于 3dB，则只需在车间内选择 1～3 个测点；若车间内各处 A 声级波动大于 3dB，则应按 A 声级大小，将车间分成若干区域，任意两区域的 A 声级应大于或等于 3dB，而每个区域内的 A 声级波动必须小于 3dB，每个区域取 1～3 个测点。这些区域必须包括所有工人为观察或管理生产过程而经常工作、活动的地点和范围。

如为稳态噪声则测量 A 声级，记为 dB（A），如为非稳态噪声，测量等效声级或测量不同 A 声级下的暴露时间，计算等效声级。测量时使用慢挡，取平均读数。

测量时要注意减少环境因素对测量结果的影响，如应注意避免或减少气流、电磁场、温度和湿度等因素对测量结果的影响。

3.4.4 振动的测定

物体围绕平衡位置做往复运动称为振动，振动是噪声产生的原因。机械设备产生的噪声有两种传播方式：一种是以空气为介质向外传播，称为空气声；另一种是声源直接激发固体构件振动，这种振动以弹性波的形式在基础、地板、墙壁中传播，并在传播过程中向外辐射噪声，称为固体声。振动能传播固体声而造成噪声危害；同时振动本身能使机械设备、建筑结构受到破坏，人的机体受到损伤。

振动测量和噪声测量是相关的，部分仪器可通用。只要将噪声测量系统中声音传感器换成振动传感器，将声音计权网络换成振动计权网络，就成为振动测量系统。但振动频率往往低于噪声的频率，人感觉振动以振动加速度表示，一般人的可感振动加速度为 0.03m/s^2，而感觉不适的振动加速度为 0.5m/s^2；不能容忍的振动加速度为 5m/s^2；人的可感振动频率最高为 1000Hz，但仅对 100Hz 以下振动才较敏感，而最敏感的振动频率与人体共振频率相等或相近。人体共振频率在直立时为 4~10Hz，俯卧时为 3~5Hz。

A 测量量

测量量为铅垂向 Z 振级。

B 读数方法和评价量

（1）本测量方法采用的仪器时间计权常数为 1s。

（2）稳态振动。每个测点测量一次，取 5s 内的平均示数作为评价量。

（3）冲击振动。取每次冲击过程中的最大示数作为评价量，对于重复出现的冲击振动，以 10 次读数的算术平均值作为评价量。

（4）无规振动。每个测点等间隔地读取瞬时示数。采样间隔不大于 5s，连续测量时间不少于 1000s，以测量数据的 VLZIO 为评价量。

C 测量位置及检振器的安装

（1）测量位置。测点置于各类区域建筑物室外 0.5m 以内振动敏感处，必要时，测点置于建筑物室内地面中央。

（2）检振器的安装。确保检振器平稳地安放在平坦、坚实的地面上，检振器的灵敏度主轴方向应与测量方向一致。

D 测量条件

测量时振源应处于正常工作状态，应避免足以影响环境振动测量值的其他环境因素，如剧烈的温度梯度变化、强电磁场、强风、地震或其他非振动污染源引起的干扰。

4 矿山职业性有害因素的控制

4.1 矿山粉尘的防控措施

多年来，各级厂矿企业、科研和职业病防治机构，在防尘工作中结合国情，已经做了不少工作，早在20世纪50年代即总结出了非常实用的“革、水、密、风、护、管、教、查”防尘八字经验，取得了巨大的成就。

掘进工作面防尘，巷道掘进是矿井生产过程中的主要产尘环节之一。掘进工作面按掘进方式可分为炮掘工作面和机掘工作面。炮掘工作面主要包括打眼、放炮、装岩、转载运输、支护等生产工序。

巷道支护方式有架棚、砌碴和锚喷等。现场检测表明，打眼、放炮和锚喷支护等生产工序产尘量大，是炮掘工作面的主要产尘工序。在机掘工作面中，掘进机割煤（岩）代替了打眼、放炮，其他工序基本一致，巷道支护有架棚、锚网支护等。在各生产工序中，掘进机割煤（岩）是机掘工作面最主要的产尘工序。

针对每个生产工序的产尘特点，我国矿山工作者经过多年总结完善，在掘进作业中实施了湿式打眼、放炮使用水炮泥、放炮喷雾、装岩洒水、净化风流和除尘器除尘等多项防尘技术措施，取得了良好的防尘降尘效果。

4.1.1 炮掘工作面防尘

4.1.1.1 打眼

打眼是炮掘工作面持续时间比较长、产尘量大的生产工序。干打眼时，工作面的粉尘浓度可达几百甚至上千毫克每立方米，因此打眼是炮掘工作面防尘的一个重要环节。目前采取的主要防尘措施是湿式打眼。

（1）凿岩机湿式凿岩主要用于岩石巷道掘进。湿式凿岩机按供水方式可分为中心供水和侧式供水两种，目前使用较多的是中心供水式凿岩机。湿式凿岩的防尘效果取决于单位时间内送入钻孔底部的水量。湿式凿岩使用效果好的工作面，粉尘浓度可由干打眼时的500~1400mg/m^{3}降至10mg/m^{3}以下，降尘效率达90%以上。但有的掘进工作面在湿式凿岩时仍出现粉尘浓度超标的现象，造成这种情况的原因主要是供水量和水压问题。水压直接决定供水量的大小，钻孔中水量越多，产生的粉尘在向外排出的过程中接触水的时间越长，湿润效果越好。但水压过高，也会造成钎尾返水，降低凿岩效果。此外粉尘的产生量还与钻头是否锋利、压风的风压有关，保持钻头锋利，保证足够风压（500kPa 以上），都可以减少细微粉尘的产生量。

（2）干式凿岩捕尘。对于没有条件进行湿式凿岩的矿井，如因受条件限制（岩石遇水膨胀、岩石裂隙发育而使湿式凿岩效果不明显），或受气象条件限制（高寒地区的冰冻季节），或水源缺乏时，应采用干式捕尘装置（干式孔口或孔底捕尘器）进行捕尘，以降低作业场所的粉尘浓度。

4.1.1.2 放炮

放炮工序持续时间虽短，但爆破瞬间产生的粉尘浓度很高，可高达 300~800mg/m^3。

因此，放炮时必须采取有效的防尘措施。放炮采取的防尘措施主要有以下几点。

A 水炮泥

使用水炮泥是放炮时必须采取的最常规、最有效的防尘方法，其机制是用装满水的塑料袋代替部分普通炮泥充填到炮眼中，爆破时产生的高温高压使水袋破裂，将水压入矿岩裂隙，并使部分水汽化成水雾与产生的粉尘接触，从而达到抑制粉尘产生和减少粉尘飞扬的目的。使用水炮泥除具有降尘效果外，还能起到降低工作面温度、减少炮烟及 NO_x、CO 等有害气体，并能防止引燃事故的作用。炮泥在炮眼中常采用以下两种布置方式：（1）先装炸药，再装水炮泥，最后装普通炮泥；（2）先装水炮泥，再装炸药，再次装水炮泥，最后装普通炮泥。

B 放炮喷雾

就是将压力水通过喷雾器（喷嘴）在旋转或冲击作用下，使水流雾化成细散的水滴，喷向爆炸产尘空间，使高速流动的雾化水滴与随风流扩散的尘粒相碰撞，湿润并使其下沉，达到降尘的目的。放炮喷雾方式分为高压水力喷雾和风水喷雾两种。喷雾器种类较多，根据其喷射动力分为水力喷雾器和风水喷雾器两类。

4.1.1.3 装岩

（1）人工洒水。人工装载矿岩前，先对爆破下来的矿岩进行充分洒水，装完后再对未湿润的矿岩进行洒水，直到装岩结束。

（2）喷雾器洒水。使用扒装机装岩时，可在距离工作面 4~5m 的顶板两侧安设喷雾器，对粗斗的整个扒装范围进行喷雾洒水。

（3）自动或手动喷雾系统。使用铲斗式装岩机装岩时，装岩机上可安装自动或手动喷雾系统进行喷雾洒水。

4.1.1.4　锚喷支护

锚喷支护是目前我国巷道掘进，特别是岩巷掘进中广泛采用的支护方式。锚喷支护有打锚杆眼、拌料、上料以及喷射混凝土等工序，产尘量都比较大，因此需要根据不同生产工序分别采用相应的防尘措施。

A　打锚杆眼

锚杆眼多垂直或接近垂直于顶板布置，打眼时不仅施工困难，而且粉尘容易飞扬，难以控制。湿式作业时冲孔泥浆容易淋湿作业人员并影响操作。因此打锚杆眼时应采用解决粉尘问题的专用打眼设备。

B　喷射混凝土

按输送喷料方式可分为干喷法和湿喷法两种。干喷法是采用压气输送混凝土混合料，在喷头内需再加水予以混合后才喷向巷道表面。湿喷法是采用机械或机械与压风联合输送混凝土混合料，在喷头处不需再次加水湿润混合料，就可直接喷向巷道表面。

干喷法因有部分混合料在喷头内还未充分湿润就被高速喷出，粉尘产生量相当大，而且喷射料的回弹率也很高，但因其所使用的喷射机体积小、重量轻、移动方便、设备投资少，目前在我国矿山锚喷支护中被广泛采用。而湿喷法虽然产尘环节和产尘量都比较少，并从根本上解决喷射混凝土的产尘问题，由于存在设备复杂、投资多、占用空间大、移动不便等问题，至今难以采用。

目前喷射混凝土时主要采取以下几种降尘措施。

（1）改进喷射混凝土工艺，变干喷为湿喷。在喷射混凝土以前，对沙子等部分喷射料进行预温，再与水泥混合，使混凝土混合料成湿料。喷射时在喷头处再加少量水，使混合料充分湿润后再喷出。喷射前须冲洗岩帮，湿料要求达到手捏成团、松开即散、嘴吹无灰的状态。通过这种改进，可大大减少喷射混凝土时的产尘量。

（2）低风压近距离喷射。试验证明，喷射机的工作风压和喷射距离直接影响着喷射混凝土时的产尘量和回弹率，作业场所的粉尘浓度随工作风压和喷射距离的增加而增加。为了尽量减少回弹率，提高降尘率，应控制输料管长度在 50m 以内、工作风压 120~150kPa 、喷射距离 0. 4~0. 8m 为宜。

（3）采用配套混凝土喷射机除尘器。MLC 系列混凝土喷射机除尘器是一种喷锚支护混凝土喷射机的配套除尘设备，包括 MLC-Ⅰ 型和 MLC-Ⅱ型。其除尘原理是以防爆离心式风机为动力，将含尘空气经伸缩风筒吸入除尘器中，在喷雾器密集水雾作用下，使粉尘湿润凝聚，同时在过滤网上形成拦截粉尘的水膜，将粉尘捕集下来，并在水雾的不断洗涤作用下，尘泥浆流入水槽中，经排污阀排出。部分透过滤网的水滴和尘泥被波形挡水板拦截下来，净化后的气体排入巷道内。MLC-Ⅰ型主要是用于治理混凝土喷射机上料口、余气口的粉尘。MLC-Ⅱ型主要用于治理喷射混凝土时喷枪及回弹料产生的粉尘，其布置方式如图 4-1 、图 4-2 所示。

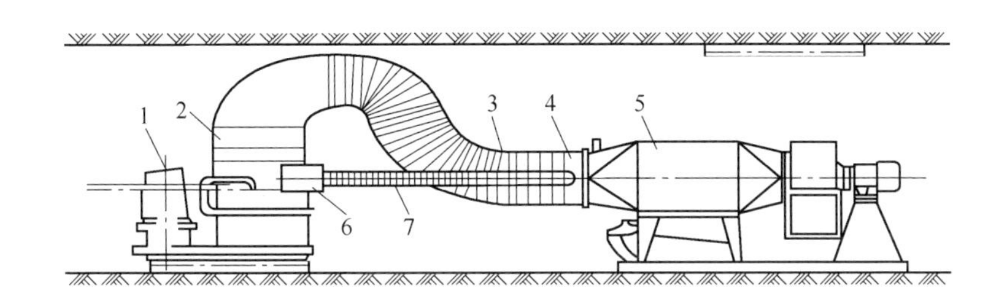

图 4-1　MLC-Ⅰ型混凝土喷射机除尘系统布置示意图

1—混凝土喷射机；2—吸尘罩Ⅰ；3—ϕ350mm 伸缩软风筒；4—三通管；5—MLC-Ⅰ型喷射混凝土除尘器；6—吸尘罩Ⅱ；7—ϕ200mm 伸缩软风筒

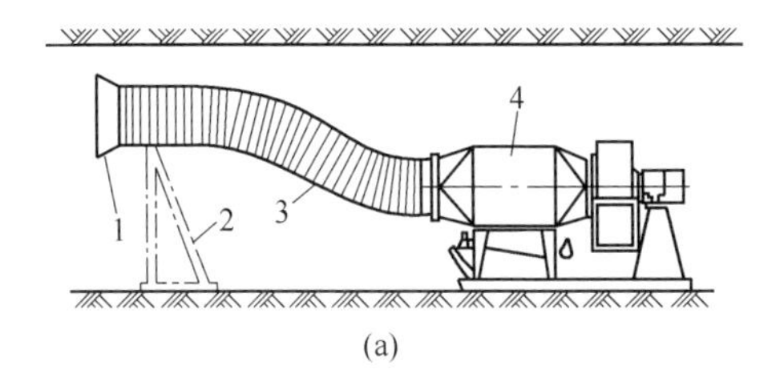

(a)

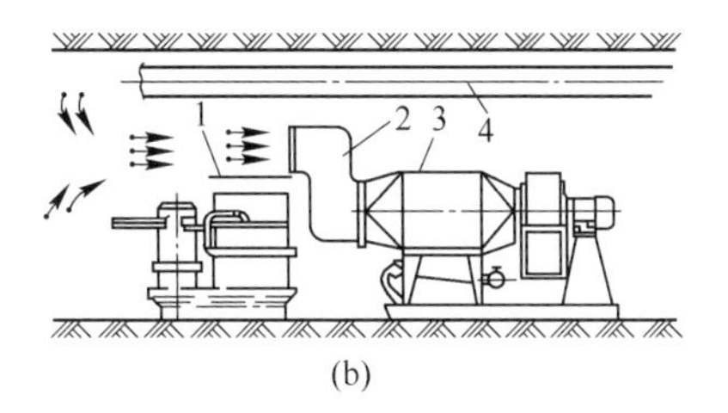

(b)

图 4-2　MLC-Ⅱ型喷射机除尘系统布置示意图

（a）示意图（一）：1—吸尘罩；2—吸尘罩支撑架；3—ϕ350mm 伸缩软风筒；4—MLC-Ⅱ型混凝土喷射机除尘器；

（b）示意图（二）：1—混凝土喷射机；2—侧吸尘罩；3—MLC-Ⅱ型混凝土喷射机除尘器；4—压入式风筒

4.1.1.5　净化水幕

一般在距掘进工作面 50m 左右的位置安设 1～2 道风流净化水幕。净化水幕就是在巷道顶帮安装一排 3～5 个相隔一定距离的喷嘴，使巷道全断面都喷满水雾。在打眼、放炮、运输及喷浆时打开净化风流。

4.1.1.6　定期冲洗积尘

定期用压力水冲洗距离工作面较远的巷道帮壁，清除散落在巷道顶、帮上的积尘，以防止积尘二次飞扬。

4.1.2 巷道、转载运输系统防尘

4.1.2.1 巷道防尘

净化入风源和治理产尘源是巷道防尘的两个重要方面。根据双鸭山七个生产矿连续两年矿井通风系统粉尘分布普查资料，矿井入风源从总入风，分区入风至采区入风，风流里粉尘浓度逐渐呈上升趋势。在无风流净化措施的情况下，春秋两季刮风时，粉尘浓度都超过 2mg/m^3。特别是提升入风主井、运输入风平巷，入风巷道中存在新的产尘源，会使这种上升幅度呈明显变化，粉尘浓度常达 3～5mg/m^{3}甚至 8 ～12mg/m^3。设有矿仓和装车站的入风巷道，卸矿和装车时粉尘常达几十甚至上百 mg/m^3。因此，对于矿井进风系统的粉尘污染必须层层把关治理，环环设卡过滤，既要使入风流中浮游粉尘迅速地丧失飞扬能力，沉降下来，又要防止尘源对入风系统污染。

4.1.2.2 水幕净化

在井下入风巷道设置自动控制的水幕是净化入风流含尘的有效方法，主要入风巷常见的水幕布置形式有梯形水幕和半环形水幕。

水幕的雾化方式有风水喷雾和水力喷雾两种。风水喷雾一般采用 4 分或 6 分管制成梯形或半环形管，在管壁成 45°钻两排孔距离为 50～100mm ，孔径为 0. 8～1mm的微细孔，靠风、水压综合作用，实现喷雾，形成净化雾墙。水力喷雾是用喷嘴喷雾，一般一道水幕帘安设喷嘴 16～32 个，水压不低于 392kPa (4kg/cm^2)。

净化水幕应保证水雾能密实过滤风流全断面，并连续不间断地动作。一般一处净化水幕应同时设置 2 道，间隔应不小于一列矿车的最大长度。自动控制的水幕还应适当加长间隔，保证满足电动装置的延时时间，以实现矿车和行人通过时水雾不扰机车司机和行人，保证正常风流净化不间断。

净化水幕应安设在支护完好，壁面平整，无断裂破碎的巷道段内。一般安设位置为矿井总入风流净化水幕，距井口 20～100m 巷道内分区和采区入风净化幕，风流分叉口支流里侧 20～50m 巷道内。

采矿风流净化水幕：距工作面回风口 10～20m 回风巷内，掘进回风流净化水幕在距工作面 30～50m 巷道内。巷道中产尘源净化水幕：尘源下风侧 5～10m 巷道内。具体条件下是否需要安设净化水幕取决于风流里粉尘浓度。

一般情况下，如果矿井总入风流粉尘浓度低于 1. 0mg/m^3，分区和采区入风粉尘浓度低于 1. 5mg/m^3，采掘工作面入风流粉尘含量低于 1. 5～2. 0mg/m^{3}时，可以不设净化水幕。但应该指出，通风系统里的粉尘浓度是个变量，随时随地都

在发生变化，这就要求经常对风流中的粉尘浓度进行采样测定（如图 4-3 所示），以便于及时采取预防措施。

图 4-3 井下巷道喷雾系统

水幕的控制方式可根据巷道条件，选用光电式、触控式或各种机械传动的控制方式。选用的原则是既经济合理又安全可靠，确保水幕不间断的使用。

4.1.2.3 洒水喷雾

进风和运输巷道中局部粉尘飞扬的地方，都可以采取喷雾洒水加以治理。皮带和溜子运输机转载处适合于采用水电连锁或其他声电和光电控制的喷雾洒水，最好是使喷雾洒水和运输机运转同步，避免运输机空转时继续洒水导致环境湿度增大，恶化作业环境。

停车、拉车频繁的井底车场和各水平车场，设机动和电动自动喷雾洒水。一般宜选择耗水量小、雾化效果好的喷雾器或喷嘴，喷嘴安设数量应根据矿车内矿岩干燥起尘程度而定。矿车内装的破碎矿岩体干燥，且矿车由车场绕道起坡后又遇高速下向风流使粉尘飞扬严重时，提升前单车洒水量不能低于 20~30L，并保证矿车内表层矿岩均匀湿润厚度不低于 150~250mm。对于粉尘比较集中且设有卸矿仓口和装车站的通风巷道，应采用密封大环形喷雾法。3t 矿车底卸仓因卸矿断面大，应同时实行上下束环形喷雾环喷雾。其中下喷雾水环应安在矿仓口周壁上，上喷水环设在矿仓口正对的巷道顶板下，以实现定点式或感应式自动控制，使喷雾洒水和卸矿同时动作。

4.1.2.4 密闭除尘

对产生粉尘飞扬较严重，且靠喷雾洒水治理效果不明显的巷道尘源，应考虑采用密闭—抽出—净化除尘系统。最简单的方法是用金属或塑料防尘罩或纤维滤尘罩将尘源密封起来，使之与风流隔离，然后把隔离收集起来的粉尘通过洒水冲淡或清扫加以处理。

4.1.2.5　密闭抽尘

对于产尘强度高且产尘较集中的井下矿仓卸矿翻笼、溜井和转载点等作业场所，当采用喷雾洒水等湿式作业措施仍不能使粉尘达到卫生标准时，必须采取密闭抽尘净化的措施。密闭抽尘系统的排风方式，在有条件时应尽量直接排至回风巷或地面，条件不具备时可考虑就地或就近净化。前者需设较长的排尘管道或硬质风筒，使得阻力大，并且粉尘对风机也有磨损作用；后者虽无前者缺点，但对净化设备除尘效率要求较高，否则有可能污染井下风源。

井下溜井（或溜眼）卸矿时由于诱导风流的作用，矿尘向外扩散飞扬，此时开凿一条与溜井相通的巷道，使其与总排风道（或分区风道）相联通，利用矿井总风压（负压）或局部抽出风机抽风，在溜井口就会形成向内流动的风流（如图4-4所示）。这种抽尘方式配合良好的井口密闭，可取得较好的防尘效果。如果回风道里兼有行人，可在局部或密闭排风端外侧设3~5道净化风流水幕，使含尘风流得到过滤。

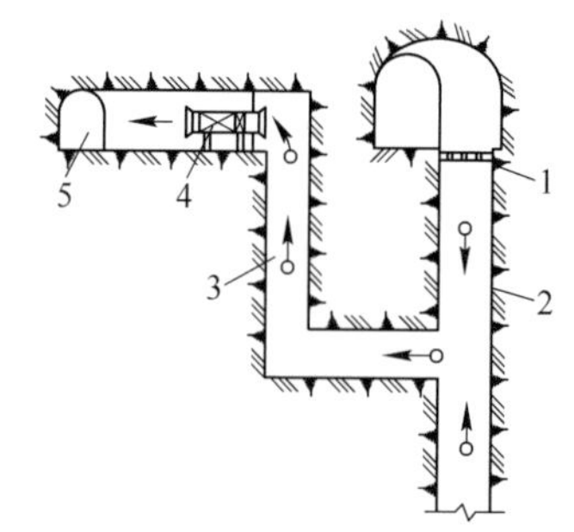

图4-4　溜井抽风净化系统示意图

1—溜井口格筛；2—溜井；3—抽风排尘巷道；4—除尘器及风机；5—排风巷道

溜井卸矿口和翻笼矿仓口都应建立起密闭除尘系统。对于翻斗车卸矿或矸石的溜井，卸矿地点及溜井井口应用密闭材料完全罩住或隔离开，只留通过矿车的门洞（如图4-5（a）所示），或者只在溜井口设井罩，矿车在井罩之外，并留有开口的水平缝隙，如图4-5（b）所示，图中7为运输机皮带做的密封物，8为井罩隔板，它既起局部密闭作用，又使溜井口反风罩吸风量减少。据天宝山矿试验，溜井采用抽尘净化措施后，粉尘浓度可由3.0mg/m^{3}降至0.8mg/m^3。

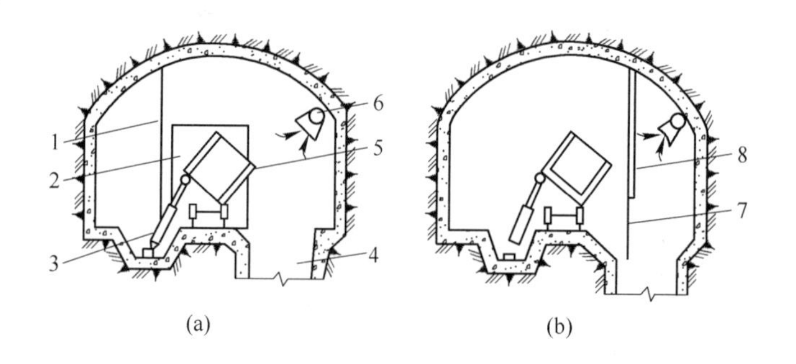

图4-5　溜井卸矸石局部抽尘

1—井罩；2—门洞；3—气缸；4—溜井；5—矿车；6—局部抽气装置；7—密闭物；8—井罩隔板

皮带直接上车的转载点，粉尘浓度一般均很高。这是因为矿体下落产生的粉尘飞扬与碎矿降落速度关系极大。只有相对缩小高差和减小降落速度，粉尘飞扬才能得到控制或减轻。简单的办法是在皮带下面安装一个下端稍为弯起的导向板（如图 4-6 所示），这个导向板对破碎矿体的滑落起到了缓冲作用，从而减小了碎矿的落差和风流对矿粉的吹扬，减轻了粉尘飞扬。为了防止破碎矿在导向板的上缘漏出，导向板和滚筒间的空隙处要用橡胶带密封（如图 4-7 所示）以减少气流影响。

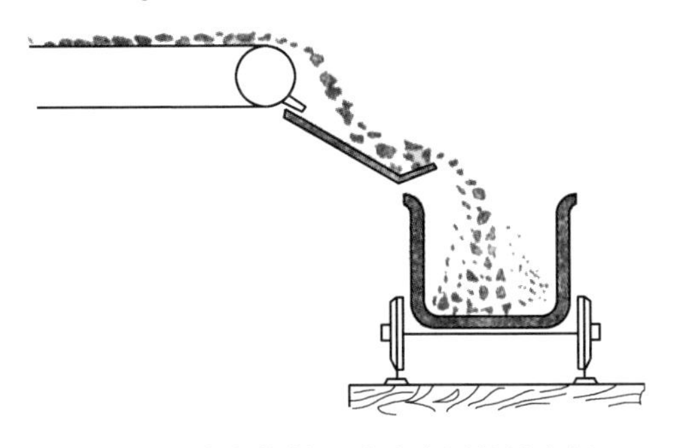

图 4-6 减小物料运动速度用的导向板

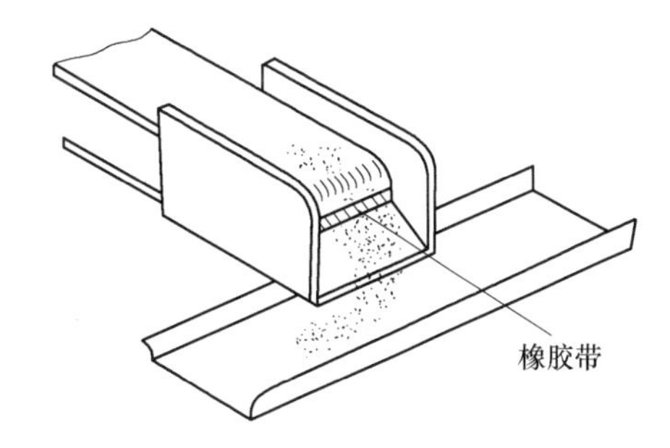

图 4-7 用橡胶带挡住导向板和滚筒间的空隙

在集中皮带的巷道中，当一条皮带向另一条皮带转载过程中产生较大粉尘时，可按如图 4-8 所示布置抽出式除尘系统。除尘系统通过抽尘罩将粉尘全部罩住，利用轴流式扇风机把粉尘抽出来，然后经过喷雾器喷洒使抽出的粉尘湿润，进而沉入集尘器，使粉尘得到湿式处理。国外使用的抽尘装置中，也有利用压风机的废气进行引射吸尘的，把浮游粉尘吸出后，再用压力水喷雾进行净化处理，这种方法一般除尘效果都很理想。

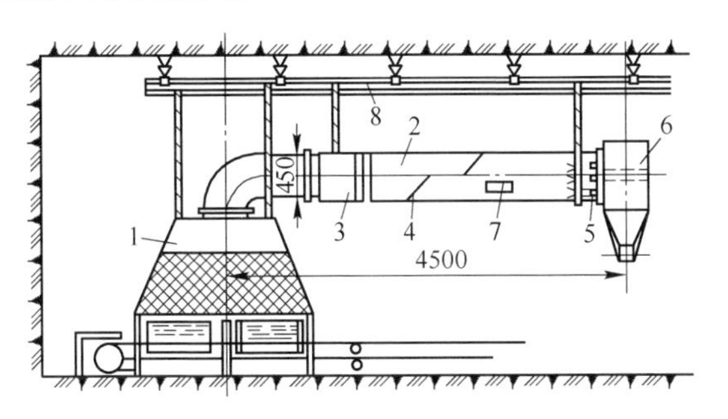

图 4-8 在转载点进行抽尘

1—抽尘罩；2—抽尘管；3—轴流式扇风机；4—斜板；
5—喷雾器；6—集尘容器；7—观察窗；8—悬挂装置

装车站的抽出式除尘系统如图 4-9 所示。抽尘风筒的吸尘喇叭口要与水平成 45°紧贴矿仓口下风侧，喇叭口直径不小于 1000mm，抽出风筒是直径 400mm 硬质风筒。

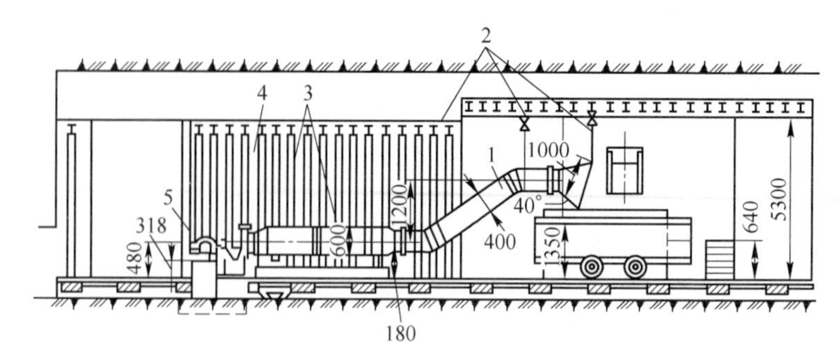

图 4-9　在装车站进行抽尘和过滤

1—抽尘管；2—悬挂装置；3—除尘器；4—扇风机；5—电动机

4.1.2.6　巷道吸尘器吸尘

轨道上行进的大型巷道吸尘器（如图 4-10 所示），这种吸尘设备主要有离心式除尘器，负压发生装置，细尘过滤器和带有吸尘罩的吸尘软管。这种吸尘器不仅可以吸出呈飞扬状态的粉尘，而且可以吸出巷道周壁上的沉积粉尘，因为吸尘气流的有效作用距离虽然很短，但在吸尘罩里装一个压气喷嘴，喷嘴在吸尘器工作时，喷射压气足以吹起距离较远的积尘，使得飞起的积尘很容易被吸进抽走。

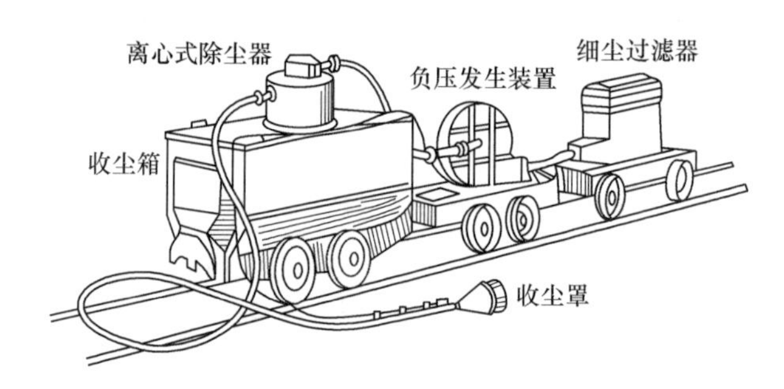

图 4-10　大型巷道里用的吸尘设备

4.1.3　运输转载系统防尘

落矿经工作面溜子道运送到运输巷道中间，由于机械振动摩擦又造成了落矿的进一步破碎和飞扬。在各个转载点，由于两台溜子或皮带运输机搭接之间有高差，所以碎矿和粉尘由上往下滚，细微粉尘被风流吹起，产生局部矿尘飞扬。转载点矿尘飞扬的治理一般是定点喷雾，但有时效果不佳，主要原因是喷嘴安设角度不对，或喷嘴数量不足，喷水量满足不了消尘的要求。因此，如采用单喷 1 嘴喷雾，则应选实心圆锥体的喷雾器，并安装在转载点回风侧 1m 处，成 45°角斜对尘源，这样可提高雾粒和矿尘尘粒碰撞机率，提高水雾降尘，能消除粉尘飞扬，还可如图 4-11 所示成三星形设 3 个喷嘴，实现密封尘源式喷雾，试验证明这样效果最佳。

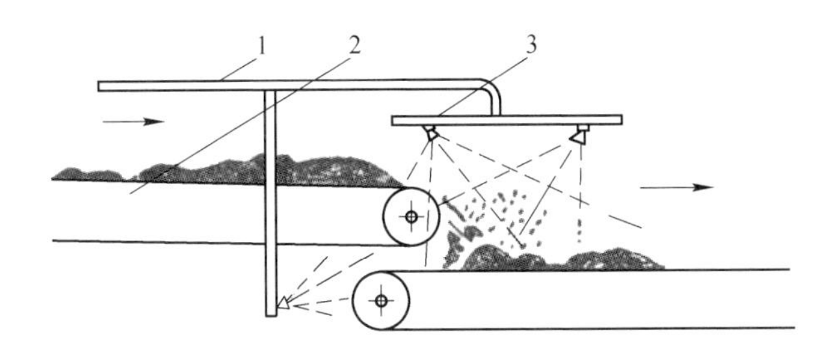

图 4-11 运输转载点喷嘴安设方式
1—供水管；2—皮带；3—喷嘴

除喷雾洒水外，对转载点尘源还可以采用局部密闭罩密封除尘或局部抽出式通风除尘的措施。密闭罩实际就是一个塑料或胶皮伞状帽，两头根据溜子或皮带宽度留有进出口，同时留进风和出风孔。此法除尘效果很好，但要有人检查通风孔和瓦斯，不能造成通风孔被浮矿堵塞，瓦斯积聚，埋伏事故隐患。

喷雾洒水条件不具备的矿井，当在转载点粉尘飞扬严重而又不便于局部密闭的情况下，最宜采用小型局部除尘器（如 MLC-I 型除尘器），实行定点除尘。

4.1.4 矿仓、溜井水雾封闭

4.1.4.1 溜井自动喷雾封闭

溜矿井和缓冲矿仓的卸矿口要进行密闭，防止卸放矿、矸后反冲含尘风流污染主平巷。江西省西华山矿试制的用于小矿车卸矿用的溜井井口重锤自动密闭装置如图 4-12 所示。

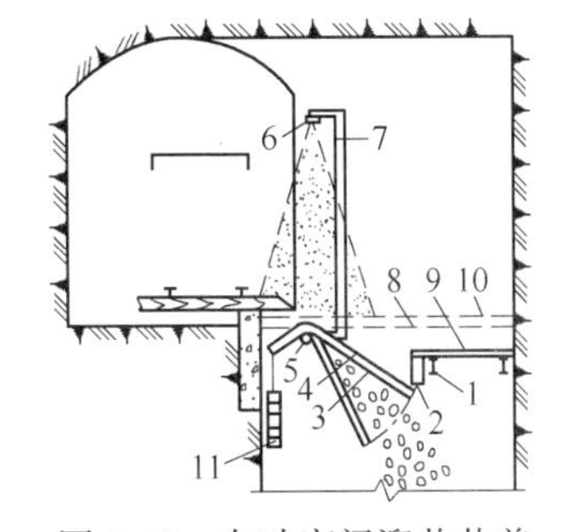

图 4-12 自动密闭溜井井盖
1—钢梁（或木梁）；2—侧密闭板；
3—钢轨；4—钢板或木板；
5—轴（轴的一端联水截门，转轴截门开）；
6—喷雾器；7—水管；8—钢梁或木板；
9，10—木板；11—可调配重

卸放矸石因为矿石重量和冲击力大于配重锤的力，而压开主动门。当矸石溜过活动门后，由于配重锤的主力作用，又将活动门恢复原位，把溜井密闭起来。喷雾器的水阀由连杆与主轴相连。当活动门打开时，主轴转动，带动连杆、使水阀启动喷雾。当活动门恢复原位时，水阀随之关闭而停止喷雾。溜井密封活动门可利用旧铁轨和旧矿车铁板焊接而成，长和宽度可依溜井断面确定。重锤用矿车废轮组成，其设计重量除使两边平衡外，还要比整个活动门再重 20～30kg，确保活动门在不卸矿时能良好地封闭。矿部暗井通常是自滑或经溜槽运输的，溜槽的倾角一般稍大于运输矿物的静止角。运矿时暗井应封闭起来，控制风流从中通过，有利于减少粉尘飞扬。

4.1.4.2　缓冲矿仓喷雾净化

底卸式矿车矿仓卸料口和皮带缓冲仓卸矿口卸矿矸时的防尘措施，目前常用的有封闭隔离、水雾净化和负压抽吸。采区矿仓或井下矿仓口在溜子或皮带卸货时，一般粉尘高达几十甚至上百毫克每立方米，特别是两台溜子或皮带机相对同时开动时，粉尘浓度会更高。如矿仓口无防尘措施，并且溜子（或皮带）巷道又为入风巷道时，那么高浓度粉尘对巷道污染将蔓延几十米甚至上百米，造成整个巷道周壁和电器设备上大量积尘，潜伏事故隐患。消除矿仓口粉尘飞扬的简单方法是实现全封闭式喷雾和局部隔离净化，其布置方式如图 4-13 所示。

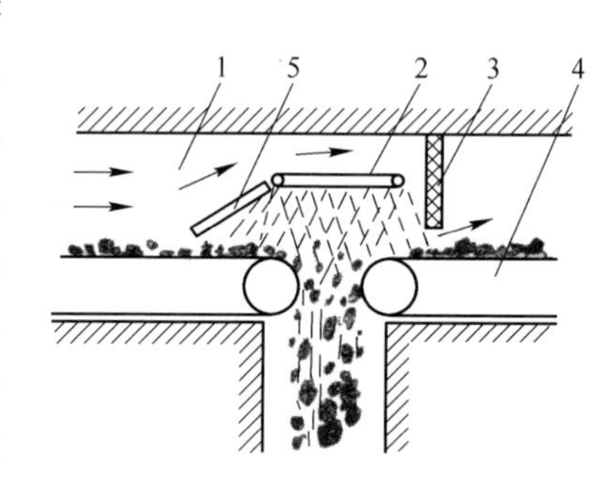

图 4-13　矿仓口封闭喷雾
1—新鲜风流；2—环形喷雾环；3—隔离滤网；4—皮带；5—迎风挡板

图 4-13 中喷雾水环为分管制作的圆形微孔喷雾器，其直径等于或略大于矿仓口直径。迎风板为木制、胶皮或塑料制板，板面与风流成钝角安设，引导风流从喷雾水环上部通过。滤尘隔离网用透气塑料编织物或细金属丝编织物制作，最宜 2～3 层，使水环喷射的水雾尚不能沉降的部分粉尘在这里碰撞沉降。经过滤织物的风流，应保持清洁。

由于底卸矿仓每次向强度大，并且连续卸载，粉尘浓度高，所以在底卸仓口和仓口上部均要设自动喷雾装置。控制方式可采用光电自动控制或触点式自动控制。

4.1.4.3　滤网捕尘

为捕集采矿工作面飞扬的矿尘，日本有些矿井在工作面和回风道里设置喷雾器和塑料滤网，用来阻拦和捕集飞散的矿尘。所用喷雾器喷嘴直径为 8mm，喷射角为 103°，塑料网的网眼率为 52%～57%，网眼直径为 5mm。喷雾器和滤网安设如图 4-14 所示。采用这种措施，可以使下风侧风流中矿尘浓度大幅度降低，减轻了粉尘危害，提高了安全程度。

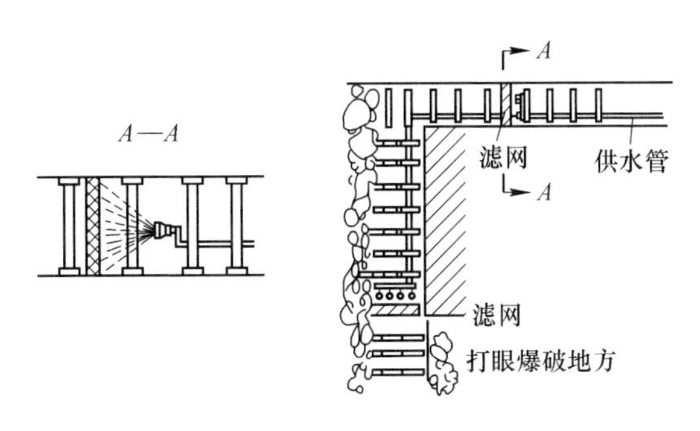

图 4-14 炮采工作面和回风道移动式捕尘滤膜

4.1.5 综合防尘

综合防尘措施包括技术措施和组织措施两个方面，其基本内容是：通风除尘；湿式作业；密闭尘源与净化；个体防护；改革工艺及设备以减少产尘量；科学管理、建立规章制度，加强宣传教育；定期进行测尘和健康检查。

在当前矿井生产技术的条件下，矿井综合防尘应包括这样的含义：即从矿井采、掘、机、运、通五大系统，到各系统的各生产工序、各个环节都必须采取综合性防治粉尘的有效措施。这种措施不是单纯的某一项或某两项，也不是带有工序性空白环节的间隔性防尘措施，而是在任一产尘工序、任一产尘环节上都必须采取一项和几项行之有效的防尘措施，或者以某一项措施为主，某几项措施为辅，实现多种措施同时并举，使作业空间的粉尘浓度达到国家规定的卫生标准，真正消除或控制粉尘危害，杜绝矿尘事故。

根据我国矿井现阶段的防尘技术条件和技术装备，矿井综合防尘措施可大致归纳为五大类，具体为减尘、降尘、捕尘、排尘和阻尘，这也是综合防尘的五大环节。

（1）减尘。减尘就是减少和抑制尘源，这是防尘工作治本性措施。它包括两个方面：一是减少各个产尘工序的产尘总量和单位时间内的产尘量，从产尘数量上把关；二是减少对人体危害最大的呼吸性粉尘所占的比例，在降尘质量上设防。在矿井综合防尘实践中应优先考虑采用后一类措施。

在矿井生产中，通过采取各种技术措施，减少采掘作业时的粉尘发生量是减尘措施中的主要环节，是矿山尘害防治工作中最为积极、有效的技术措施。减尘措施主要包括：矿床注水、改进采掘机械结构及其运行参数减尘、湿式凿岩、水封爆破、添加水炮泥爆破、封闭尘源以及捕尘罩等减尘措施。

（2）降尘措施。降尘是使悬浮于空气（或风流）中的粉尘及早地沉降，以减少浮游粉尘浓度的防治性措施。现阶段矿井降尘主要是利用水雾适宜风速和其他办法加速粉尘的沉降。井下多采用洒水喷雾降尘，即利用压力水通过各种喷雾装置形成具有一定速度的细小雾粒，与浮游粉尘碰撞接触来湿润粉尘，迫使粉尘加速沉降。试验表明：不同的雾粒直径、雾粒速度和密度，对各种粒度的粉尘有不同的效果。一般来说，对于5~7μm的呼吸性粉尘采用喷雾洒水效果并不明显。除洒水降尘外，还可以采用湿润剂降尘和泡沫降尘等新技术。

尽管采取了减尘措施，采、掘、装运等诸环节中仍然会产生大量的粉尘，这时就要采取各种降尘方法进行处理。降尘措施是矿井综合防尘工作的重要环节，现行的降尘措施主要包括干、湿式除尘器除尘以及在各产尘点的喷雾洒水，如放炮喷雾、支架喷雾、装岩洒水、巷道净化水幕等。

（3）捕尘措施。捕尘是一项将空气中浮游粉尘聚集起来处理的聚集性措施，它主要是利用吸尘器和捕尘器来完成。吸尘器和捕尘器主要是利用扩散、碰撞、直接拦截、重力、离心力等原理使粉尘与空气分离，以降低空气中的浮游粉尘浓度，或者使粉尘连同空气一起通过含水雾滤层被收集捕捉、沉淀排出。国外矿井大多采用的是湿式捕尘器，捕尘效率达到80%~90%。目前，虽然我国矿井使用除尘器除尘还很不普遍，但在矿井生产实践中，一部分除尘器已经在井下发挥了一定的作用。

（4）排尘措施。排尘是借自然通风和机械通风或两者联合作用所形成的全面通风或局部通风来实现的。有组织的自然通风、机械通风或两者联合作用是排出矿井各工序产尘点粉尘的有效措施之一，目前在矿山得到广泛应用。

（5）阻尘措施。阻尘是指通过佩戴各种防护面具以减少吸入人体粉尘的一项补救措施。个体防护的用具主要有防尘口罩、防尘风罩、防尘帽、防尘呼吸器等，其目的是使佩戴者能呼吸净化后的清洁空气而不影响正常工作。

4.1.5.1　通风除尘

A　通风除尘的作用

通风除尘的作用是稀释并排出矿内空气中的粉尘。矿内各种尘源在采取了防尘措施后，仍会有一定量的矿山粉尘进入矿井空气中，而且多为粒径≤10μm微细矿山粉尘，这些粉尘能较长时间悬浮于空气中，同时由于粉尘的不断积聚，会造成矿井内空气严重污染，严重危害人身健康。所以，必须采取有效通风措施稀释并排出矿山粉尘，不使其积聚。通风除尘是矿井综合防尘的重要措施之一。

B　掘进通风除尘

在矿山各生产环节中，井巷开拓掘进是产生粉尘的主要环节之一。掘进打眼、放炮、支护、装矸和运输等工序不仅产生大量矿山粉尘，影响安全生产；而且还产生大量矽尘，严重危害着矿工的身心健康。因此，在采用必要的湿式作业的同时，还必须因地制宜采取有效的通风、干式捕尘及除尘器等综合防尘措施，才能保证掘进工作面粉尘浓度达到国家的卫生标准。

一般来讲，不依靠矿井主要通风机进行的有效通风，均称为局部通风。目前采用较多的是局部通风机通风排尘方式，这种通风对降低掘进时的粉尘浓度起了重要作用，表 4-1 为部分矿井掘进工作面凿岩时的粉尘浓度测定资料，从中可以看出通风的作用。

表 4-1 局部通风除尘效果的对比 (mg/m^3)

矿山	矿尘浓度		矿山	矿尘浓度	
	湿式作业（未通风）	湿式作业（通风）		湿式作业（未通风）	湿式作业（通风）
锡矿山	3.6~6.6	0.4~1.5	恒仁矿	4.54	2.60
盘古山	3.9~6.8	1.4~1.9	龙烟铁矿	6.57	2.1
大吉山	3.5	2.0			

为保证通风除尘的有效作用，要求新鲜风流有良好的风质，《金属非金属地下矿山安全规程》规定：入风井巷和采掘工作面的风源含尘量不得超过 0.5mg/m^3。

根据通风方式的不同，局部通风排尘方法可分为矿井总风压（正压、负压）通风、扩散通风、引射器通风及局部通风机通风四种方法。

对掘进防尘通风的要求如下。

a 从防尘角度对通风方式的选择

抽出式局部通风只有当风筒吸风口距工作面很近时（如 2~3m），才能有效地排出粉尘，距离稍远排尘效果很差。压入式通风的风筒出风口离工作面的距离在有效射程内时，能有效排出掘进头的粉尘，但含尘空气途经整个巷道，巷道空气污染严重。混合式通风兼有压入式和抽出式的优点，是一种较好的通风排尘方法。

b 排尘效果对风速的要求

要使排尘效果最佳，必须使风速大于最低排尘风速，低于二次飞扬风速。根据实验观测，掘进巷道风速达到 0.15m/s 时，5μm 以下的粉尘即能悬浮，并能与空气均匀混合而随风流运动。

使粉尘浓度最低的巷道平均风速称为最优排尘风速，它的大小与粉尘的种类、颗粒大小、巷道潮湿状况和有无产尘作业等有关。掘进防尘风量应使掘进巷道风速处于最优排尘风速范围内。除控制风速外，及时清除积尘和增加矿山粉尘湿润程度是常用的防尘方法。

总之，决定通风除尘效果的主要因素有工作面通风方式、通风风量、风速等。

（1）最低排尘风速。5μm 以下粉尘对人体的危害性最大，能使这种微细粉尘保持悬浮状态并随风流运动的最低风速称为最低排尘风速。对于矿井在水平井巷中，粉尘的重力和气流对粉尘的阻力作用方向互相垂直，此时使粉尘在风流中处于悬浮状态的主要动力是紊流脉动速度。如果尘粒受横向脉动速度场的作用力与粉尘重力相平衡，则尘粒处于悬浮状态。使粉尘粒子处于悬浮状态的条件是：紊流风流横向脉动速度的均方根值等于或大于尘粒的沉降速度。根据有关实验资料，最低排尘风速可用下面的经验公式计算。

$$v_s = \frac{3.17v_f}{\sqrt{a}} \tag{4-1}$$

式中，a 为井巷的摩擦阻力系数；v_s 为最低排尘风速，m/s；v_f 为粉尘粒子在静止空气中均匀沉降的速度，m/s。

（2）最优排尘风速。当排尘风速由最低风速逐渐增大时，粒径稍大的粉尘也能悬浮，同时增强了对粉尘的稀释作用。在产尘量一定的条件下，粉尘浓度随风速的升高而降低。当风速增加到一定数值时，工作面的粉尘浓度降到最低值。粉尘浓度最低值所对应风速称为最优排尘风速。

国内外对最优排尘风速进行了大量的试验研究。试验结果表明，在干燥的井巷中，无论是否有外加扰动，都存在一个最优排尘风速。如有外加扰动时，最优排尘风速较低，如图 4-15 所示。

在井巷潮湿的条件下，风速在 0.5 ~ 6m/s 范围内，粉尘浓度不断下降，如图 4-16 所示。

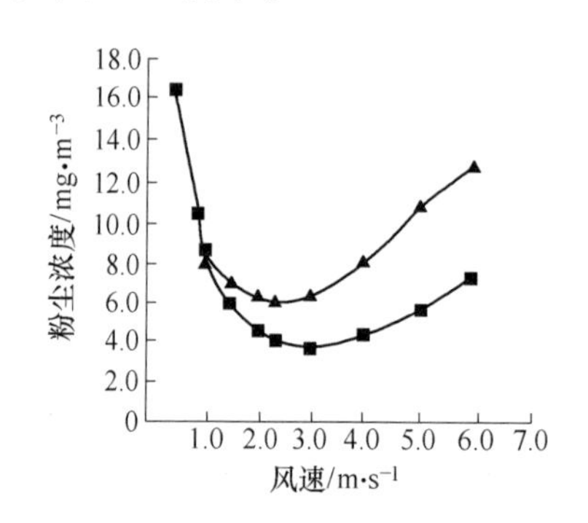

图 4-15　干燥井巷中最优排尘风速

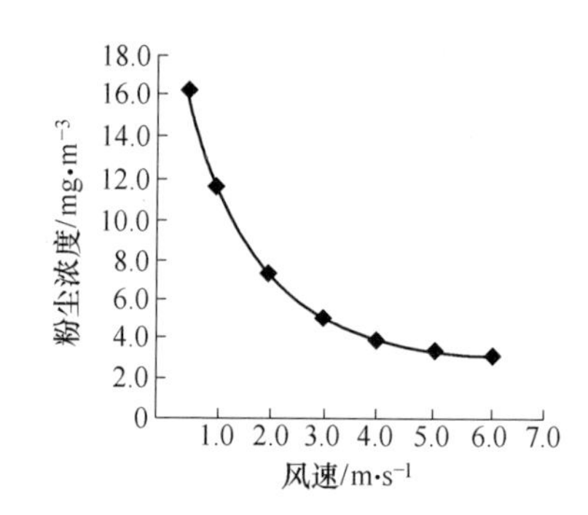

图 4-16　潮湿井巷中粉尘浓度与风速的关系曲线

（3）扬尘风速。当风速超过最优排尘风速后，在继续增加风速，原来沉降的粉尘将被重新吹起，粉尘浓度再度增高。当风速大于最优排尘风速时，粉尘浓度再度增高的风速称为扬尘风速。粉尘飞扬的条件是风流作用在粉尘粒子上的扬力大于或等于粉尘粒子所受重力。扬尘风速可用下面经验公式计算：

$$v_b = (4.5 \sim 7.5)\sqrt{\rho_d g d} \tag{4-2}$$

式中，v_b 为扬尘风速，m/s；ρ_d 为粉尘粒子的密度，kg/m³；g 为重力加速度，

m/s^2；d 为粉尘粒子的直径，μm。

通风排尘的关键是最佳排尘风速问题。如果风速偏低，粉尘不能被风流有效的冲淡排出，并且随着粉尘的不断产生，造成作业空间粉尘浓度的非定量叠加，导致粉尘浓度持续上升；风速过高，又会吹扬巷道、液压支架及巷道里的积尘，同样会造成粉尘浓度升高。

粉尘控制是一个复杂、多种因素影响的问题，首要的是最好不让粉尘在尘源处就变成浮游状态。粉尘一旦成为浮游状态，并且已经离开尘源时，降尘的有效方法就是集尘和通风冲淡。不管怎样，只要粉尘变成浮游状态，降尘将会更加困难。所以，防尘要尽一切可能把粉尘抑制在尘源处，这是非常重要的。

C　通风排尘

通风排尘是通过合理通风来稀释和排出矿井作业场所空气中粉尘的一种除尘方法。在井下作业过程中，虽然各主要产尘环节都采用了相应的防尘降尘措施，但仍有一部分粉尘，其中绝大部分是呼吸性粉尘悬浮于作业场所空气中难以沉降下来。针对这种情况，通风排尘是降低作业场所粉尘浓度非常有效的方法。

确定合理的通风排尘风速，通风排尘风速包括最低排尘风速、极限排尘风速和最优排尘风速。

a　最低排尘风速

能使作业场所空气中的呼吸性粉尘保持悬浮状态，并随风流运动而被排出的最低风速，称为最低排尘风速。一般由试验方法确定。《煤矿安全规程》规定：运输巷、采区进回风巷、采矿工作面、掘进中的矿巷和半矿岩巷，允许最低风速为 0.25m/s；掘进中的岩巷、其他通风人行道允许最低风速为 0.15m/s。国内目前推荐的最低排尘风速为 0.25~0.5m/s。对于产尘量大的作业场所可适当增大最低排尘风速。

b　极限排尘风速

极限排尘风速是指能使已经沉积下去的粉尘在风流的作用下再次飞扬起来的风速。试验证明，当风速在 4m/s 以下时，粉尘浓度随着风速增加而降低；当风速超过 4m/s 时，粉尘浓度随风速增加而升高。《煤矿安全规程》规定：采矿工作面、掘进中的矿巷、半矿岩巷和岩巷，允许最高风速为 4m/s；运输巷、采区进回风巷允许最高风速为 6m/s。

c　最优排尘风速

最优排尘风速是指能使工作面粉尘达到最低浓度，获得最佳降尘效果的风速。一般干燥巷道的最优排尘风速为 1.2~2m/s，在潮湿巷道和回采工作面采取防尘措施后将有所增加，一般为 2~2.5m/s。

4.1.5.2　湿式作业

湿式作业是矿山应用最普遍的一种防尘措施，按除尘机理可将其分为两类：一类是用水湿润，冲洗初生和沉积的矿山粉尘；一类是用水捕集悬浮于矿井空气中的粉尘。这两类除尘方式的效果均是以粉尘得到充分湿润为前提的。

A　用水湿润矿山粉尘

喷雾洒水是将压力水通过喷雾器（又称喷嘴）在旋转或冲击作用下，使水流雾化成细散的水滴喷射于空气中。喷雾洒水的捕尘作用主要体现在以下几个方面。

（1）高速流动的水滴与浮尘碰撞后，尘粒被湿润，由于凝聚、增重，并在重力作用下沉降下去。

（2）高速流动的雾体将其周围的含尘空气吸引到雾体内湿润下沉。

（3）将已沉降的粉尘湿润固结、增重，使之不易二次飞扬。

（4）增加沉积矿粉尘的水分，预防矿粉尘瓦斯爆炸事故的发生。

喷雾洒水的捕尘效果决定于雾体的分散度（即水滴的大小与比值）以及尘粒与水滴的相对速度。粗分散度雾体水滴大，水滴数量少，尘粒与水滴相遇时会因旋流作用而从水滴边绕过，不被捕获。过高分散度的雾体，水滴十分细小，容易气化，捕尘效率也不高。试验结果表明，用0.5mm的水滴喷洒粒径为10μm以上的粉尘时，捕尘率为60%；粉尘粒径为5μm时，捕尘效率为23%；粉尘粒径为1μm时，捕尘率仅有1%。将水滴直径减小到0.1mm，雾体速度提高到30m/s时，对2μm尘粒的捕尘率可提高55%。因此，粉尘的分散度越高，要求水滴的直径也越小。一般来说，水滴的直径在10～15μm时，捕尘效果最好，因其有利于冲破水的表面张力而将尘粒湿润捕捉。

喷雾洒水除尘简单方便，广泛用于采掘机械切割、爆破、装载、运输等生产过程中，缺点是对微细尘粒的捕集效率较低。雾体的分散度、作用范围和水滴运动速度，决定于喷雾器的构造、水压和安装位置。应根据不同生产过程中产生的粉尘分散度选用合适的喷雾器，才能达到较好的除尘效果。

因此，喷雾洒水应在矿岩的装载、运输和卸落等生产过程和地点以及其他产尘设备和场所进行。矿山粉尘湿润后，尘粒间互相附着凝集成较大尘团，同时增强了对巷道周壁或矿岩表面的附着性，从而抑制矿山粉尘飞扬，减少产尘强度。某矿实测装岩过程洒水防尘效果如下：

不洒水、干装岩工作地点矿山粉尘浓度>10mg/m³。

装岩前一次洒水工作地点矿山粉尘浓度约为5mg/m³。

分层多次洒水工作地点矿山粉尘浓度<2mg/m³。

洒水要利用喷雾器进行，这样喷洒均匀，湿润效果好，耗水量少。洒水量应根据矿岩的数量、性质、块度、原湿润程度及允许含湿量等因素确定，一般每吨矿岩可洒水10~20L。生产强度高，产尘量大的设备或地点，应设自动喷淋洒水装置。

凿岩、爆破、出渣前，应清洗工作面10m内的巷道，进风道、人行道及运输巷道的岩壁，每季度至少应清洗一次。

B　湿式凿岩

湿式凿岩就是在凿岩工作中，将压力水通过凿岩机送入并充满孔底，以湿润、冲洗和排出产生的粉尘。它是凿岩工作普遍采用的有效防尘措施。

湿式凿岩有中心供水和旁侧供水两种供水方式，目前使用较多的是中心供水式凿岩机。湿式凿岩的防尘效果取决于单位时间内送入钻孔的水量。只有向钻孔底部不断充满水，才能起到对粉尘的湿润作用，并使之顺利排出。为了提高湿式凿岩的捕尘效果，应注意以下几个问题。

a　水量

要有足够的水量，使之充满孔底，同时，要使钻头出水尽量靠近钎刃部分。这样，粉尘生成后就能立即被水包围并湿润，同时可以防止粉尘与空气接触，避免在其表面形成吸附气膜而影响湿润效果。钻孔中冲水程度越好，粉尘向外排出过程中与水接触的时间越长，湿润效果就越好。各种凿岩机在出厂时，都提出了供水要求，应按规定供水。

b　气动凿岩机应避免压气或空气混入凿岩水中

压气或空气混入凿岩用水进入孔底，一方面可能在粉尘表面形成吸附气膜；另一方面，在水中形成气泡，微细粉尘附于气泡而逸出孔外，从而严重地影响除尘效果。压气或空气混入的主要原因是：中心供水凿岩机水针磨损、过短、断裂或者各活动部件间隙增大。为此，必须提高水针质量，加强设备的维修，以减少和消除这种现象的发生。另外，凿岩时，一定要先给水，后供风，避免干打眼，并且给水开关不要开得过小。

c　水压

水压直接影响供水量的大小。从防尘效果看，水压越高越好，尤其是上向凿岩，水压高能保证对孔底的冲洗作用。但是，由于水压过高时，会产生钎尾返水，返水会冲洗机腔内的润滑油，阻止活塞运动，降低凿岩效果，因此对中心供水凿岩机要求水压比风压低50~100kPa。水压过低，供水量又会不足，易使压气进入水中，影响除尘效果。一般要求水压不低于300kPa。

d　使用降尘剂

为提高对疏水性粉尘和微细粉尘的湿润效果，可在水中加入降尘剂。试验表明，凿岩用水中加入湿润剂比用清水可降低粉尘浓度一半左右。

e　防止泥浆飞溅和二次雾化

从钻孔中流出的泥浆可能被压气雾化而形成二次矿山粉尘，这在凿岩产尘中占有很大比例。特别是上向凿岩，要采用泥浆防护罩、控制凿岩机排气方向等防治措施。

f　尽量减少微细粉尘产生量

保持钎头尖锐，保证足够风压（大于500kPa），水量充足等都可减少微细粉尘量的产生。

C　用水捕捉悬浮矿山粉尘

把水雾化成微细水滴并喷射于空气中，使之与尘粒相接触碰撞，使尘粒被捕捉而附于水滴上或者被湿润尘粒相互凝集成大颗粒，从而提高其沉降速度，加之采取必要的通风措施。这种措施对高浓度作业地点会大大提高对矿山粉尘的搜集及稀释排出，降低粉尘浓度的效果。如图4-17是爆破后采取不同喷雾降尘措施的降尘效果图。

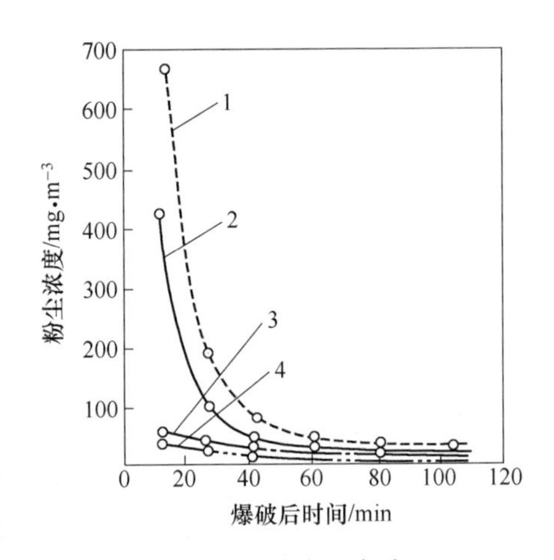

图4-17　爆破区喷雾、通风与矿尘浓度的关系

1—无喷雾，无通风；2—无喷雾，有通风；3—有喷雾，无通风；4—有喷雾，有通风

喷雾器是喷雾洒水的主要装置，喷雾器的性能可由喷雾体结构、雾粒分散度、雾滴密度、水压、水量等参数表示。中国井下矿山常用的喷雾器按形式一般分为内喷雾、外喷雾两种；按其动力可分为水力的和风水联动的两类。

a　水力喷雾器

压力水经过喷雾器，依靠旋转的冲击力作用，使之形成水幕喷出。水力喷雾器类型很多，目前市场有成品供应，其中使用较好的武安-4型喷雾器水力性能见表4-2。水力喷雾器结构简单、轻便，具有雾粒较细、耗水量少、扩张角大的特点，但射程较小，适用于固定尘源喷雾，如采掘工作面运输机转载点、翻罐笼、料仓、装车站等处的喷雾降尘。水力喷雾器对捕捉5μm以下的粉尘，降尘率一般不超过30%；但若提高水压、减小出水孔径，可增加喷射速度和雾滴分散度，提高降尘率。

表4-2　武安-4型喷雾器水力性能

出水孔径/mm	水压/MPa	耗水量/L·min^{-1}	作用长度/m	射程/m	扩张角/(°)	雾粒尺寸/μm
2.5	0.3	1.49	1.5	1.0	98	100~200

续表 4-2

出水孔径/mm	水压/MPa	耗水量/L · min^{-1}	作用长度/m	射程/m	扩张角/(°)	雾粒尺寸/μm
2.5	0.5	1.95	1.7	1.2	108	
3.0	0.3	1.67	1.6	1.3	102	150~200
3.0	0.5	2.11	1.8	1.3	110	
3.5	0.3	1.90	1.7	1.2	106	150~200
3.5	0.5	2.43	1.8	1.3	114	

b　引射式喷雾器

引射式喷雾器是根据引射涡流原理制作的一种新型喷雾器。其特点是带有引风筒或引风罩，在喷雾的同时造成一股引射风流，具有二次雾化作用，提高了雾化质量；具有结构紧凑合理、尺寸小、质量轻、使用方便可靠、降尘效果好等优点。

c　气水喷雾器

这种喷雾器是根据压气雾化液体的原理设计的，即借助于压气的作用，使压力水分散成雾状水滴并喷射出去。

气水喷雾器具有雾化程度高、喷雾射程远等优点。在压力不小于 0.3~0.4MPa、耗水量 10~12L/min 的情况下，能达到 5m 以上的射程，且水雾细、密度大，对呼吸性粉尘的捕获效果显著。一般捕尘效率可达 90%。

d　喷雾自动控制

有些矿井作业应考虑实行自动控制喷雾，如装车、卸车、卸矿等间断作业，装卸时要喷雾，不作业时应停止喷雾；净化水幕需长时间工作，车辆或人员通过时，应暂停喷雾；爆破后工作地点烟尘大，人员不能进入操作等。自控方式有机械、电角点、光电、超声波、爆破波等，应根据作业条件与环境选用。

D　“水炮泥”和水封爆破

“水炮泥”是用盛水的塑料袋代替或部分代替炮泥充填于炮眼内，爆破时水袋在高温高压爆破波的作用下破裂，使大部分水被汽化，然后重新凝结成极细的雾滴并和同时产生的粉尘相接触碰撞，形成雾滴的凝结核或被雾滴所湿润而起到降尘作用。水炮泥爆破除具有降尘效果外，对减小爆焰、降低湿度、防止引燃事故以及减少烟量和有毒有害气体含量效果也十分显著。

水封爆破和水炮泥的作用相同，它是将炮眼内的炸药先用炮泥填好，然后再给炮眼口填一小段炮泥，两段炮泥之间的空间插入细水管注水，封堵水管孔后，进行爆破。由于水封爆破在炮眼的水流失过多时会造成放空炮，加之其作业过程较复杂等原因，现已处于逐渐被淘汰的状态。

水炮泥在炮眼中的布置方法对爆破效果很重要，一般采用下面三种方法。

（1）先装炸药，再装水炮泥，最后装黄泥，如图 4-18 所示。

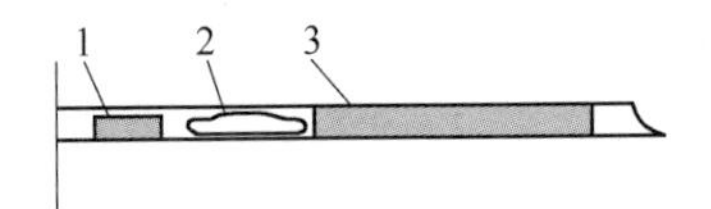

图 4-18　水炮泥布置图
1—黄泥；2—水炮泥；3—炸药

（2）先装水炮泥和炸药，再装水炮泥和黄泥。

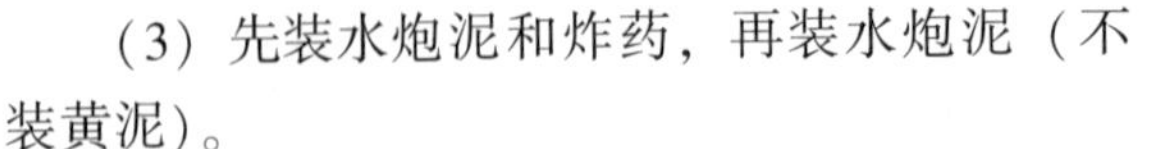

（3）先装水炮泥和炸药，再装水炮泥（不装黄泥）。

具体装填方法，应视炮眼深度而定，国内矿井一般多采用第一种方法。

E　物理化学降尘技术

物理化学防尘方法主要有：水中添加降尘剂降尘、泡沫除尘、磁化水降尘及粘尘剂降尘等。

a　添加降尘剂降尘

水中添加降尘剂是在水力除尘的基础上发展起来的一种降尘技术。通常情况下，水的表面张力较高，微细粉尘不易被水迅速、有效地湿润，致使降尘效果不佳。但是，不可否认的是，水力除尘方法是迄今为止最为简便、有效、易于推广的除尘方法之一。

（1）添加降尘剂机理。据实验，几乎所有的降尘剂都具有一定的疏水性，加之水的表面张力又较大，对粒径在 2μm 以下的粉尘，捕获率只有 1%～28%。添加降尘剂后，则可大大增加水溶液对粉尘的浸润性，即粉尘粒子原有的固-气界面被固-液界面所代替，使液体对粉尘的浸润程度大大提高，从而提高降尘效果。

降尘剂主要由表面活性物质组成。矿用降尘剂大部分为非离子型表面活性剂，也有一些阴离子型表面活性剂，但很少采用阴离子型的。表面活性剂是由亲水基和疏水基两面活性剂分子完全被水分子包围，亲水基一端被水分子吸引，疏水基一端被水分子排斥。亲水基被水分子引入水中，疏水基则被排斥伸向空气中，如图 4-19 所示。于是表面活性剂分子会在水溶液表面形成紧密的定向排列层，即界面吸附层。由于存在界面吸附层，使水的表层分子与空气接触状态发生变化，接触面积大大缩小，导致水的表面张力降低，同时朝向空气的疏水基与粉尘之间有吸附作用，而把尘粒带入水中，得到充分湿润。

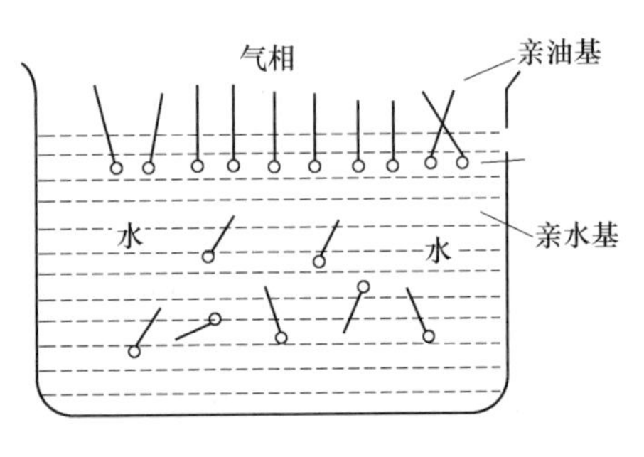

图 4-19　在水中的降尘剂分子示意图

（2）降尘剂的添加方法。降尘剂在实际应用中，不但要通过试验选择最佳浓度，而且还要解决添加方法。目前中国矿山主要采用以下五种添加方法。

1）定量泵添加法。通过定量泵把液态降尘剂压入供水管路，通过调节泵的流量与供水管流量配合达到所需浓度。

2）添加调配器。其添加原理是：在降尘剂溶液箱的上部通入压气（气压、水压），承压降尘剂溶液经液导管和三通添加于供水管路中。这种方法结构简单，操作方便，无供水压力损失，但必须以气压作动力。

3）负压引射器添加法。降尘剂溶液被文丘里引射器所造成的负压吸入，并与水流混合添加于供水管路中。添加浓度由吸液管上的调节阀控制。由于这种方法成本低、定量准确，较多被各矿井所采用。

4）喷射泵添加剂。与前面的添加器相比，主要区别在于喷射泵有混合室，因此用喷射泵调配降尘剂可使其与水混合较好、定量更准确、供水管路压损小，工作状态稳定。

5）孔板减压调节器。降尘剂溶液在孔板前的高压水作用下，被压入孔板后的低压水流中，通过调节阀门获得所需溶液的流量。

b 泡沫除尘

泡沫除尘是用无空隙的泡沫体覆盖源，使刚产生的粉尘得以湿润、沉积，失去飞扬能力的除尘方法。

（1）泡沫剂与泡沫剂溶液。能够产生泡沫的液体叫泡沫剂。纯净的液体是不能形成泡沫的，只要溶液内含有粗粒分散胶体、胶质体系或者细粒胶体等形成的可溶性物质时才能形成泡沫。在中国矿山曾进行 17 种不同表面活性剂的发泡剂除尘试验，取得的最佳参数是：倍数 100~200 倍、泡沫尺寸小于 6~10μm。

（2）发泡原理。现根据图 4-20 对发泡原理说明如下。

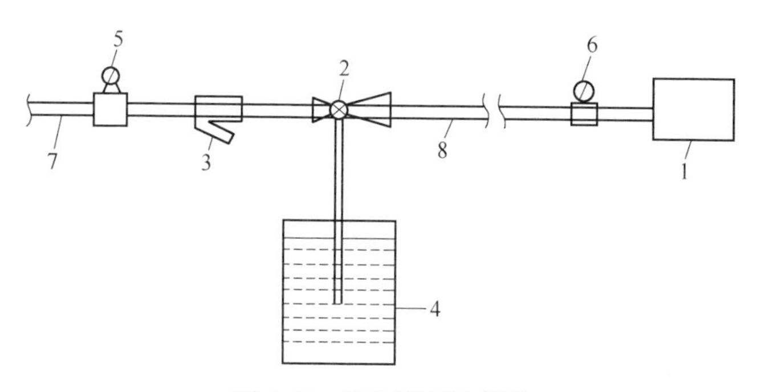

图 4-20 发泡原理示意图

1—发泡喷头；2—管路定量分配器；3—过滤器；4—发泡液储槽；5，6—压力表；7，8—高压软管

由高压软管 7 供给的高压水，进入过滤器 3 中加以净化，随后流入管路定量分配器 2，此处由于高压水引射作用将发泡液储槽 4 中的发泡液按定量（一般混合比为 0.1%~1.5%）吸出。含有发泡原液的高压水通过高压软管 8 流入发泡喷头。

在一定的风速下，喷洒在网格上的雾滴直径和均匀性，直接影响到成泡率的大小：雾滴过小时，容易穿过网孔漏掉，而不能成泡；雾滴过大，气泡耗液量增大，开始还可导致泡沫的强度和倍数增加，但增加到一定界限时泡沫的强度和倍数急剧下降，而且随着泡沫耗液量的增加，会使更多的溶液在发泡过程中不起作用。

泡沫降尘可应用于综采机组、掘进机组、带式运输机以及尘源较固定的地点，一般泡沫降尘效果较高，可达90%以上，尤其是对降低呼吸性粉尘效果显著。

c　磁化水除尘

（1）磁化水降尘原理。磁性存在于一切物质中，并与物质的化学成分及分子结构密切相关，因此派生出磁化学。实践过程中又将其分为静磁学和共振磁学两种。目前国内外降尘用磁水器都是在静磁学和共振磁学理论基础上发展起来的。

磁化水是经过磁水器处理过的水，这种水的物理化学性质发生了暂时的变化，此过程称为水的磁化。磁化水性质变化的大小与磁化器磁场强度、水中含有的杂质性质、水在磁化器内流动速度等因素有关。

水磁化处理后，由于水系性质的变化，可以使水的硬度突然升高，然后变软；水的电导率、黏度降低；水的晶格发生变化，使复杂的长链状变成短链状，水的氢键发生弯曲，并使水的化学键夹角发生改变。因此，水的吸附能力、溶解能力及渗透能力增加，使水的结构和性质暂时发生显著的变化。

此外，水被磁化处理后，其黏度降低、晶格变小，会使水珠变小，有利于提高水的雾化程度，增加与粉尘的接触机会，提高降尘效率。

（2）国产磁水器。目前，中国矿山推广应用的磁水器主要有TFL系列磁水器、RMJ系列磁水器及粉尘系列磁水器等，现将前两种磁水器简介如下。

1）TFL型高效磁化喷嘴降尘器。TFL系列磁水器分为TFL-A、TFL-B、TFL-C三种类型，是根据静磁学原理设计的。该磁水器选用敏铁棚高速磁铁，用正交法使磁力线切割；通过折流直速度变换法加大水的磁化率；采用了切线注入法使喷嘴喷出的雾状呈150°的空心圆锥形。因此，这种降尘器具有磁化率高、体积小、雾化效果好、耗水量低等优点，其技术性能见表4-3。

表4-3　TFL型磁水器技术性能

工作水压/MPa	磁场强度/GS	耗水量/L·min^{-1}	切割次数/次	使用水温/℃
0.3~3.5	2200~3000	<0.36	3	5~30

工作水压/MPa	规格（直径×高）/mm			除尘效率①/%	
	A型	B型	C型	全尘	呼吸性粉尘
0.3~3.5	15×62	20×64	25×70	36.5	49.2

①除尘效率是指与常水相比提高的幅度。

TFL 系列磁水器已在中国一些矿山进行工业性试验。在邢台矿务局邢台矿试验结果表明，使用该磁水器比使用非磁化喷嘴，全尘降尘率平均可提高 36.5%，呼吸性粉尘平均可提高近 50%，见表 4-4。

表 4-4 TFL 型高效磁化喷嘴降尘效果

试验地点及工序	全尘浓度/mg · m^{-3}		$[(a-b)/a]$/%	试验地点及工序	全尘浓度/mg · m^{-3}		$[(a-b)/a]$/%
	非磁化水(a)	磁化水(b)			非磁化水(a)	磁化水(b)	
23306	14.5	9.4	35.0	23306	4.0	1.5	62.5
综采	16.0	14.0	12.5	综采	6.0	4.0	33.3
工作面	17.5	9.5	45.7	工作面	5.5	2.0	63.6
7708	23.4	13.0	44.4	7708	9.0	4.5	50.0
综采	19.0	10.5	44.7	综采	7.0	4.0	57.1
工作面	19.0	14.5	23.7	工作面	8.0	4.5	43.8
7102	16.9	10.5	37.8	7102	7.0	5.0	28.6
综采	12.0	7.0	41.7	综采	6.0	3.0	50.0
工作面	12.0	6.5	45.8	工作面	6.5	2.5	61.5
平均	16.6	10.5	36.5	平均	6.56	33.3	49.2

2）RMJ 型磁水器。RMJ 型磁水器按规格分为 RMJ-1 型、RMJ-2 型、RMJ-3 型三种类型。

该磁水器是在前苏联的内磁式和美国的外磁式基础上开发的一种共振式磁场处理装置，它兼容了内外磁式的优点。据实验室测试表明，共振式磁场处理装置对磁性的吸收率较高，从场型来看，共振场型优于交变场型。RMJ 型磁水器的结构特点是：场强适中、中等流速、切割次数合理。喷雾装置采用六角塑料喷头，磁场处理的有效范围 50m。喷雾时的技术参数：水压为 1MPa 时，雾体的张角为 30°，有效射程 1.8m，水的流量 1.9L/min。

d 粘尘剂抑尘

如前所述，在较大的风速下，沉积于矿井中的粉尘会重新飞扬，形成二次尘源，在矿井中还可引起矿尘瓦斯爆炸事故。为此，各矿井普遍采用定期洒水、冲洗以及在巷道中撒布岩粉等措施，抑制粉尘的二次飞扬。

班后冲洗是目前最常用的方法，但是这种方法的缺点也很明显。由于矿井粉尘大多具有较强的疏水性、水的表面张力又很大，如此水分容易蒸发，洒水冲洗后，粉尘将迅速风干，重新具备飞扬的能力，致使矿井巷道周壁、棚梁、柱后及破碎岩石缝隙中存在着大量粉尘，造成了安全隐患。虽然目前仍有一些矿山还在应用撒布岩粉抑制粉尘的方法，但由于其劳动强度大、撒布技术要求高等原因而趋于淘汰阶段，因此越来越多的国家正在倾向于应用粘尘剂抑制粉尘技术。

（1）吸湿性盐类粘尘剂作用原理。多数粘尘剂抑尘的原理是：通过无机盐（如氯化钙或氯化镁等）不断地吸收空气中的水分，使得沉积于粘尘剂的粉尘始终处于湿润状态，同时由于在粘尘剂添加有表面活性物质，所以它比普通的水更容易湿润矿井粉尘。

只有在空气相对湿度小于40%时，粘尘剂才会发生结晶现象。由于矿井空气湿度一般均在80%以上，因此粘尘剂是不会发生结晶的。粘尘剂溶液的浓度随着所处环境空气温度和湿度的变化而变化，主要体现为从空气中吸收或者排出水分。如图4-21为NCZ-1型粘尘剂在不同相对湿度下的吸湿平衡浓度。

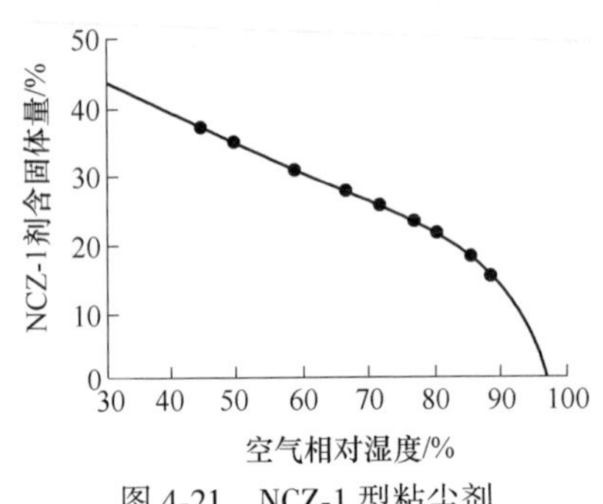

图4-21　NCZ-1型粘尘剂的吸湿平衡浓度

粘尘剂可以持续黏结由井下空气带来的、不断沉积于巷帮与底板的粉尘，随着黏结粉尘量的增加，粘尘剂需要不断吸收空气中的水分，达到新的吸湿平衡浓度。当粉尘沉积量超过平衡浓度时，粘尘剂将固化，需要重新喷洒粘尘剂。

（2）粘尘剂抑尘方法的发展动向。如前所述，吸湿性无机盐类粘尘剂虽然具有抑尘效果好、成本低廉等优点，而得到了推广应用，但其缺点也是较明显的，如容易受许多因素影响而降低其粘尘效果，在空气湿度较大的井巷中或者在倾斜巷道中容易流失等。此外，若添加的缓蚀剂不当，则还将具有一定的腐蚀性。

e　湿润剂

为提高水对疏水性矿山粉尘及微细矿山粉尘的湿润能力，可向水中加入湿润剂。湿润剂的主要作用是降低水的表面张力，提高湿润除尘的效果。中国现有CH-l型、HY型等多种湿润剂，可应用于湿式作业用水中。

F　其他物理化学防尘技术

除上述理化除尘方法外，国内外一些粉尘研究部门还在探讨超声波除尘、电离水除尘、微生物法除尘等方面的降尘试验，均取得了一定效果。

（1）超声波除尘。利用超声波除尘的基本原理是：在超声波的作用下，空气将产生激烈振荡，悬浮的尘粒间剧烈碰撞，导致尘粒的凝结沉降。试验证明，超声波可使那些用水无法除去或难以除去的微小尘粒沉降下来，但必须控制好超声波的频率以及相应的粉尘浓度。根据一些国家的研究，用超声波除尘的声波频率在2000~8000Hz范围内为宜。

目前已有德、法、俄等国家在矿山进行了超声波除尘的试验与研究。据报道，高效的超声波除尘装置捕捉钻孔粉尘的效率可达98%~99%。但存在的问题是：功率消耗大、处理时间长以及对人体有影响等。

（2）电离水除尘。电离水除尘的原理是：通过电离水使弥散于空气中的粉尘粒子及降尘雾滴带电，利用带电极性相反时相互吸引的原理，实现粉尘的凝聚沉降。据报道，国外矿山使用 R、E、A 静电喷涂的喷枪，在 30kV 的电压、500mA 的电流及 28.2L/min 的流量下，使降尘雾滴充正电达到了良好的降尘效果。

（3）声波雾化降尘技术。调查发现，当前的喷雾降尘技术，普遍存在着降低呼吸性粉尘效果差、耗水量大的缺点，其降尘率一般只有 30%左右。

为改善和提高喷雾降低呼吸性粉尘效果，矿炭科学总院重庆分院研究了声波雾化降尘技术。该项技术是利用声波凝聚、空气雾化的原理，从提高尘粒与尘粒、雾粒与尘粒的凝聚效率以及雾化程度来提高呼吸性粉尘的降尘效率。

（4）预荷电高效喷雾降尘技术。基础研究的结果表明，荷电水雾对呼吸性粉尘的降尘效果是随水雾荷质比的提高而线性上升的，最高可达 75.7%，说明这一技术途径是可行的。实现这一目的的技术关键是能研制出耗水量小、雾化效果显著、雾粒密度大而且水雾能够荷上足够多的电荷的电介喷嘴，即这种喷嘴是建立在传统喷雾降尘机理和电力作用机理的综合作用基础上的特殊雾化元件。

4.1.5.3 密闭抽尘及净化

A 密闭

密闭的目的是把局部尘源所产生的矿山粉尘限制在密闭空间之内，防止其飞扬扩散，污染作业环境，同时为抽尘净化创造条件。密闭净化系统由密闭罩、排尘风筒、除尘器和风机等组成。矿山用密闭净化系统有以下形式。

a 吸尘罩

尘源位于吸尘罩口外侧的不完全密闭形式，依靠罩口的吸气作用吸捕矿山粉尘。由于罩口外风速随距离而急速衰减，控制矿山粉尘扩散的能力及范围有限，适用于不能完全密闭起来的产尘点或设备，如装车点、采掘工作面、锚喷作业等。

b 密闭罩

将尘源完全包围起来，只留必要的观察或操作口。密闭罩防止粉尘飞扬效果好，适用于较固定的产尘点各设备，如胶带运输机转载点、干式凿岩机、破碎机、翻笼、溜矿井等。

B 抽尘风量

a 吸尘罩

为保证吸尘罩吸捕矿山粉尘的作用，按下式计算吸尘罩的风量 q_V(m^3/s)：

$$q_V = (10x^2 + A)v_a \tag{4-3}$$

式中，x 为尘源距罩口的距离，m；A 为吸尘罩口断面积，m^2；v_a 为要求的矿山粉尘吸捕风速，m/s，一般取 1～2.5m/s。

b　密闭罩

如矿岩有落差，产尘量大，矿山粉尘可逸出时，需采取抽出风量的方法，在罩内形成一定的负压，使经缝隙向内造成一定的风速，以防止矿山粉尘外逸。风量主要考虑如下两种情况。

（1）罩内形成负压所需风量 q_V 可按下式计算：

$$q_{V1} = \left(\sum A\right)u \tag{4-4}$$

式中，A 为密闭罩缝隙与孔口面积总和，m^2；u 为要求通过孔隙的气流速度，m/s，矿山可取 1～2m/s。

（2）矿岩下落形成的诱导风量 q_{V2}。某些产尘设备，如运输机转载点，破碎机供料溜槽、溜矿井等，矿岩从一定高度下落时，产生诱导气流，使空气量增加且有冲击气浪。所以，在风量 q_V 基础上，还要加上诱导风量 q_{V2}。

诱导风量 q_{V2} 与矿岩量、块度、下落高度、溜槽断面积和倾斜角度以及上下密闭程度等因素有关，目前多采用经验数值。各设计手册给出了典型设备的参考数，表 4-5 是胶带运输机转载点抽风量参考值。

表 4-5　胶带运输机转载点抽风量参考值

溜槽角度/(°)	高差/m	物料末速/$m \cdot s^{-1}$	不同皮带宽度下的抽风量/$m^3 \cdot s^{-1}$					
			500			1000		
			q_{V1}	q_{V2}	$q_{V1}+q_{V2}$	q_{V1}	q_{V2}	$q_{V1}+q_{V2}$
45	1.0	2.1	50	750	800	200	1100	1300
	2.0	2.9	100	1000	1100	400	1500	1900
	3.0	3.6	150	1300	1450	600	1800	2400
	4.0	4.2	200	1500	1700	800	2100	2900
	5.0	4.7	250	1700	1950	1000	2400	3400
60	1.0	3.3	150	1200	1350	500	1700	2200
	2.0	4.6	250	1600	1850	950	2300	3250
	3.0	5.6	350	2000	2350	1400	2800	4200
	4.0	6.5	500	2300	2800	1900	2300	5200
	5.0	7.3	600	2600	3200	2400	3700	6100

C　除尘器

密闭系统中含尘空气经风筒与风机抽出后，如不能直接排到回风巷道，必须用除尘器净化。达到卫生要求后，才能排到巷道中。

a 除尘器的类型和性能

除尘器的类型按除尘作用机理可分为以下四种。

（1）机械除尘器。机械除尘技术是指依靠机械力进行除尘的技术，包括重力沉降室、惯性除尘器和旋风除尘器等，其结构简单、成本低，但除尘效率不高，常用作多级除尘系统的前级。

（2）过滤除尘器。它包括袋式除尘器、纤维层除尘器、颗粒层除尘器等，其原理是利用矿山粉尘与过滤材料间的惯性碰撞、拦截、扩散等作用而捕集矿山粉尘。这类除尘器结构比较复杂，除尘效率高，但如果矿山粉尘含湿量大时，滤料容易黏结，影响其性能。

（3）湿式除尘器。湿式除尘技术也称为洗涤式除尘技术，是一种利用水（或其他液体）与含尘气体相互接触，伴随有热量、质量的传递，经过洗涤使尘粒与气体分离，包括水浴除尘器、泡沫除尘器等。这类除尘器主要用水做除尘介质，结构简单，效率较高，但需处理污水，且矿井供排水系统应完善，应用较多。

（4）电除尘器。这是利用静电作用的原理捕集粉尘的设备，包括干式与温式静电除尘器。它利用电离分离捕集矿山粉尘，除尘效率高，造价较高，但在有爆炸性气体和过于潮湿环境，不适于采用。每类除尘器都有多种形式，并向多机理复合作用除尘器发展。

b 除尘器性能

（1）除尘效率

1）总除尘效率。指含尘气流通过除尘器时，所捕集下来的粉尘量占进入除尘器的总粉尘量的百分数，简称除尘效率，可按下式计算：

$$\eta = \frac{m_c}{m_i} \times 100 \tag{4-5}$$

式中，η 为除尘效率,%；m_i 为进入除尘器的粉尘量，mg/s；m_c 为被捕集的粉尘量，mg/s。

在除尘器运行中，通常测定其入口风量与粉尘浓度、排出口风量与粉尘浓度。在入、排风量相等条件下，除尘效率可依下式计算：

$$\eta = \left(1 - \frac{C_0}{C_i}\right) \times 100 \tag{4-6}$$

式中，C_i 为除尘器入口风流中的粉尘浓度，mg/m^3；C_0 为除尘器排出风流中的粉尘浓度，mg/m^3。

多级串联工作除尘器的总除尘效率，按下式计算：

$$\eta = [1 - (1 - \eta_1)(1 - \eta_2)\cdots(1 - \eta_i)] \times 100\% \tag{4-7}$$

式中，η 为总除尘效率,%；η_i 为每一级除尘器清除风流中粉尘的能力，除决定于其结构形式外，还与粉尘的浓度、粒径分布、密度等性质及运行条件等因素有关。

2）分级除尘效率。除尘器的除尘效率与粉尘粒径有直接关系。对某一粒径或粒径区间原粉尘的除尘效率称为分级除尘效率 η，用下式表示。

$$\eta = \frac{m_{cd}}{m_{id}} \times 100 \tag{4-8}$$

式中，m_{id}为进入除尘器的粒径区间为 d 的粉尘量，mg/s；m_{cd}为除尘器所捕集的粒径区间为 d 的粉尘量，mg/s。

实际运行中通过测定除尘器入、排风口的粉尘浓度与质量分散度，在入、排风风量相等条件下，用下式计算分级除尘效率。

$$\eta = \left(1 - \frac{C_0 w_{cd}}{C_i w_{id}}\right) \times 100 = \left[1 - (1 - \eta)\frac{w_{cd}}{w_{id}}\right] \times 100 \tag{4-9}$$

式中，w_{id}为进入除尘器原粉尘中粒径区间为 d 的尘粒质量百分数；w_{cd}为除尘器排出粉尘中粒径区间为 d 的尘粒质量百分数；其他符号意义同前。

3）分级除尘效率曲线。将各粒径区间的分级除尘效率分别计算后，画在除尘效率-粒径坐标上，连成平滑曲线即为分级除尘效率曲线，它可形象地表示除尘器对不同粒径尘粒的除尘效率，便于根据粉尘状况选择除尘器和对除尘器间进行比较。

4）通过率 D。通过率是指从除尘器排出风流中仍含有的粉尘量占进入除尘器粉尘量的百分数，它可明显表示出除尘后的净化程度，用下式表示。

$$D = (1 - \eta) \times 100\% \tag{4-10}$$

（2）阻力

阻力是指除尘器入口与出口间的压力损失，主要决定于除尘器的结构形式。

工程中常用除尘器阻力系数，由下式表示。

$$h = \xi\left(\frac{1}{2}\rho v^2\right) \tag{4-11}$$

式中，ξ 为除尘器阻力系数，量纲为 1，实验值；v 为与 ξ 相对应的风速，m/s；ρ 为空气密度，kg/m^3。

（3）处理风量

除尘器的处理风量应满足净化系统风量的要求。各类除尘器及其不同规格、型号，都有最适宜的处理风量范围，作为选用的依据。

（4）经济性能

经济性能包括除尘器设备费、辅助设备费、运转费，维修费以及占地面积等。各类除尘器的主要性能见表 4-6。

表 4-6 各类除尘器的主要性能

除 尘 器		净化程度	最小捕集粒径 /μm	初含尘浓度 /g·m^{-3}	阻力/Pa	除尘效率/%
重力沉降室		粗净化	50~100	>2	50~100	<50
惯性除尘器		粗净化	20~50	>2	300~800	50~70
旋风除尘器	中效	粗、中净化	20~40	>0.5	400~800	60~85
	高效	中净化	5~10	>0.5	1000~1500	80~90
湿式除尘器	水浴除尘器	粗净化	2	<2	200~500	85~95
	立式旋风水膜除尘器	各种净化	2	<2	500~800	85~90
	卧式旋风水膜除尘器	各种净化	2	<2	750~1250	98~99
	泡沫除尘器	各种净化	2	<2	300~800	80~95
	冲击除尘器	各种净化	2	<2	1000~1600	95~98
	文丘里洗涤器	细净化	<0.1	<15	5000~20000	90~98
袋式除尘器		细净化	<0.1	<30	800~1500	>99
电除尘器	湿式	细净化	<0.1	<30	125~200	90~98
	干式	细净化	<0.1		125~200	90~98

D 矿用除尘器

由于矿山的特殊工作条件（如工作空间较小、分散、移动性强、环境潮湿等），除某些固定产尘点（如破碎硐室、装载硐室、溜矿井等）可以选用通用的标准产品外，常常要根据矿井工作条件与要求，设计制造比较简便的除尘器。矿山常用除尘器类型如下。

a 旋风除尘器及其工作原理

如图 4-22 所示，含尘气流以较高的速度（14~24m/s），以切向方向沿外圆筒流进除尘器后，由于受到外筒上盖及内筒壁的限流，迫使气流做自上而下的旋转运动。在气流旋转运动过程中形成很大的离心力，尘粒受到离心力作用，因其密度比空气大得多，使其从旋转气流中分离出来并依靠旋转气流的诱导及重力作用，甩向器壁而下落于集尘箱中。净化后气流旋转向上，由内圆筒排出。在旋转气流中，尘粒获得的离心力 F 用下式计算：

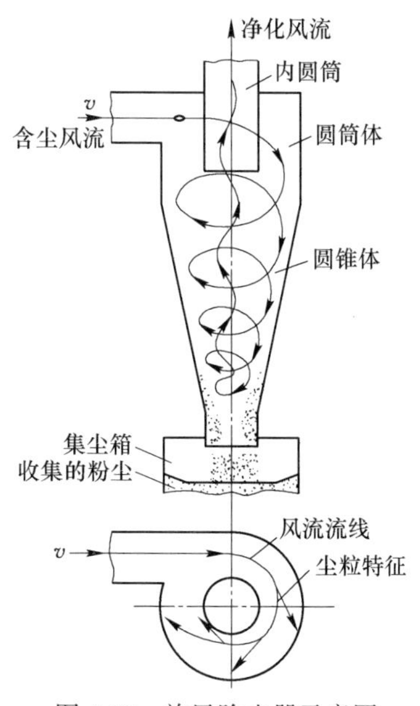

图 4-22 旋风除尘器示意图

$$F = \frac{\pi}{6} \times d_p^3 \times \rho_p \times \frac{v_t^2}{R} \qquad (4\text{-}12)$$

式中，d_p 为尘粒直径，m；ρ_p 为尘粒密度，

kg/m^3；v_t 为尘粒的流线速度，m/s；R 为旋转半径，m。

旋风除尘的分离粉尘过程是比较复杂的，有多种结构形式，对粒径 10μm 以上的矿山粉尘除尘效率较高，矿山多用作前级预除尘。

b　袋式除尘器

袋式除尘器是一种使含尘气流通过由致密纤维滤料做成的滤袋，将粉尘分离捕集的除尘装置，袋式除尘器主要由袋室、滤袋、框架、清灰装置等部分组成。其捕尘机理如图 4-23 所示。

初始滤料是清洁的，含尘气流通过时，主要靠粉尘与滤料纤维间的惯性碰撞、拦截、扩散及静电吸引等作用，将粉尘阻留在滤料上。机织滤料主要是将粉尘阻留于表面，非机织滤料除表面外还能深入内部，但都是在滤料表面形成一初始粉尘层。初始粉尘层比滤料更致密，孔隙曲折，细小而且均匀，捕尘效率增高，这是袋式除尘器的主要捕尘过程。图 4-24 表示新的与积尘后滤布的除尘效率的变化。

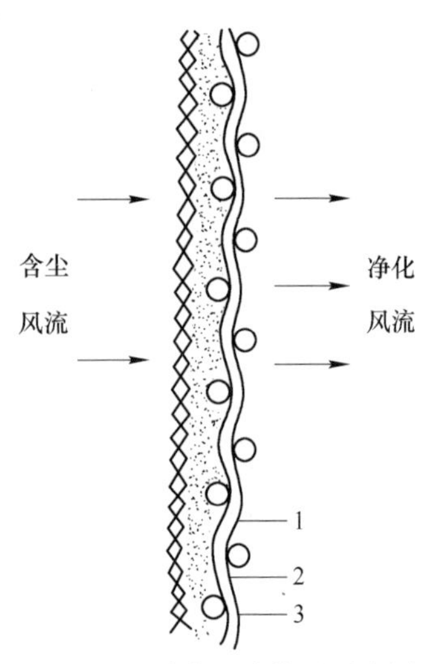

图 4-23　滤布过滤作用示意图

1—滤布；2—初始层；3—捕集粉尘

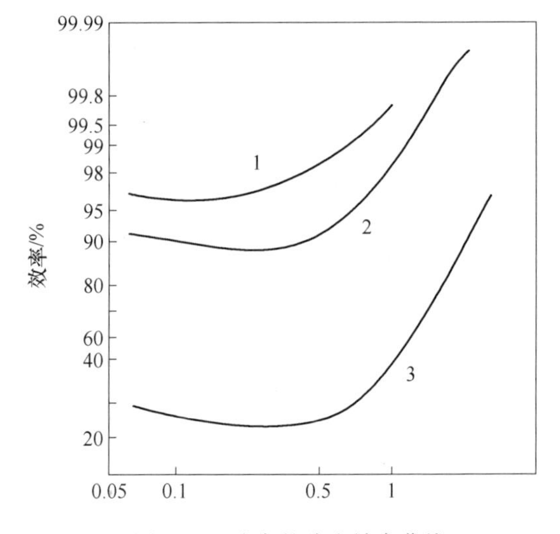

图 4-24　滤布的除尘效率曲线

1—积尘后；2—振打后；3—新滤布

初始粉尘层形成后捕尘效率提高，继续捕集粉尘；随着捕集粉尘层的增厚，效率虽仍有增加，但阻力随之增大。阻力过高，将减少处理风量且可使粉尘穿透滤布而降低效率，所以，当阻力达到一定程度（1000～2000Pa）时，要进行清灰。清灰要在不破坏初始粉尘层情况下，清落捕集粉尘层。清灰方式有机械振动、逆气流反吹、压气脉冲喷吹等。常用滤料有涤纶绒布、针刺毡等。为增加过滤面积多将滤料做成圆筒（扁）袋形，多条并列。过滤风速一般为 0.5～2m/s，阻力控制在 1000～2000Pa 之间。适用于非纤维性、非黏结性粉尘。

袋式除尘器一般由箱体滤袋架及滤袋、清灰机构、灰斗等组成，用风机或引射器作动力。图 4-25 为一简易袋式除尘器。

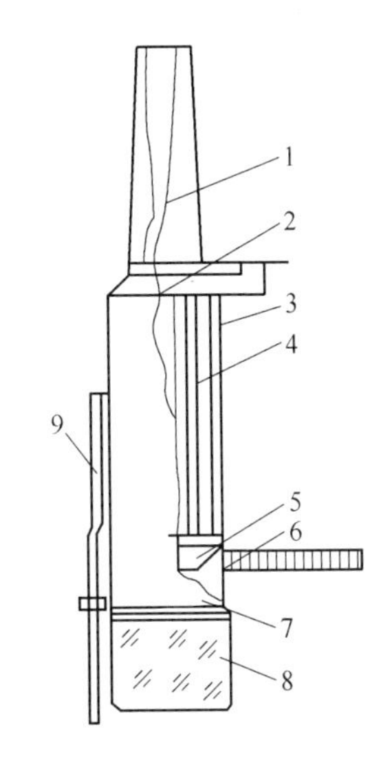

图 4-25 凿岩用袋式除尘器

1—引射器；2—压气阀；3—振动器；4—布袋；5—椎体；6—尘气入口；7—箱体；8—储尘器；9—支架

c 纤维层过滤器中的纤维层滤料

它是用短纤维制成的蓬松的絮状过滤材料。含尘气流通过纤维层时，粉尘被纤维捕获并沉积在纤维层内部。随着粉尘沉积量的增多，在纤维上形成链状聚合体，滤料的孔隙变得致密和均匀，除尘效率和阻力都随之增高。当达到一定容尘量时，部分沉积粉尘能透过滤料，效率开始下降；下降到设计规定的数值时，需更换新滤料，适用于低含尘浓度气流的净化。国产涤纶纤维层滤料有多种型号，除尘效率为 70%~90%，阻力为 100~500Pa，过滤风速为 0.5~2m/s。常利用框架固定滤料，做成 V 形袋状。

d 水浴除尘器

在湿式除尘器中，为增加含尘气流中粉尘与水的碰撞接触机会，要使水形成水滴、水膜或泡沫，以提高除尘效率。水浴除尘器是构造简单的一种，如图 4-26 所示，含尘气流经喷头高速喷出，冲击水面并急剧转弯穿过水层，激起大量水滴分散于筒内，粉尘被湿润后沉于筒底，风流经挡水板除雾后排出。除尘效率与喷射速度（一般取 8~12m/s）、喷头淹没深度 h（一般取 20~30mm）等因素有关，除尘效率一般为 80%~90%，阻力为 500~1000Pa。

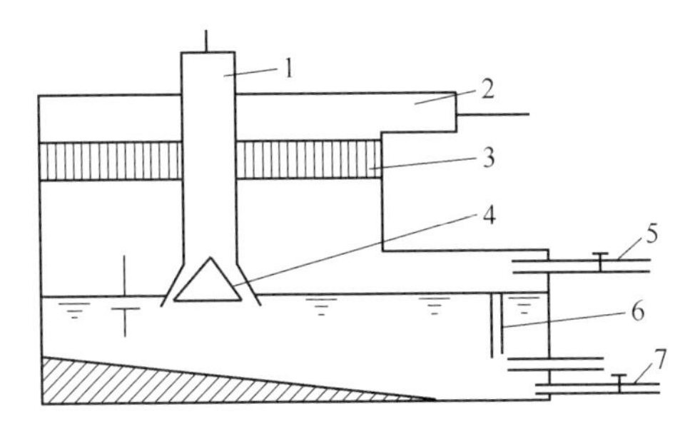

图 4-26 水浴除尘器示意图

1—进风管；2—排风管；3—挡风板；4—喷头；5—供水管；6—溢流管；7—污水管

e 湿式旋流除尘风机

它由湿润凝集筒、扇风机、脱水器及后导流器四部分组成。含尘气流进入除尘风机即与迎风的喷雾相遇，然后又通过已形成水膜的冲突网；粉尘被湿润并凝聚，再进入扇风机。扇风机起通风动力和旋流源作用。为增强对粉尘的湿润，在第一级叶轮的轴头上装发雾盘，与叶轮一起旋转，将水分散成微细水滴。含尘风流高速通过风机并产生旋转运动进入脱水器，被水滴捕获的粉尘及水滴，受离心力作用被抛向脱水器筒壁并被集水环阻挡而流到储水槽中，风流经后导流器流出，风机的电动机要加防水密封。冲突网一般由 2~5 层 16~60 目的金属网或尼龙网组成，网孔小、尼龙网易被粉尘堵塞；金属网易腐蚀，除尘效率为 85%~95%，阻力为 2000~2500Pa，耗水量约 15L/min。

f　旋流粉尘净化器

这是一种利用喷雾的湿润凝集和旋流的离心分离作用的除尘器，如图 4-27 所示为圆筒形构造，可直接安装在掘进通风风筒的任一位置。为此，其进、排风口的断面应与所选用的风筒断面相配合。在除尘器进风断面变化处安设圆形喷雾供水环，其上面间隔 120°装 3 个喷嘴。在筒体内固定支架上装带轴承叶轮，叶轮上安装 6 个扭曲叶片，叶片扭曲 100~120，并使叶片扭曲斜面与喷嘴射流的轴线正交。在排风侧设迎风 45°的流线形百叶板，筒体下设集水箱和排水管。

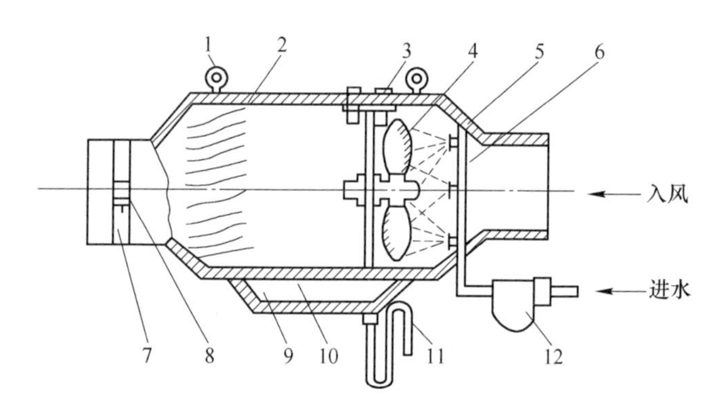

图 4-27　旋流粉尘净化器

1—吊挂环；2—流线型百叶板；3—支撑架；4—带轴承叶轮；5—喷嘴；6—给水环；7—风筒卡紧板；8—螺栓；9—回收尘泥孔板；10—集水箱；11—排水 U 形管；12—滤清器

除尘器工作时，由矿井供水管供水，经滤水器和供水环上的喷嘴喷雾，同时，含尘风流进入除尘器后，因断面变大而风速降低，大颗粒矿山粉尘沉降，大部分矿山粉尘与水滴相碰撞而被湿润。在喷雾与风流的共同作用下，叶片旋转，使风流产生旋转运动，被湿润的矿山粉尘和水滴被抛向器壁，流入集水箱，经排水管排出。

未能被分离捕获的矿山粉尘和水滴，又被百叶板所阻挡，再一次被捕集而流入集水箱。迎风百叶板的前后设清洗喷嘴，可定期清洗积尘。除尘效率为 80%~90%，阻力约为 200Pa，耗水量约为 15L/min。

g 湿式过滤除尘器

湿式过滤除尘器是利用抗湿性化学纤维层滤料、不锈钢丝网或尼龙网作过滤层并连续不断地向过滤层喷射水雾，在过滤层上形成水珠和水膜的除尘作用综合在一起的除尘装置。由于在滤料中充满水珠和水膜，含尘气流通过时，增加了矿山粉尘与水及纤维的碰撞接触概率，提高了除尘效率。水滴碰撞并附着在纤维上因自重而下降，在滤料内形成下降水流，将捕集的矿山粉尘冲洗带下，流入集水筒中，起到经常清灰的作用，可保持除尘效率和阻力的稳定，并能防止粉尘二次飞扬。如图 4-28 所示为湿式过滤除尘器的一种结构形式，由箱体、滤料及框架、供水和排水系统等部分组成。利用矿井供水管路供水，设有水净化器，以防水中杂物堵塞喷嘴。喷嘴数目及布置，根据设计喷水量及均匀喷雾的要求确定。箱体下设集水筒，可直接将污水排到矿井排水沟，排水应设水封，以防漏风。为防止排风带出水滴，箱体内风速应不大于 4m/s，同时在排风侧设挡水板。滤料用疏水性化学纤维层，厚度 5~10L/cm^2 · min，除尘效率在 95%以上。分级除尘效率曲线如图 4-29 所示，阻力小于 1000Pa。

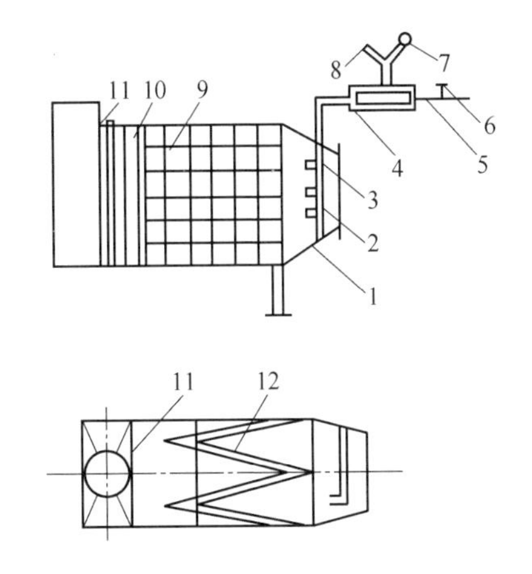

图 4-28 湿式过滤除尘器

1—箱体；2—喷嘴；3—供水管；4—水净化器；
5—总供水管；6—水阀门；7—水压表；
8—水电继电器；9—滤料架；10—松紧装置；
11—挡水板；12—集水桶

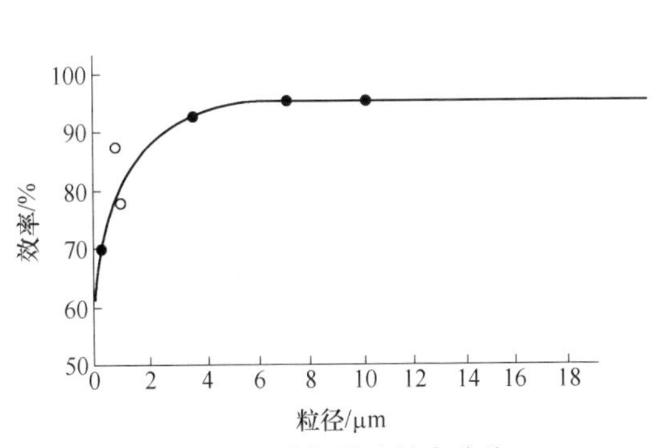

图 4-29 分级除尘效率曲线

总之，随着矿山机械化程度的不断提高，与之配套的除尘器集中净化除尘已势在必行。目前，国内外研制的除尘器种类繁多、除尘原理各异，其除尘效果也有差别。但是，各类除尘器只有满足一定的技术要求和参数，才能在矿井下应用。

各类除尘器的除尘效率应符合表 4-7 的规定。

表 4-7　各类除尘器的除尘效率　（%）

项　目	除尘器种类							
	空气过滤除尘器	旋风除尘器	湿式旋流除尘器	布袋除尘器	湿式除尘风机	冲击式除尘器	文丘里除尘器	湿式过滤除尘器
总粉尘除尘效率	≥85	≥85	≥90	≥90	≥95	≥95	≥99	≥97
呼吸性粉尘除尘效率	≥60	≥60	≥65	≥90	≥75	≥70	≥90	≥80

E　密闭抽尘净化系统

一般由密闭（吸尘）罩、风筒、除尘器及风机等部分组成，风筒与风机的选择应根据具体条件设计。矿井有许多产尘量大且比较集中的尘源，为保证作业环境符合矿山粉尘浓度达到卫生要求和不污染其他工作地点，采取抽尘净化系统，就地消除矿山粉尘，是经济而有效的方法，如掘进工作面、溜矿井、装载站、破碎机、运输机、锚喷机、翻笼等尘源，皆可考虑采取这一防尘措施。其应用情况简介如下。

（1）溜井进井密闭与喷雾，适用于作业量较少，产尘量不高的溜井，如图4-30所示就是一例。井口密闭门采用配重方式关启，平时关闭，卸矿时靠矿石冲击开启。喷雾与卸矿联动，可采取脚踏、车压、机械杠杆、电磁阀等控制方式。如产尘量较大，也可设吸尘罩抽尘净化。

（2）溜井抽尘净化，适用于卸矿频繁，作业量大，产尘量高的溜井，如图4-31所示就是一例。在溜井口下部，开凿一条专用排尘巷道，通向附近的进（排）风巷道。

在排尘巷道中设风机与除尘器，抽出溜井内含尘风流诱导风流，并配合良好的溜井口密闭，可取得较好的防尘效果。

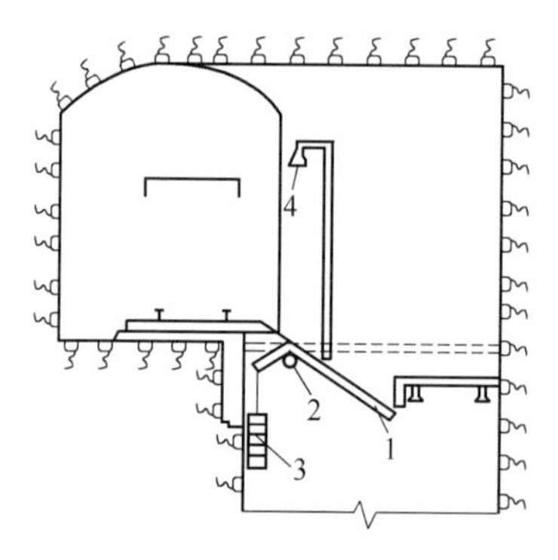

图 4-30　溜井进井密闭与喷雾

1—活动密闭门；2—轴；3—配重；4—喷雾器

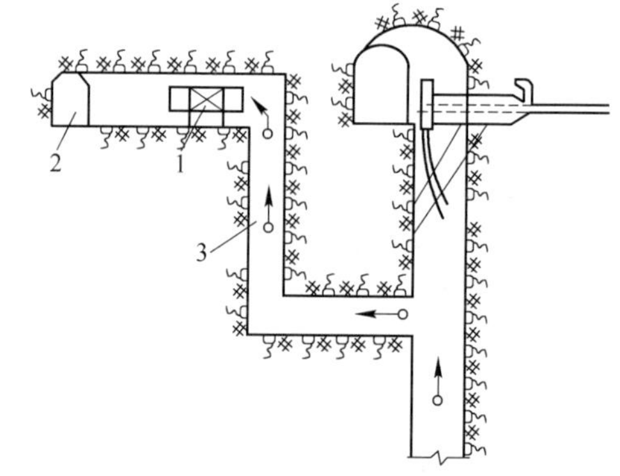

图 4-31　溜井抽尘净化

1—除尘器；2—巷道；3—含尘风流

（3）干式凿岩捕尘。湿式凿岩的方法并不是在所有的矿井都能使用。在水源缺乏的矿井，冰冻期长而又无采暖设备的北方矿山，以及不宜用水作业溜井进井密闭与喷雾的特殊岩层（如遇水膨胀的泥页岩层等），都要考虑采用干式凿岩方法。为了减少干式凿岩产生的大量粉尘，可采用干式捕尘系统，如图 4-32 所示是中心抽尘干式凿岩捕尘系统示例。抽尘系统用压气引射器做动力（负压为 30~50kPa），矿山粉尘经钎头吸尘孔、钎杆中孔、凿岩机导管及吸尘软管排到旋风积尘筒；大颗粒粉尘在积尘筒内沉防，微细尘粒经滤袋净化后排出。

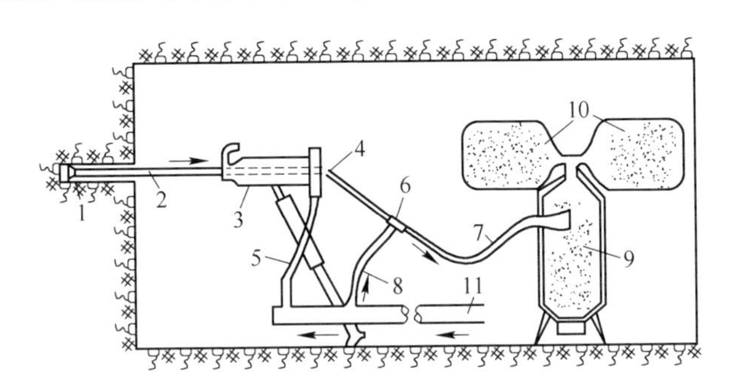

图 4-32 干式凿岩捕尘系统示意图

1—钎头；2—钎杆；3—凿岩机；4—接头；5—压风管；6—引射器；7—吸尘器；8—压风管；9—旋风积尘筒；10—滤袋；11—总压风管

中国矿山采用较多的还有 75-1 型孔口捕尘器，如图 4-33 所示。

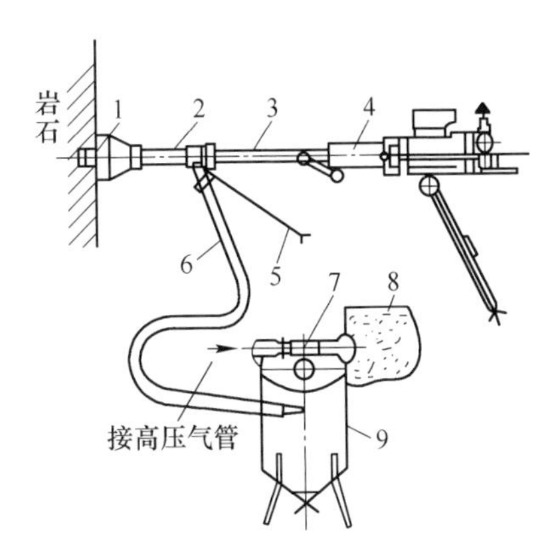

图 4-33 75-1 型孔口捕尘器示意图

1—捕尘罩；2—捕尘塞；3—钎杆；4—凿岩机；5—固定叉；6—吸尘管；7—引射器；8—吸尘袋；9—滤尘筒

（4）破碎机除尘。井下破碎机硐室应有进、排风巷道，风量按每小时换气 4~6 次计算。破碎机要采取密闭抽尘净化措施。如图 4-34 所示是井下颚式破碎机密闭抽尘净化系统示例。为避免矿山粉尘在风筒内沉积，风筒排尘风速取 15~18m/s。

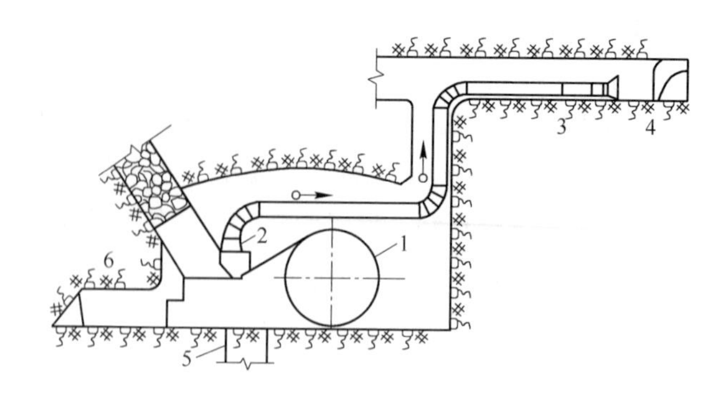

图 4-34　颚式破碎机密闭抽尘净化系统示意图

1—破碎机密闭室；2—吸尘罩；3—除尘器与风机；4—抽风管道；5—溜矿井；6—进风巷道

4.2　矿山常见刺激性气体的防控措施

大部分刺激性气体中毒因意外事故所致。因此，建立经常性的设备检查、维修制度和严格执行安全操作规程，防止生产过程中的跑、冒、滴、漏，杜绝意外事故发生应是预防工作的重点。预防与控制原则主要包括：操作控制和管理控制。

4.2.1　操作预防与控制

通过采取适当的措施，消除或降低作业场所正常操作过程中的刺激性气体的危害。

4.2.1.1　技术措施

采用耐腐蚀材料制造的生产设备并经常维修，防止生产工艺流程的跑、冒、滴、漏；生产和使用刺激性气体的工艺流程应进行密闭抽风；物料输送、搅拌采用自动化。

4.2.1.2　应急救援措施

设置报警装置，易发生事故的场所应配备必要的现场急救设备，如防毒面具、冲洗器及冲洗液、应急撤离通道和必要的泄险区等。

4.2.1.3　环境监测措施

对作业场所定期进行空气中刺激性气体浓度监测，及时发现问题，采取相应维修或改进措施，确保工人的作业场所安全。

4.2.1.4 个人防护措施

应选用有针对性的耐腐蚀防护用品（工作服、手套、眼镜、胶鞋、口罩等）。穿着聚氯乙烯、橡胶等制品的工作服；佩戴橡胶手套和防护眼镜；接触二氧化硫、氯化氢、酸雾等应佩戴碳酸钠饱和溶液及10%甘油浸渍的纱布夹层口罩；接触氯气、光气时用碱石灰、活性炭作吸附剂的防毒口罩；接触氨时可佩戴硫酸铜或硫酸锌防毒口罩。接触氟化氢时使用碳酸钙或乳酸钙溶液浸过的纱布夹层口罩；防毒口罩应定期进行性能检查，以防失效。选用适宜的防护油膏防护皮肤和鼻黏膜污染，3%氧化锌油膏防酸性物质污染，5%硼酸油膏防碱性物质污染；防止牙齿酸蚀症可用1%小苏打或白陶土溶液漱口。

4.2.2 管理预防和控制

管理预防和控制是指按照国家法律、法规和标准建立起来的管理制度、程序和措施，是预防和控制作业场所中刺激性气体危害的一个重要方面。

（1）职业安全管理预防和控制。加强刺激性气体在生产、贮存、运输、使用中的严格安全管理，严格按照有关规章制度执行。安全贮存，所有盛装刺激性物质的容器应防腐蚀、防渗漏、密封，同时加贴安全标签；贮运过程应符合防爆、防火、防漏气的要求；做好废气的回收利用等。

（2）职业卫生管理预防和控制。健康监护措施：执行工人就业前和定期体格检查制度，发现明显的呼吸系统疾病、明显的肝和肾疾病、明显的心血管疾病，应禁止从事刺激性气体作业以及早期不良影响，必须采取相应措施。

（3）职业安全与卫生培训教育。培训教育工人正确使用安全标签和安全技术说明书，了解所使用化学品的易爆危害、健康危害和环境危害，掌握相应个体防护用品的选择、使用、维护和保养等，掌握特定设备和材料如急救、消防、溅出和泄漏设备的使用，掌握必要的自救、互救措施和应急处理方法。应根据岗位的变动或生产工艺的变化，及时对工人进行重新培训。

4.3 矿山常见窒息性气体的控制措施

4.3.1 操作预防与控制

窒息性气体事故的主要原因是：设备缺陷和使用中发生跑、冒、滴、漏；缺乏安全作业规程或违章操作。中毒死亡多发生在现场或送医院途中。现场死亡除窒息性气体浓度高外，主要由于施救者不明发生窒息事故的原因，缺乏急救的安全措施，施救过程不做通风或通风不良而导致施救者也窒息死亡；缺乏有效的防护面具；劳动组合不善，在窒息性气体环境单独操作而得不到及时发现与抢救，或窒息昏倒于水中溺死。据此，预防窒息性气体中毒的重点在于以下几个方面。

（1）定期设备检修，防止跑、冒、滴、漏。

（2）窒息性气体环境设置警示标识，装置自动报警设备，如一氧化碳报警器、氧浓度报警器等。

（3）添置有效防护面具，并定期进行维修与效果检测。

（4）高浓度或通风不良的窒息性气体环境作业或抢救，应先进行有效的通风换气，通风量不少于环境容量的 3 倍，佩戴防护面具，并有人保护。

（5）加强个人防护，进入高浓度一氧化碳的环境工作时，要佩戴特制的一氧化碳防毒面具，两人同时工作，以便监护和互助。

4.3.2 管理预防与控制

（1）加强预防一氧化碳中毒的卫生宣传，普及自救、互救知识。

（2）认真执行安全生产制度和操作规程。

（3）加强卫生宣教，做好上岗前安全与健康教育，普及急救互救知识和技能训练。

（4）严格执行职业卫生标准的规定，非高原一氧化碳的时间加权平均容许浓度（PC-TWA）20mg/m^3；高原海拔 2000～3000m 最高容许浓度为 20mg/m^3，海拔大于 3000m 的最高容许浓度为 15mg/m^3。

4.4 矿山物理因素的防控措施

4.4.1 高低温作业的防控措施

4.4.1.1 防暑降温的防控措施

按照高温作业卫生标准采取一系列综合防暑降温措施是预防与控制热致疾病与热损伤的必要途径。多年来，我国总结了一套综合性防暑降温措施，对保护高温作业工人的健康起到积极作用。

A 技术措施

（1）合理设计工艺流程。合理设计工艺流程，改进生产设备和操作方法是改善高温作业劳动条件的根本措施。热源的布置应符合下列要求：1）尽量布置在车间外面。2）采用热压为主的自然通风时，尽量布置在天窗下面。3）采用穿堂风为主的自然通风时，尽量布置在夏季主导风向的下风侧。4）对热源采取隔热措施。5）使工作地点易于采用降温措施，热源之间可设置隔墙（板），使热空气沿着隔墙上升，经过天窗排出，以免扩散到整个车间。热成品和半成品应及时运出车间或堆放在下风侧。

（2）隔热。隔热是防止热辐射的重要措施，可以利用水或导热系数小的材料进行隔热，其中尤以水的隔热效果最好，水的比热大，能最大限度地吸收辐射热。

（3）通风降温。1）自然通风。任何房屋均可通过门窗、缝隙进行自然通风换气，高温车间仅仅靠这种方式是不够的，热量大、热源分散的高温车间，每小时需换气30~50次以上，才能使余热及时排出，此时必须把进风口和排风口配置得十分合理，充分利用热压和风压的综合作用，使自然通风发挥最大的效能。2）机械通风。在自然通风不能满足降温的需要或生产上要求车间内保持一定的温度与湿度时，可采用机械通风。

B 保健措施

（1）供给饮料和补充营养。高温作业工人应补充与出汗量相等的水分和盐分，补充水分和盐分的最好办法是供给含盐饮料，一般每人每天供水3~5L，盐20g左右。在8小时工作日内汗量少于4L时，每天从食物中摄取15~18g盐即可，不一定从饮料中补充；若出汗量超过此数时，除从食物摄取盐外，尚需从饮料适量补充盐分。饮料的含盐量以0.15%~0.2%为宜。饮水方式应做到少量多次。

在高温环境劳动时，人的能量消耗增加，故膳食总热量应比普通工人的高，最好能达12600~13860kJ。蛋白质增加到总热量的14%~15%为宜。此外，可补充维生素和钙等。

（2）个人防护。高温工人的工作服应以耐热、导热系数小而透气性能好的织物制成。防止辐射热，可用白帆布或铝箔制作的工作服。工作服宜宽大又不妨碍操作。此外，按不同作业的需要，供给工作帽、防护眼镜、面罩、手套、鞋盖、护腿等个人防护用品。

（3）加强医疗预防工作。对高温作业工人应进行就业前和入暑前体格检查。凡有心血管系统器质性疾病、血管舒缩调节功能不全、持久性高血压、溃疡病、活动性肺结核、肺气肿、肝、肾疾病，明显的内分泌疾病（如甲状腺功能亢进）、中枢神经系统器质性疾病、过敏性皮肤瘢痕患者、重病后恢复期及体弱者，均不宜从事高温作业。

C 组织措施

我国防暑降温已有较成熟的经验，关键在于加强领导，改善管理，严格遵照国家有关高温作业卫生标准搞好厂矿防暑降温工作。根据地区气候特点，适当调整夏季高温作业劳动和休息制度。休息室或休息凉棚应尽可能设置在远离热源处，必须有足够的降温设施和饮料。大型厂矿可专门设立有空气调节系统的工人休息公寓，保证高温作业工人在夏季有充分的睡眠与休息，这对预防中暑有重要意义。

4.4.1.2　防寒保暖的防控措施

A　做好防寒和保暖工作

应按《工业企业设计卫生标准》和《采暖、通风和空气调节设计规范》的规定，提供采暖设备，使作业地点保持合适的温度。除低气温外，应注意风冷效应，常以风冷等感温度表示风冷效应。以冷环境下，裸露、无风状态作为比较的基础，风冷等感温度是因风速所增加的冷感，相当于无风状态下产生同等冷感的环境温度。美国 ACGIH 在冷环境负荷标准，采用风冷等感温度来评价低气温与风对机体的联合制冷效应，据此准备御寒服装，见表 4-8。在风冷等感温度-32℃环境下，不得长时间地工作。若在风冷等感温度-7℃环境持续工作，必须在附近建立暖和的庇护所。

表 4-8　风冷对机体裸露部位的作用强度

风速 /m·s^{-1}	实际气温/℃											
	10	4	-1	-7	-12	-18	-23	-29	-34	-40	-46	-51
	风冷等感温度/℃											
无风	10	4	-1	-7	-12	-18	-23	-29	-34	-40	-46	-51
2	9	3	-3	-8	-14	-21	-26	-32	-38	-44	-49	-55
5	4	-2	-8	-16	-23	-31	-36	-43	-50	-57	-64	-71
7	2	-6	-13	-21	-28	-36	-42	-50	-58	-65	-72	-80
9	0	-8	-16	-23	-32	-39	-47	-54	-63	-71	-79	-85
11	-1	-8	-18	-26	-33	-42	-51	-58	-67	-76	-82	-91
13	-2	-11	-19	-28	-36	-44	-53	-62	-70	-78	-88	-96
16	-3	-12	-20	-29	-37	-46	-55	-63	-72	-81	-89	-98
18	-3	-12	-21	-29	-38	-47	-56	-65	-73	-82	-91	-100
>18 无额外影响	危险性小；干爽皮肤暴露<1h，基本无危险；安全感可出现错误				危险性变大；暴露 1min 肉可结冻			危险性极大；暴露 30s 肉可冻结				
	在此温度范围，均可出现脚冻伤											

注：在此标记的风冷等感温度下工作，须提供干的御寒服装维持中心体温不低于 36℃。

B　个人防护

环境温度低于-1℃，尚未出现中心体温过低时，表浅或深部组织即可冻伤，因此手、脚和头部的御寒很重要。低温作业人员的御寒服装面料应具有导热性小，吸湿和透气性强的特性。在潮湿环境下劳动，应发给橡胶工作服、围裙、长靴等防湿用品。工作时若衣服浸湿，应及时更换并烘干。教育、告知工人体温过低的危险性和预防措施：肢端疼痛和寒战（提示体温可能降至35℃）是低温的危险信号，当寒战十分明显时应终止作业。劳动强度不可过高，防止过度出汗。禁止饮酒，酒精除影响注意力和判断力外，还由于使血管扩张，减少寒战，增加身体散热而诱发体温过低。

C 增强耐寒体质

人体皮肤在长期和反复寒冷作用下，会使表皮增厚，御寒能力增强而适应寒冷。故经常冷水浴或冷水擦身或较短时间的寒冷刺激结合体育锻炼，均可提高对寒冷的适应。此外，应适当增加富含脂肪、蛋白质和维生素的食物。

4.4.2 高低压作业的防控措施

4.4.2.1 高气压作业的防控措施

A 遵守安全操作规程

高气压作业后，须遵照安全减压时间表逐步返回到正常气压状态，目前多采用阶段减压法。加强安全卫生教育，让工人了解发病的原因和预防方法。为潜水作业的安全，必须做到潜水技术保证、潜水供气保证和潜水医务保证三者相互密切协调配合，潜水供气包括高压管路系统、装备的检查、维修、保养、配气等。

B 保健措施

工作前防止过劳，严禁饮酒，加强营养。对深海作业应保证高热量、高蛋白、中等脂肪量饮食，并适当增加各种维生素，如维生素E有抑制血小板凝集作用。工作时注意防寒保暖，工作后饮热饮料、洗热水澡等。做好就业前全面的体格检查，包括肩、膝关节及肢骨、股骨和腔骨的X线片检查，合格者才可参加工作；以后每年应做1次体格检查，并继续到停止高气压作业后3年为止。

职业禁忌证，凡患神经、精神、循环、呼吸、泌尿、血液、运动、内分泌、消化系统的器质性疾病和明显的功能性疾病者；患眼、耳、鼻、喉及前庭器官的器质性疾病者；此外，凡年龄超过50岁者，各种传染病患者、过敏体质者等也不宜从事此项工作。

4.4.2.2 低气压作业的防控措施

A 习服

（1）适应性锻炼。无高原生活经历的人进入高原环境时应尽可能逐步进入，先在海拔相对较低的区域进行一定的体力锻炼，以增强人体对缺氧的耐受能力。初入高原者应适当减少体力活动，以后根据适应情况逐渐增加活动量。

（2）适当控制登高速度与高度。登山时应坚持阶梯式升高的原则，根据个人适应情况控制登高速度与高度。

（3）营养与药物。高糖、低脂、充足的新鲜蔬菜水果及适量蛋白的饮食有助于人体适应高原环境，红景天等藏药可改善人体高原缺氧症状。

（4）预缺氧。缺氧预适应作为一种新的促习服措施正日益成为高原习服研究的热点。

B 减少氧耗，避免机体抵抗力下降

过重过久的体力活动、寒冷、感染、吸烟和饮酒均为高原病的诱因。因此，降低体力劳动强度、保暖、防止上呼吸道感染、节制烟酒可有效预防急性高原病的发生。

C 增加氧供，提高劳动能力

提高室内氧分压或间歇式吸氧可显著改善体力与睡眠。

职业禁忌证：凡有明显的心、肺、肝、肾等疾病，高血压Ⅱ期、各种血液病、红细胞增多症者等不宜进入高原地区。

4.4.3 噪声作业的控制措施

4.4.3.1 控制噪声源

根据具体情况采取技术措施，控制或消除噪声源，是从根本上解决噪声危害的一种方法。采用无声或低声设备代替发出强噪声的机械，如用无声锻压代替高噪声的锻压，以焊接代替铆接等，均可收到较好效果。

对于噪声源，如电机或空气压缩机，如果工艺过程允许远置，则应移至车间外或更远的地方。此外，设法提高机器制造的精度，尽量减少机器部件的撞击和摩擦，减少机器的振动，也可以明显降低噪声强度。在进行工作场所设计时，合理配置声源，将噪声强度不同的机器分开放置，有利于减少噪声危害。

4.4.3.2 控制噪声的传播

在噪声传播过程中，应用吸声和消声技术可以获得较好效果。采用吸声材料装饰在车间的内表面，如墙壁或屋顶，或在工作场所内悬挂吸声体，吸收辐射和反射的声能，可以使噪声强度减低。在某些特殊情况下（如隔音室），为了获得较好的吸声效果，需要使用吸声尖劈。

消声是降低流体动力性噪声的主要措施，用于风道和排气管，常用的有阻性消声器和抗性消声器，二者联合使用消声效果更好（如图 4-35 所示）。在某些情况下，还可以利用一定的材料和装置，将声源或需要安静的场所封闭在一个较小的空间中，使其与周围环境隔绝起来，即隔声，如隔声室、隔声罩等。

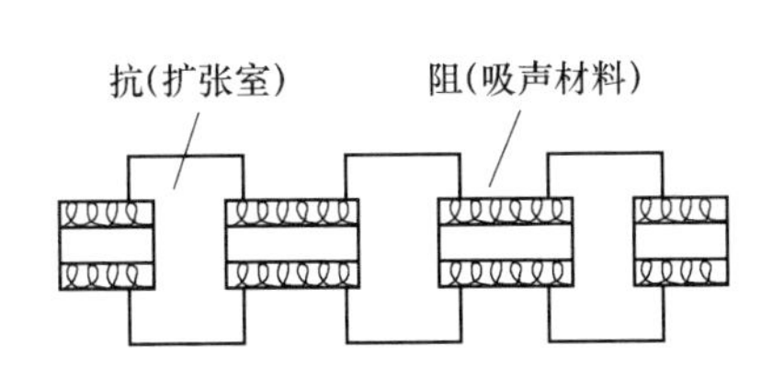

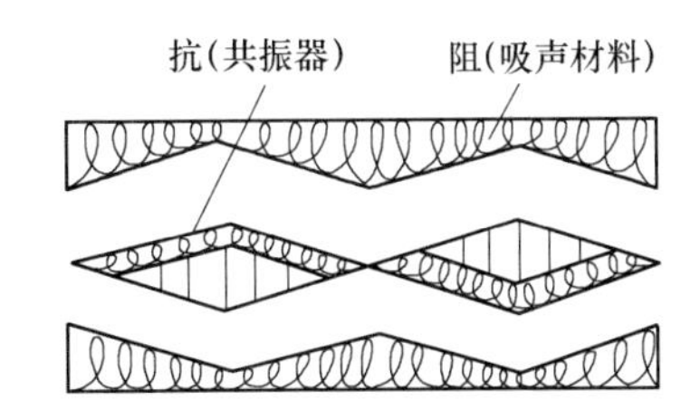

图 4-35 阻抗复合消声器

为了防止通过固体传播的噪声，在建筑施工中将机器或振动体的基础与地板、墙壁连接处设隔振或减振装置，也可以起到降低噪声的效果。

4.4.3.3 制订工业企业卫生标准

尽管噪声可以对人体产生不良影响，但在生产中要想完全消除噪声，既不经济，也不可能。因此，制订合理的卫生标准，将噪声强度限制在一定范围之内，是防止噪声危害的重要措施之一。我国现阶段执行的《工作场所有害因素职业接触限值 第2部分：物理因素》（GBZ 2.2—2007）规定：噪声职业接触限值为每周工作5天，每天工作8h，稳态噪声限值为85dB(A)，非稳态噪声等效声级的限值为85dB(A)；每周工作日不足5天,需计算40h等效声级，限值为85dB(A)，见表4-9。

表 4-9 工作场所噪声职业接触限值

接触时间	接触限值/dB(A)	备　注
5d/w＝8h/d	85	非稳态噪声计算8h等效声级
5d/w≠8h/d	85	计算8h等效声级
≠5d/w	85	计算40h等效声级

脉冲噪声工作场所，噪声声压级峰值和脉冲次数不应超过表4-10的规定。噪声测量方法，按GBZ/T 189.8—2007规定的方法进行。

表 4-10 工作场所脉冲噪声职业接触限值

工作日接触脉冲次数 n/次	声压级峰值/dB(A)
$n\leqslant100$	140
$100<n\leqslant1000$	130
$1000<n\leqslant10000$	120

4.4.3.4　健康监护

定期对接触噪声工人进行健康检查，特别是听力检查，观察听力变化情况，以便早期发现听力损伤，及时采取有效的防护措施。从事噪声作业的工人应进行就业前体检，取得听力的基础资料，便于以后的观察、比较。凡有听觉器官疾患、中枢神经系统和心血管系统器质性疾患或自主神经功能失调者，不宜从事强噪声作业。在对噪声作业工人定期进行体检时，发现高频听力下降者，应注意观察。对于上岗前听力正常，接触噪声 1 年便出现高频段听力改变，即在 3000、4000、6000Hz 任一频率、任一耳听阈达 65dB（HL）者，应调离噪声作业岗位。对于诊断为轻度以上噪声聋者，更应尽早调离噪声作业，并定期进行健康检查。

4.4.3.5　合理安排劳动和休息

噪声作业应避免加班或连续工作时间过长，否则容易加重听觉疲劳。有条件的可适当安排工间休息，休息时应离开噪声环境，使听觉疲劳得以恢复。噪声作业人员要合理安排工作以外的时间，在休息时间内尽量减少或避免接触较强的噪声，包括音乐，同时保证充足的睡眠。

4.4.4　振动作业的防控措施

4.4.4.1　控制振动源

改革工艺过程，采取技术革新，通过减振、隔振等措施，减轻或消除振动源的振动，是预防振动职业危害的根本措施。例如，采用液压、焊接、粘接等新工艺代替风动工具铆接工艺；采用水力清砂、水爆清砂、化学清砂等工艺代替风铲清砂；设计自动或半自动的操纵装置，减少手部和肢体直接接触振动的机会；工具的金属部件改用塑料或橡胶，减少因撞击而产生的振动；采用减振材料降低交通工具、作业平台等大型设备的振动。

4.4.4.2　限制作业时间和振动强度

通过研制和实施振动作业的卫生标准，限制接触振动的强度和时间，可有效地保护作业者的健康，是预防振动危害的重要措施。国家职业卫生标准《工作场所有害因素职业接触限值　第 2 部分：物理因素》（GBZ 2.2—2007）规定：作业场所手传振动职业接触限值以 4h 等能量频率计权振动加速度不得超过 $5m/s^2$。这一标准限值的保护水平是几乎所有劳动者可能反复接触也不会发展为超过斯德哥尔摩会议分类系统中第一期的 VWF。当振动工具的振动暂时达不到标准限值时，可按振动强度大小相应缩短日接振时间（见表 4-11）。

表 4-11 振动容许值和日接振时间限制

频率计权振动加速度/m·s^{-2}	日接振容许时间/h
5.00	4.0
6.00	2.8
7.00	2.0
8.00	1.6
9.00	1.2
10.00	1.0
>10.00	<0.5

4.4.4.3 改善作业环境，加强个人防护

加强作业过程或作业环境中的防寒、保温措施，特别是在北方寒冷季节的室外作业，需有必要的防寒和保暖设施。振动工具的手柄温度如能保持 40℃，对预防振动性白指的发生和发作具有较好的效果。控制作业环境中的噪声、毒物和湿气等，对预防振动职业危害也有一定作用。

合理配备和使用个人防护用品，如防振手套、减振座椅等，能够减轻振动危害。

4.4.4.4 加强健康监护和日常卫生保健

依法对振动作业工人进行就业前和定期健康体检，早期发现，及时处理患病个体。加强健康管理和宣传教育，提高劳动者保健意识。定期监测振动工具的振动强度，结合卫生标准，科学地安排作业时间。长期从事振动作业的工人，尤其是手臂振动病患者应加强日常卫生保健：生活应有规律，坚持适度的体育锻炼；坚持温水（40℃）浴，既可使精神紧张得以松弛，又能促进全身血液循环；应尽可能避免着凉，雨季或寒潮期间多饮姜汤热茶水；烟气中含尼古丁，可使血管收缩，吸烟者血液中一氧化碳浓度增高，可影响组织中氧的供应和利用从而诱发 VWF，因此应力求戒烟。

4.5 个体防护

个人防护用品是指作业者在工作过程中为免遭或减轻事故伤害和职业危害，个人随身穿（佩）戴的用品。个人防护用品的作用，是使用一定的屏蔽体、过滤体，采取阻隔、封闭、吸收等手段，保护人员机体的局部或全部免受外来因素的侵害。在工作环境中尚不能消除或有效减轻职业性有害因素和可能存在的事故因素时，这是主要的防护措施，属于预防职业有害因素综合措施中的第一级预防。因此，个人防护用品的设计和制作应严格遵守四项原则：（1）便于操作、

穿戴舒适，不影响工作效率。（2）符合国家或地方规定的技术（产品）标准，选用优质的原材料制作，保证质量，经济耐用。（3）不应对佩戴者产生任何损害作用，包括远期损害效应。（4）在满足防护功能的前提下，尽量美观大方。

4.5.1　个体防护用品分类

个人防护用品的种类很多，有人将其分为安全防护用品和职业卫生专用防护用品两大类。安全防护用品是为了防止工伤事故的，有防坠落用品（安全带、安全网等），防冲击用品（安全帽、安全防砸马甲、防冲击护目镜等），防触电用品、防机械外伤用品（防刺、绞、割、碾、磨损及脏污等的服装、手套、鞋等），防酸、防碱和防油用品、防水用品、涉水作业用品、高空作业用品等。职业卫生专用防护用品是用来预防职业病的，有防尘用品（防尘、防微粒口罩等）、防毒用品（防毒面具、防毒衣等）、防高温用品、防寒用品、防噪声用品、防放射用品、防辐射用品等。但这种分类是相对的，多种防护用品同时具备防止工伤和预防职业病的用途。

一般根据个人防护用品所防护人体器官或部位，分为7大类：（1）头部防护类：如安全帽、防护头盔、防寒帽等。（2）呼吸器官防护类：如防毒口罩、防尘口罩、滤毒护具等。（3）防护服类：如防机械外伤服、防静电服、防酸碱服、阻燃服、防尘服、防寒服等。（4）听觉器官防护类：如耳塞、耳罩、头盔等。（5）眼、面防护类：如防冲击护眼具（防护眼镜）、焊接护目镜及面罩、炉窑护目镜及面罩等。（6）手足防护类：如绝缘手套、防酸碱手套、防寒手套、绝缘鞋、防酸碱鞋、防寒鞋、防油鞋、安全皮鞋（防砸鞋）等。（7）防坠落类：如安全带、安全绳。另外，还有皮肤防护用品等。近年来，随着科学技术的发展，一些具有高科技含量的多功能防护用品业已问世。

防护品应正确选择性能符合要求的用品，绝不能选错或将就使用，特别是绝不能以过滤式呼吸防护器代替隔离式呼吸防护器，以防止发生事故。可按2000年颁布的《劳动防护用品配备标准（试行）》《劳动防护用品选用规则》（GB 11651—1989）的要求进行选择，并且按照每种防护用品的使用要求，规范使用。在使用时，必须在整个接触时间内认真充分佩戴。其防护效果以有效防护系数来衡量，在接触时间内的99%以上时间佩戴，有效防护程度可达到100%；不佩戴时间增多，其有效防护系数递减。

工厂车间内应有专人负责管理分发、收集和维护保养防护用品，这样不仅可以延长防护用品使用年限，更重要的是能保证其防护效果。耳罩、口罩、面具等用后应以肥皂清水洗净，并以药液消毒、晾干。过滤式呼吸防护器的滤料要按时更换，药罐在不用时应将通路封塞，以防失效。防止皮肤污染的工作服，用后应立即集中处理洗涤。

4.5.2 防护眼镜和防护面罩

（1）防护眼镜一般用于各种焊接、切割、炉前工、微波、激光工作人员防御有害辐射线的危害。防护眼镜可根据作用原理将防护镜片分为以下两类。

1）反射性防护镜片。根据反射的方式，还可分为干涉型和衍射型。在玻璃镜片上涂布光亮的金属薄膜，如铬、镍、银等，在一般情况下，可反射的辐射线范围较宽（包括红外线、紫外线、微波等），反射率可达95%，适用于多种非电离辐射作业。另外，还有一种涂布二氧化亚锡薄膜的防微波镜片，反射微波效果良好。

2）吸收性防护镜片。根据选择吸收光线的原理，用带有色泽的玻璃制成，例如接触红外辐射应佩戴绿色镜片，接触紫外辐射佩戴深绿色镜片，还有一种加入氧化亚铁的镜片能较全面地吸收辐射线。此外，防激光镜片有其特殊性，多用高分子合成材料制成，针对不同波长的激光，采用不同的镜片，镜片具有不同的颜色，并注明所防激光的光密度值和波长，不得错用。使用一定时间后，须交有关检测机构校验，不能长期一直戴用。

3）复合性防护镜片。将一种或多种染料加到基体中，再在其上蒸镀多层介质反射膜层。由于这种防护镜将吸收性防护镜和反射性防护镜的优点结合在一起，在一定程度上提高了防护效果。

还有一种防冲击镜片（防冲击眼护具），主要用于防止异物对眼部的冲击伤害。镜片用高强度的CR-39光学塑料或强化玻璃片制成。防冲击眼护具的各项指标，尤其是镜片、镜架的抗冲击性能及强度应符合GB 5890《防冲击眼护具》的要求，使之具有可靠的防护作用。

（2）防护面罩有以下几种。

1）防固体屑末和化学溶液面罩。用轻质透明塑料或聚碳酸酯塑料制作，面罩两侧和下端分别向两耳和下颚下端及颈部延伸，使面罩能全面地覆盖面部，增强防护效果。

2）防热面罩。除与铝箔防热服相配套的铝箔面罩外，还有用镀铬或镍的双层金属网制成的，反射热和隔热作用良好，并能防微波辐射。

3）电焊工用面罩。用制作电焊工防护眼镜的深绿色玻璃，周边配以厚硬纸纤维制成的面罩，防热效果较好，并具有一定电绝缘性。

4.5.3 防护服

防护服是指用于防止或减轻热辐射、微波辐射、X射线以及化学物污染人体而为作业者配备的职业安全防护用品。防护服由帽、衣、裤、围裙、套袖、手套、套裤、鞋（靴）、罩等组成。常见的防护服有：防毒服、防尘服、防机械外伤服、防静电服、带电作业服、防酸碱服、阻燃耐高温服、防水服、水上救生服、潜水服、放射性防护服、防微波服、防寒服及高温工作服等。

(1) 防热服。防热服应具有隔热、阻燃、牢固的性能，但又应透气，穿着舒适，便于穿脱；可分为非调节和空气调节式两种。

1) 非调节防热服。①阻燃防热服。用经阻燃剂处理的棉布制成，不仅保持了天然棉布的舒适、耐用和耐洗性，而且不会聚集静电，在直接接触火焰或炽热物体后，能延缓火焰蔓延，使衣物炭化形成隔离层，不仅有隔热作用，而且不会由于衣料燃烧或暗燃而产生继发性灾害，适用于有明火、散发火花或在熔融金属附近操作以及在易燃物质并有发火危险的场所工作时穿着。②铝箔防热服。它能反射绝大部分热辐射而起到隔热作用，缺点是透气性差。可在防热服内穿一件由细小竹段或芦苇编制的帘子背心，以利通风透气和增强汗液蒸发。③白帆布防热服。经济耐用，但防热辐射作用远比不上前两种。④新型热防护服。由新型高技术耐热纤维，如 Nomex，PBl、Kermel、P84、预氧化 Pan 纤维，以及经防火后整理的棉和混纺纤维制成。如新型的消防防护服外层通常是 Nomex，Kevlar 或 Kevlar/PBl 材料混纺机织成面密度 254.6g/m^2 的斜纹布，具防火保护和耐磨性能，外层下面有聚四氟乙烯涂层的防水层，防止水进入和在服装内部产生水蒸气，以免产生热压；防水层下面是一层衬里，以增加静止空气含量，提高热绝缘性，通常采用的材料是 Nomex 针刺毡或高蓬松材料。曾经广泛使用的石棉防热服由于有石棉纤维污染的铝箔防热服能性，正被逐步淘汰。

2) 空气调节防热服。这种防热服可分为通风服和制冷服两种。①通风服。将冷却空气用空气压缩机压入防热服内，吸收热量后从排气阀排出。通风服需很长的风管，只适于固定的作业。还有一种装有微型风扇的通风服，直接向服装间层送风，增加其透气性而起到隔热作用。②制冷服。它又可分为液体制冷服、干冰降温服和冷冻服，基本原理一致，不同处是防热服内分别装有低温无毒盐溶液、干冰、冰块的袋子或容器。最实用者为装有冰袋的冷冻服，在一般情况下，这种冷冻服装有 5kg 左右的冰块可连续工作 3h 左右，用后冷冻服可在制冷环境中重新结冰备用。

(2) 化学防护服。化学防护服一般有两类：一类是用涂有对所防化学物不渗透或渗透率小的聚合物化纤和天然织物做成，并经某种助剂浸轧或防水涂层处理，以提高其抗透过能力，如喷洒农药人员防护服；另一类是以丙纶、涤纶或氯纶等织物制作，用以防酸碱。对这些防护服要有一定的透气、透湿、防油拒水、防酸碱及防特定毒物透过的标准。根据防护程度的不同分成 A 到 D 级，A 级提供最高的防护，整体密封，内含呼吸装备以防化学气体和蒸气；B 级类似于 A 级，用于防有毒的化学品的喷溅，不是全密封的；C 级提供化学品喷溅防护，不用呼吸器；D 级只提供较少的防护。

（3）辐射防护服有以下几类。

1）微波屏蔽服。微波屏蔽服有两类：①金属丝布微波屏蔽服：这是用蚕丝铜丝（直径 0.05mm）拼捻而制成，具有反射屏蔽作用。②镀金属布微波屏蔽服：以化学镀铜（镍）导电布为屏蔽层，衣服外层是有一定介电绝缘性能的涤棉布，内层为真丝薄绸衬里。这种屏蔽服具有镀层不易脱落、比较柔软舒适、重量轻等特点，是目前较新、效果较好的一种防微波屏蔽服。

2）射线防护服。射线的防护需要特殊的共聚物涂层，如用在核工厂、高压电线或电子设备以及 X 射线的环境中，常用的有聚乙烯涂层、高密度聚乙烯合成纸（Tyvek）。防焦防护服是在涤纶材料的两面涂以 CEP/EVA/PVDC/EVA 共聚物。日本采用聚乙烯涂层硼纤维来生产射线防护服，也可以在纤维中加入铅芯提高防护水平，用于 X 射线防护。

（4）防尘服。一般用较致密的棉布、麻布或帆布制作，需具有良好的透气性和防尘性，式样有连身式和分身式两种，袖口、裤口均须扎紧，用双层扣，即扣外再缝上盖布加扣，以防粉尘进入。

（5）医用防护服。它主要用于防止细菌/病毒向医务人员传播。复合共聚物涂层的机织物和非织造织物防护材料可用作医务人员、急救人员和警务人员等防护服面料。还有材料可用于血液病菌的防护，也可在织物上喷涂杀菌剂，杀菌剂主要是硅酸盐，当外界潮湿时就会发挥作用。国内采用纯涤纶织物经抗菌防臭处理剂 JAM-YI 进行处理，棉织物采用抗菌剂 XL-2000 处理具有明显的抗菌、消炎、防臭、防霉、止痒、收敛作用，经检测对金黄色葡萄球菌、铜绿假单胞菌、大肠杆菌、白色念珠菌的初始抑菌率大于 95%，洗涤 50 次后抑菌率仍大于 90%。

4.5.4　防护鞋（靴）

防护鞋（靴）用于防止劳动过程中足部、小腿部受各种因素伤害的防护用品，主要有下述品种。

（1）防静电鞋和导电鞋。防静电鞋和导电鞋用于防止人体带静电而可能引起事故的场所，其中，导电鞋只能用于电击危险性不大的场所。为保证消除人体静电的效果，鞋的底部不得粘有绝缘性杂质，且不宜穿高绝缘的袜子。

（2）绝缘鞋（靴）。用于对电气作业人员的保护，防止在一定电压范围内的触电事故。在保证电气线路的绝缘性的前提下，绝缘鞋只能作为辅助安全防护用品，机械性能要求良好。

（3）防砸鞋。其主要功能是防坠落物砸伤脚部，鞋的前包头有抗冲击材料，常用薄钢板。

（4）防酸碱鞋（靴）。这种鞋用于地面有酸碱及其他腐蚀液，或有酸碱液飞溅的作业场所，防酸碱鞋（靴）的底和帮面料应有良好的耐酸碱性能和抗渗透性能。

（5）炼钢鞋。这种鞋能抗一定静压力和耐高温、不易燃，主要功能是防烧烫、耐刺割。

（6）雷电防护鞋。由纳米改性橡胶做成的雷电防护皮鞋，根据被保护物电阻愈大，雷击概率就愈小；电阻愈小，雷击概率愈大的原理，利用了纳米改性橡胶高电阻性能。人体穿上这种雷电防护鞋，能大大减少由于电流流入大地后形成的跨步电压的伤害，常用于野外施工人员。

4.5.5　呼吸防护器

呼吸防护用品是指为了防止生产过程中的粉尘、毒物、有害气体和缺氧空气进入呼吸器官对人体造成伤害，而制作的职业安全防护用品，包括防尘、防毒、供氧口罩和（或）面具三种。按呼吸防护器的作用原理，可将其分为过滤式（净化式）和隔离式（供气式）两大类。

4.5.5.1　过滤式呼吸防护器

以佩戴者自身呼吸为动力，将空气中有害物质予以过滤净化。适用于空气中有害物质浓度不很高，且空气中含氧量不低于18%的场所，有机械过滤式、化学过滤式和复合式三种。

（1）机械过滤式呼吸防护器主要为防御各种粉尘和烟雾等质点较大的固体有害物质的防尘口罩。其过滤净化全靠多孔性滤料的机械式阻挡作用。它又可分为简式和复式两种，简式直接将滤料做成口鼻罩，结构简单，但效果较差，如一般纱布口罩；复式将吸气与呼气分为两个通路，分别由两个阀门控制。性能好的滤料能滤掉细尘，通气性好，阻力小。呼气阀门气密性好，能够防止含尘空气进入。在使用一段时间后，因粉尘阻塞滤料孔隙，吸气阻力增大，应更换滤料或将滤料处理后再用。我国国家标准 GB 2626 将自吸过滤式防尘口罩分为四类，其阻尘率分别为99%、95%、90%、80%，并规定各类口罩的适用范围。

（2）化学过滤式呼吸防护器简单的有以浸入药剂的纱布为滤垫的简易防毒口罩；还有一般所说的防毒面具，由薄橡皮制的面罩、短皮管、药罐三部分组成，或在面罩上直接连接一个或两个药盒如某些有害物质并不刺激皮肤或黏膜，就不用面罩，只用一个连接储药盒的口罩（也称半面罩）。无论面罩或口罩，其吸入和呼出通路是分开的。面罩或口罩与面部之间的空隙不应太大，以免其中 CO_2 太多，影响吸气成分。防毒面罩（口罩）应达到以下卫生要求：1）滤毒性能好，滤料的种类依毒物的性质、浓度和防护时间而定（见表 4-12）；我国生产的滤毒罐，各种型号涂有不同颜色，并有适用范围和滤料的有效期；一定要避免使用滤料失效的呼吸防护器，以前主要依靠嗅觉和规定使用时间来判断滤料失效，但这两种方法都有一定局限性；现在开始用装在滤料内的半导体气敏传感器来进行判断，收到了较好的效果。2）面罩和呼气阀的气密性好。3）呼吸阻力小。4）不妨碍视野，重量轻。

表 4-12 有害物质与滤料关系

防护对象	滤料名称
有机化合物蒸气	活性炭
酸雾	钠碳
氨	硫酸铜
一氧化碳	“霍布卡”
汞	含碘活性炭

（3）复合式呼吸防护器，现在也有将以上两种做在一起，其滤料既能阻挡粉尘颗粒，又能阻挡有毒物质，称为防毒防尘口罩。

4.5.5.2 隔离（供气）式呼吸防护器

经这类呼吸防护器吸入的空气并非经净化的现场空气，而是另行供给空气。按其供气方式又可分为自带式与外界输入式两类。

（1）自带式呼吸防护器由面罩、短导气管、供气调节阀和供气罐组成。供气罐应耐压，固定于工人背部或前胸，其呼吸通路与外界隔绝。

自带式呼吸防护器有两种供气形式：1）罐内盛压缩氧气（空气）供吸入，呼出的二氧化碳由呼吸通路中的滤料（钠石灰等）除去，再循环吸入，例如常用的有 2 小时氧气呼吸器（AHG-2 型）。2）罐中盛过氧化物（如过氧化钠、过氧化钾）及小量铜盐作触媒，借呼出的水蒸气及二氧化碳发生化学反应，产生氧气供吸入。此类防护器可维持 0.5~2h，主要用于意外事故时或密不通风且有害物质浓度极高而又缺氧的工作环境。但使用过氧化物作为供气源时，要注意防止供气罐泄漏而引起事故。目前国产氧供气呼吸防护器装有应急补给装置，当发现氧供应量不足时，用手指猛按应急装置按钮，可放出氧气供 2~3min 内应急使用，便于佩戴者立即脱离现场。

（2）外界输入式呼吸防护器常用的有两种：1）蛇管面具。由面罩和面罩相接的长蛇管组成，蛇管放置于皮腰带上的供气调节阀上。蛇管末端接一油水尘屑分离器，其后再接输气的压缩空气机或鼓风机，冬季还需在分离器前加空气预热器。用鼓风机供风蛇管长度不宜超过 50m，用压缩空气时蛇管可长达 100~200m。还有一种将蛇管末端置于空气清洁处，靠使用者自身吸气时输入空气，长度不宜超过 8m。2）送气口罩和头盔。送气口罩是吸入与呼出通道分开的口罩，连一段短蛇管，管尾接于皮带上的供气阀。送气头盔是能罩住头部并伸延至肩部的特殊头罩，以小橡皮管一端伸入盔内供气，另一端也固定于皮腰带上的供气阀，送气口罩和头盔所供呼吸的空气，可经安装在附近墙上的空气管路，通过小橡皮管输入。

4.5.6　防噪声用具

4.5.6.1　耳塞

耳塞是插入外耳道内或置于外耳道口的一种塞子，常用材料为塑料和橡胶。按结构外形和材料分为圆锥形塑料耳塞、蘑菇形橡胶耳塞、伞形提篮形塑料耳塞、圆柱形泡沫塑料耳塞、可塑性变形塑料耳塞和硅橡胶成型耳塞、外包多孔塑料纸的超细纤维玻璃棉耳塞、棉纱耳塞。对耳塞的要求为：应有不同规格的适合于各人外耳道的构型，隔声性能好、佩戴舒适、易佩戴和取出，又不易滑脱，易清洗、消毒、不变形等。目前，我国有防止噪声耳塞产品的国家标准 GB 5893. 1。

4.5.6.2　耳罩

耳罩常以塑料制成，呈矩形杯碗状，内有泡沫或海绵垫层，覆盖于双耳，两杯碗间连接富有弹性的头架适度紧夹于头部，可调节，无明显压痛，舒适。要求其隔音性能好，耳罩壳体的低限共振率愈低，防声效果愈好。目前，防噪声耳罩的产品国家标准为 GB 5893. 2。

4.5.6.3　防噪声帽盔

防噪声帽盔能覆盖大部分头部，以防强烈噪声经头骨传导而达内耳，有软式和硬式两种。软式的优点是质轻，导热系数小，声衰减量为 24dB；缺点是不通风。硬式的是塑料硬壳，声衰减量可达 30~50dB。

对防噪声用具的选用，应考虑作业环境中噪声的强度和性质，以及各种防噪声用具衰减噪声的性能。各种防噪声用具都有适用范围，选用时应认真按照说明书使用，以达到最佳防护效果。

4.5.7　皮肤防护用品

皮肤防护用品主要指防护手和前臂皮肤污染的手套和膏膜。

4.5.7.1　防护手套

防护手套品种繁多，对不同有害物质防护效果各异，可根据所接触的有害物质种类和作业情况选用。目前国内质量较好的一种防护手套采用新型橡胶体聚氨酯甲酸酯塑料浸塑而成，不仅能防苯类溶剂，且耐多种油类、漆类和有机溶剂，并具有良好的耐热、耐寒性能。我国目前防护手套产品的国家标准为 GB 1246。常见的防护手套有如下几种。

（1）耐酸碱手套一般应具有耐酸碱腐蚀、防酸碱渗透、耐老化作用，并具有一定强力性能，用于手接触酸碱液的防护。常用的有：1）橡胶耐酸碱手套。用耐酸碱橡胶模压硫化成型，分透明和不透明两种，应符合 HG4-397-66《橡胶耐酸碱手套》中规定指标。2）乳胶耐酸碱手套：用天然胶乳添加酸稳定剂浸模固化成型。3）塑料耐酸碱手套：用聚乙烯浸模成型，分纯塑料和针织布胎浸塑两种。

（2）电焊工手套多采用猪（牛）绒面革制成，配以防火布长袖，用以防止弧光贴身和飞溅金属熔渣对手的伤害。

（3）防寒手套有棉、皮毛、电热等几类，外形分为连指、分指、长筒、短筒等。

4.5.7.2 防护油膏

在戴手套感到妨碍操作的情况下，常用膏膜防护皮肤污染。干酪素防护膏可对有机溶剂、油漆和染料等有良好的防护作用。对酸碱等水溶液可用由聚甲基丙烯酸丁酯制成的胶状膜液，涂布后即形成防护膜，洗脱时需用乙酸乙酯等溶剂。防护膏膜不适于有较强摩擦力的操作。

5 矿山职业性有害因素可能引起的职业病

5.1 矿山粉尘引起的尘肺病

5.1.1 尘肺病概述

根据尘肺病诊断标准中规定的尘肺病的定义：尘肺病是由于在职业活动中长期吸入生产性粉尘并在肺内潴留而引起的以肺组织弥漫性纤维化为主的全身性疾病。但从尘肺发病机制及尘肺病的病理演变进展过程来看，肺组织纤维化只是吸入致病性粉尘，主要是吸入无机矿物性粉尘后肺组织一系列病理反应的结果。这一系列病理反应包括巨噬细胞性肺泡炎、尘细胞性肉芽肿和粉尘致肺纤维化，三种病理反应有先后发生的过程，但也会同时存在。ILO 对尘肺病的定义：尘肺是粉尘在肺内的蓄积和组织对粉尘存在的反应。这个定义似乎概括了吸入粉尘后病理反应的全过程。此外，有些无机粉尘在肺内潴留，但并不引起肺泡组织结构的破坏或胶原纤维化形成，一般也不引起呼吸系统症状和肺功能损害，这类粉尘被称为惰性粉尘，它在肺内的潴留被称为“良性尘肺”。因此，普通职业病范畴所说的尘肺病是指因吸入粉尘所致的肺泡功能结构单位的损伤，其早期表现为巨噬细胞肺泡炎，晚期导致不同程度的肺纤维化。必须强调的是，尘肺作为目前我国主要的职业病，其形成和劳动保护等密切相关。因此，尘肺病诊断必须根据我国颁布的职业病危害因素分类目录和职业病目录，按照尘肺病诊断标准进行。我国职业病目录中规定了 12 种尘肺病的具体名称，即硅肺（矽肺）、煤工尘肺、石墨尘肺、石棉肺、炭黑尘肺、滑石尘肺、水泥尘肺、云母尘肺、陶工尘肺、铝尘肺、电焊工尘肺、铸工尘肺。

5.1.2 尘肺病的分类及命名

5.1.2.1 尘肺病的分类

尘肺病是由吸入不同的致病性的生产性粉尘而引起的职业性肺病。粉尘的化学性质不同，其致病的能力及其所致的肺组织的病理学改变也有所不同，但其基本特征是肺组织弥漫性纤维化。因此，尘肺病是不同无机矿物性粉尘所引起的这一类疾病的总称。

根据矿物粉尘的性质，尘肺病可分为：由含游离二氧化硅粉尘为主引起的矽肺；由含硅酸盐为主的粉尘引起的硅酸盐尘肺，包括石棉肺、水泥尘肺、滑石尘肺、云母尘肺和陶工尘肺等；由煤尘及含碳为主的粉尘引起的煤肺和碳素尘肺，包括煤工尘肺、石墨尘肺、炭黑尘肺；由金属粉尘引起的金属尘肺，如铝尘肺。

5.1.2.2 尘肺病的命名

不同粉尘所致尘肺的命名尚没有规范化的方法，我国2016年公布的职业病目录中包括13种有具体病名的尘肺和1种“根据《尘肺病诊断标准》和《尘肺病理诊断标准》可以诊断的其他尘肺”。13种尘肺的名称大部分是以致病粉尘的名称命名，个别是以工种名称命名，即矽肺、石墨尘肺、炭黑尘肺、石棉肺、滑石尘肺、水泥尘肺、云母尘肺、铝尘肺等是以粉尘的名称命名，而煤工尘肺、陶工尘肺、电焊工尘肺、铸工尘肺则是以工种命名。其中以矽肺和煤工尘肺最为重要。矿山开采凿岩、筑路及水利电力施工的隧道开凿、采石及粉碎都产生二氧化硅粉尘，均可引起矽肺。煤矿的采煤工主要接触煤尘，引起煤工尘肺。

5.1.3 尘肺病的发病机制

尘肺的病因明确，是长期吸入生产性矿物性粉尘引起的肺组织纤维化。其发病机制近一个世纪来国内外进行了广泛深入研究，提出了各种学说，在发病过程的某一阶段或某一局部解释了 SiO_2 致肺纤维化的机理。然而至今仍有不少疑点得不到满意的解释。因此，尘肺的基础研究一直受到各国的重视，只有真正了解尘肺发病的本质，对尘肺的预防、诊断和治疗才能有突破性的进展。

矽肺是长期吸入结晶型二氧化硅粉尘引起的肺组织广泛纤维化，是危害面最广和最严重的尘肺病，故而作为尘肺的代表性疾病，研究最多也较深入。早期人们认为矽肺的纤维化是结晶型 SiO_2 的理化性状所致，提出了如机械刺激学说、化学溶解（中毒）学说等观点。后来，认为在疾病发生过程中不能忽视机体本身的反应，如免疫学说和个体对粉尘的易感性等问题日益受到重视。近十多年来，由于分子生物学技术的发展，对尘肺的发生在细胞过氧化、细胞因子、基因学说等方面的研究也有不少进展。下面主要以矽肺为代表讨论尘肺的发病机制，其他尘肺的纤维化具有一定的共性，可作借鉴。

5.1.3.1 尘肺的免疫反应

自意大利学者 Vigliani（1950年）提出矽肺与免疫的关系以来，免疫反应在尘肺发病中的作用一直受到人们的重视。

矽肺的免疫现象主要表现在矽肺病人血清中免疫球蛋白的增高，并存在有IgM、IgA及IgG免疫复合体，另在矽结节及其周围的免疫球蛋白和分泌免疫球蛋白细胞的增多，病人补体系统紊乱，如 C3、C4 水平增高。此外，矽肺病时常伴有嗜酸性粒细胞增多，有的还观察到矽肺患者的抗核抗体水平和抗胶原抗体水平均可增高。也有报道不少矽肺病人并发全身性播散性红斑狼疮、关节炎、多发性皮肌炎，全身性硬皮病、结节病等，这些均支持矽肺的发生和机体的免疫系统反应有关。有人认为石英本身不是抗原，只是起佐剂效应作用，提高对抗原的非特异性免疫反应，而吸附在石英粒子表面的蛋白可能是石英粒子激活巨噬细胞的抗原。因此，认为矽肺是一种佐剂病。

5.1.3.2　肺泡巨噬细胞反应和细胞因子的释放

巨噬细胞来源于骨髓内单核细胞，具有吞噬外来的异物、变性物质，抗感染，抗肿瘤，维护其周围肺组织及内环境的平衡，增强和调节炎症反应和免疫应答等多方面的功能，并可由多种物质刺激使其活化。肺泡腔内的巨噬细胞不断地受到外源性物质的刺激，处于活化状态。巨噬细胞的活化可引起功能性变化和产生多种酶、细胞刺激物质和代谢产物。当肺部发生炎症或免疫反应时，巨噬细胞可释放出各种介质，以控制和增强其反应能力。

一般认为石英粉尘吸入肺部的早期，首先表现为急性炎症细胞（中性粒细胞）反应，其释放白细胞毒素及趋化因子（如 C3、C5a、白细胞三烯等），进一步促使中性白细胞增多和肺泡巨噬细胞增生。肺泡巨噬细胞吞噬尘粒，致使巨噬细胞损伤并释放出溶酶体酶（溶菌酶、酸性磷酸酶、组织蛋白酶、乙醇半乳糖苷酶及葡萄糖醛酸酶等）及分泌各种生物活性物质（如细胞因子），同时伴有炎症反应和各类细胞（包括成纤维细胞）的增生及胶原纤维的增多，最终形成矽（尘）性纤维化。通过多年研究，现已公认在矽（尘）肺发病中肺泡巨噬细胞起着关键性靶细胞的作用。

细胞因子是一组具有调控炎症、免疫反应和创伤愈合作用的多效应蛋白，巨噬细胞是细胞因子的主要来源。此外，中性粒细胞、淋巴细胞、肺泡上皮细胞（Ⅰ型和Ⅱ型）等受到刺激时也可产生细胞因子。细胞因子种类繁多，来源各异，但在结构和功能上有其共同的特点，即细胞因子为小分子分泌性蛋白或多肽，其量微小，但具有极高的生物活性。每种细胞因子均与其相应的受体结合，产生信号，表达其生物学功能。每种细胞因子受体可分布于多种细胞上，使其表达多种功能。细胞因子的作用多由细胞本身或相邻的细胞以自分泌或旁分泌的形式提供细胞间通信机制。多数细胞因子具有生长因子活性，即具有上行调节作用，促进细胞生长。细胞因子还具有多相性和网络性。由于粉尘颗粒反复、持续地激发巨噬细胞及其他细胞产生和释放各种细胞因子或致纤维化的相关因子，使肺组织产生矽结节及间质纤维化成为一个慢性和不断的过程。目前已知在矽肺纤维化发展过程中，涉及的细胞因子有 IL-1（白介素-1）、TNF-α（肿瘤坏死因子-

α)、PDGF（血小板生长因子）、FNC（纤维粘连蛋白）、PGE（前列腺素 E）、TGF-β（β-转化生长因子）、IGF-1（胰岛素样生长因子-1）、AM-FF（肺泡巨噬细胞源致纤维化因子）、AMDGF（肺泡巨噬细胞源生长因子）和神经肽等。

这些细胞因子有的可直接刺激或几种细胞因子协同作用刺激形成纤维细胞增殖和促进胶原合成产生纤维化。由此可见，矽肺纤维化的发生发展过程是多细胞和多种生物活性物质（多细胞因子）参与的，有促进与抑制相互作用的复杂过程，是机体调控与相互制约作用的结果。

有人认为未受刺激的细胞内的细胞因子呈低水平转录，仅在基因转录和翻译被激活的情况下，细胞活化后才能达到前炎性水平。细胞因子具有介导前炎症和间质活化过程中的多效应性。中性粒子引起巨噬细胞（靶细胞）细胞因子基因表达能力的增强被认为是尘肺形成的关键，如 TNF-α 在尘肺发生过程中有多种效应，成为尘肺研究的焦点。Piguet 等用 Northorn 杂交技术证明，给小鼠肺内注入二氧化硅后第 3 天和第 15 天，TNF-αmRNA 增高。又有人（Rosenthal 等）认为，石棉纤维与人Ⅱ型肺泡上皮细胞株 A549 作用，可引起 IL-8（一种极强的中性粒细胞趋化因子）基因转录。通过 PCR 检测发现，$10\mu g/cm^2$ 的温石棉和青石棉都能使 IL-8mRNA 增高，这一过程伴有 IL-8 释放。而两种非致病性粉尘，如硅酸钙和二氧化铁不能刺激 IL-8 的生成，证明了尘粒反应的特异性。

Driscoll 等分别给大鼠吸入和注入二氧化硅和石棉后，大鼠全肺 MIP-1α（巨噬细胞炎性蛋白）和 MIP2 基因转录活性增高，两组 BAL 细胞的 MIP-1α 活性上调。从 TNFα 在尘粒反应中的作用来看，TNFα 基因的激活可能是粉尘粒子和巨噬细胞相互作用的结果，随后再激活其他细胞因子。

5.1.3.3 氧化应激反应与自由基

巨噬细胞在氧化酶（NADPH）的作用下，使分子氧减少一个电子形成超氧阴离子（O_2^-），经过一系列连续反应形成 H_2O_2 和羟自由基（OH·）。这些活性氧（ROS）都是氧化剂。而 OH·是生物系统中最常见的，具有毒性很强的致病自由基。暴露于石英或石棉的巨噬细胞可产生多功能的 NO 自由基。NO 与 O_2 发生反应，产生高活性的超氧亚硝基自由基（ONOO—）损伤组织细胞。也有认为 H_2O_2 通过与粉尘中铁的作用可产生更多的自由基。现已证明 H_2O_2 在大鼠实验尘肺中可以介导和促进尘肺纤维化的作用。

尘粒本身就是氧化剂的重要来源，其表面可产生自由基。而氧化效应可由尘粒本身或白细胞源的氧化剂或两者共同作用直接氧化损伤组织细胞或通过氧化应激刺激细胞活化。

随电子自旋共振（ESR）光谱仪等技术的发展，进一步分析石英的化学活性部位，认为石英粒子表面的硅烷醇基团是石英致肺纤维化的生物活性部分。当石英被切割或研磨时，其晶体断裂，断裂的表面生成 Si 和 Si—O 自由基，其与空气中的水蒸气作用（或在水的介质中）形成硅烷醇基团和羟基自由基。硅烷醇的羟自由基（—OH）可由相应阳离子取代或与氨基酸、胆固醇、磷脂等的相应基团形成氢键结合，当与细胞膜上的磷脂基团形成氢键结合时导致细胞膜的溶解。而石英粉尘的溶血作用与其表面吸附磷脂成分有关。有人认为石英表面的硅烷醇与二酰基磷脂胆碱的三甲铵正电荷发生静电的作用可导致细胞膜的溶解和溶酶体的损伤，致使大量蛋白水解酶和溶酶体水解酶释放造成细胞死亡。这种观点启发人们使用高分子化合物 PVNO（克矽平）或铝制剂（柠檬酸铝）与石英表面硅烷醇基团中的—OH 结合，以稳定巨噬细胞膜免遭石英的生物活性作用。

关于抗氧化问题，Janssen 研究大鼠吸入尘粒后的氧化应激反应，通过分子杂交（Northern Western）技术发现吸入二氧化硅后大鼠全肺的抗氧化酶 Mn-SOD-mRNA 基团表达增强，表明尘肺时存在有抑制过高的过氧化物。周君富等给矽肺病人适当补充维生素 C、维生素 E、β 胡萝卜素等抗氧化剂或茶多酚和银杏叶制剂等抗氧化药物，对减缓病人体内的氧化、过氧化和脂质过氧化损伤程度和缓解矽肺病情有积极意义。有人用非酶性抗氧化剂丁硫堇（一种合成 GSH 抑制剂）进行处理，比较灌注二氧化硅小鼠实验组与对照组的炎性反应发现，当 GSH 水平降低时，二氧化硅引起的炎性反应明显增强，证明了 GSH 在尘肺时抗二氧化硅的正常防御作用。

5.1.3.4　肺泡上皮细胞反应与纤维化的形成

肺泡上皮细胞是肺泡结构的重要组成部分，分为Ⅰ型和Ⅱ型两种。在人体肺总细胞群中，Ⅰ型肺泡上皮细胞约占 8%，Ⅱ型肺泡上皮细胞占 16%，内皮细胞占 30%，间质细胞占 37%，肺泡巨噬细胞占 2%~5%。这些细胞共同维持肺生理和代谢功能的平衡，一旦平衡失调即可造成肺损伤，引发疾病。

Ⅰ型肺泡上皮细胞（又称膜性肺泡细胞）维持肺的气体交换和屏障作用。当受到石英毒砂或炎症反应所释放的蛋白酶和水解酶作用时造成Ⅰ型上皮细胞的损伤，表现为细胞肿胀，或浆膜收缩，细胞连接间隙消失，有的部位Ⅰ型上皮细胞脱落被Ⅱ型肺泡上皮所修复。实验表明，大鼠染尘后 2~4 天，可出现Ⅰ型上皮细胞的肿胀和脱落，Ⅱ型上皮细胞增生 7~15 天可见受损部位Ⅱ型上皮细胞开始修复，30~60 天均被Ⅱ型上皮细胞所覆盖，此时，肺泡巨噬细胞明显增生，90~180 天出现明显广泛的纤维化。

Ⅱ型肺泡上皮细胞（又称颗粒性肺泡细胞）主要制造和分泌肺表面活性物质，降低肺泡表面张力，维持肺泡的通气功能。它是一种磷脂蛋白的复合物，在细胞内质网合成，贮存在板层体中，其蛋白质部分占 10%，磷脂部分占 90%，主要为卵磷脂，由磷脂酰胆碱（PHC）和磷脂酰甘油（PHG）构成。由于Ⅱ型肺泡上皮细胞含有独特的碱性磷酸酶，通过组织化学特殊染色可以作出Ⅱ型上皮细胞形态上的鉴别和定量研究。实验证明，Ⅱ型上皮细胞受到石英毒砂刺激时其细胞体积变大，DNA 合成增加，磷脂代谢加强，合成表面活性物质的速度为细胞数量增生速度的 19 倍。这是由于磷脂具有抑制石英诱发的巨噬细胞脂质过氧化而起保护作用，其机理可能是表面活性物的卵磷脂分子中的 N^{+}—$(COH_3)_3$ 基与石英表面的 SiO 自由基相结合，减弱了石英对细胞膜的损伤，也可能是降低了由石英激活的中性粒细胞产生的自由基的损害。E 型肺泡上皮细胞还可以分泌前列腺素（PGE2），抑制成纤维细胞合成胶原。

纤维化是结缔组织增生的终局，其受到一系列复杂因素的影响和调控。突出表现在受损部位产生炎性趋化性，由巨噬细胞及中性粒细胞释放出细胞因子如自转化生长因子（TGF-β）和细胞外基质成分如纤维粘连蛋白（FN），促使成纤维细胞吸附在受损部位及其细胞外基质，刺激成纤维细胞的增殖，并合成透明质酸（HA）；后者可以通过巨噬细胞释放细胞增殖因子参与纤维化过程，透明质酸可能是成纤维细胞活化的一种标志物。加上其他细胞因子（PDGF，TGF-α 和 TGF-β）与 FN 协同作用，加速了细胞内胶原的合成和释放到细胞外的过程，再通过肽链的交联，形成成熟的胶原纤维。而抗 TNF 抗体能抑制成纤维细胞增殖和胶原的合成。

目前已知胶原蛋白至少有 13 种，一般的疤痕组织主要由Ⅰ型和Ⅲ型胶原组成。正常肺中Ⅰ型和Ⅲ型胶原的比例为 2∶1，在矽肺组织其比例基本不变。实验证明：矽肺的早期主要是Ⅲ型胶原快速增长，以后其增长速度变慢，Ⅰ型胶原增长速度加快。纤维化病变程度较轻的肺组织中，Ⅲ型胶原纤维含量较多，而晚期矽肺以Ⅰ型胶原纤维为主。如对矽肺病人肺组织的分析可见。O^{+} 及一期矽肺组织以Ⅲ型胶原纤维分布较多，Ⅰ型较少，而在二期或三期矽肺病人的肺组织主要是Ⅰ型胶原纤维，Ⅲ型较少。由此可见，借助肺组织中胶原纤维的类型可判断不同粉尘的致纤维化能力和肺纤维化病变的程度。关于胶原的含量，可以通过传统的比色法来测定肺组织中胶原蛋白含量（氯胺 T 法），也可通过酶联免疫法（ELISA）来测定特异的Ⅰ型或Ⅲ型胶原含量及分布；也可利用胶原基团的 cDNA 探针进行分子杂交，测量肺组织中胶原 mRNA 的表达情况，还可采用组织化学特殊染色方法（天狼星红 Sirius red 3F），在一张肺组织切片中通过偏光显微镜观察Ⅰ型和Ⅲ型胶原纤维的分布情况。

研究表明，矽肺胶原与正常胶原在结构和性质上有明显不同。矽肺胶原的碳链缩短，螺旋松散，有序结构减少，其中含有较多的硅氧烷基，说明 SiO_2 不是以原形存在于矽肺胶原中，而是形成硅氧烷的桥键，加强矽肺胶原的交联。同时矽肺胶原固有的极化潜力低于正常胶原，矽肺胶原不出现电子自旋共振（ESR）信号，其稳定自由基减少，其余的硅已由—Si—状态变成—R—Si—OH，从而解释了矽肺结节为何能不断增长和扩大。

总之，由于 SiO_2 粉尘的毒性导致肺组织纤维化病变的形成过程是十分复杂的，涉及多种细胞、多种生物活性物质，表现有炎症反应、免疫反应、细胞与组织结构的损伤与修复、胶原增生与纤维化的形成，是多种因素互相作用与互相制约的结果，最终形成矽结节。而这种纤维化组织的特点是其中含有大量的硅氧基形成的桥基，能把胶原更紧密地连接起来，且不断增大，致使矽肺病变不断进展。

5.1.4 尘肺病的表现特征

5.1.4.1 尘肺病的发病症状

尘肺病的病理基础是肺组织弥漫性、进行性的纤维化，尘肺病的病程及临床表现决定于生产环境粉尘的浓度、暴露的时间及累计暴露计量，以及有无并发症和个体特征。

一般来说尘肺病是一种慢性疾病，病程均较长，在临床监护好的情况下，许多尘肺病病人的寿命甚至可以达到社会人群的平均水平。但短期大量的暴露于高浓度粉尘和（或）游离二氧化硅含量很高的粉尘，肺组织纤维化进展很快，易发生并发症，病人可在较短时间内出现病情恶化。

A 症状

尘肺病病人的临床表现主要是以呼吸系统症状为主的咳嗽、咳痰、胸痛、呼吸困难四大症状，此外尚有喘息、咯血以及某些全身症状。

a 咳嗽

咳嗽是尘肺病病人最常见的主诉，主要和并发症有关。早期尘肺病病人咳嗽多不明显，但随着病程的进展，病人多合并慢性支气管炎，晚期病人常易合并肺部感染，均使咳嗽明显加重。特别是合并有慢性支气管炎者咳嗽可非常严重，也具有慢性支气管炎的特征，即咳嗽和季节、气候等有关。尘肺病病人合并肺部感染，往往不像一般人发生肺部感染时有明显的全身症状。可能仅表现为咳嗽明显加重。吸烟病人咳嗽较不吸烟者明显。少数病人合并喘息性中气管炎，表现为慢性长期的喘息，呼吸困难较合并单纯慢性支气管炎者更为严重。

b 咳痰

尘肺病病人咳痰是常见症状，即使在咳嗽很少的情况下，病人也会有咳痰，主要是由于呼吸系统对粉尘的清除导致分泌物增加所致。在没有呼吸系统感染的情况下，一般痰量不多，多为黏液痰。煤工尘肺病病人痰多为黑色，晚期煤工尘肺病病人可咳出大量黑色痰，其中可明显看到有煤尘颗粒，多是大块纤维化病灶由于缺血溶解坏死所致。石棉暴露工人及石棉肺病病人痰液中则可验到石棉小体。如合并肺内感染及慢性支气管炎，痰量则明显增多，并呈黄色黏稠状或块状，常不易咳出。

c 胸痛

胸痛是尘肺病病人最常见的主诉症状，几乎每个病人或轻或重均有胸痛，其和尘肺期间以及临床表现多无相关或平行关系，早晚期病人均可有胸痛，其中可能以矽肺和石棉肺病人更多见。胸痛的部分原因可能是纤维化病变的牵扯作用，特别是有胸膜的纤维化及胸膜增厚，肺脏层胸膜下的肺大泡的牵拉及张力作用等。胸痛的部位不一定常有变化，多为局限性；疼痛性质多不严重，一般主诉为隐痛，也有描述为胀痛、针刺样痛等。

d 呼吸困难

呼吸困难是尘肺病的固有症状，且和病情的严重程度相关。随着肺组织纤维化程度的加重，有效呼吸面积的减少，通气/血流比例的失调，缺氧导致呼吸困难逐渐加重。并发症的发生则明显加重呼吸困难的程度和发展速度，并累及心脏，发生肺源性心脏病，使之很快发生心肺功能失代偿而导致心功能衰竭和呼吸功能衰竭，是尘肺病病人死亡的主要原因。

e 咯血

咯血较为少见，可由于上呼吸道长期慢性炎症引起黏膜血管损伤，咳痰中带少量血丝；也可能由于大块状纤维化病灶的溶解破裂损及血管而咯血量较多，一般为自限性的。尘肺合并肺结核是咯血的主要原因，且咯血时间较长，量也会较多。因此，尘肺病病人如有咯血，应十分注意是否合并有肺结核。

f 其他

除上述呼吸系统症状外，可有程度不同的全身症状，常见的有消化功能减弱、胃纳差、肿胀、大便秘结等。

B 体征

早期尘肺病病人一般无体征，随着病变的进展及并发症的出现，则可有不同的体征。听诊发现有呼吸音改变是最常见的，合并慢性支气管炎时可有呼吸音增粗、干性啰音或湿性啰音，有喘息性支气管炎时可听到喘鸣音。大块状纤维化多发生在两肺上后部位，叩诊时在胸部相应的病变部位呈浊音甚至实变音，听诊则语音变低，局部语颤可增强。晚期病人由于长期咳嗽可致肺气肿，检查可见桶状胸，肋间隙变宽，叩诊胸部呈鼓音，呼吸音变低，语音减弱。广泛的胸膜增厚也是呼吸音减低的常见原因。合并肺心病心衰者可见心衰的各种临床表现，缺氧、黏膜发绀、颈静脉充盈怒张、下肢水肿、肝脏肿大等。

5.1.4.2 尘肺病的并发症

尘肺病病人由于长期接触生产性矿物性粉尘，使呼吸系统的清除和防御机制受到严重损害，加之尘肺病慢性进行性的长期病程，病人的抵抗力明显减低，故尘肺病病人常常发生各种不同的并发症。尘肺并发症对尘肺病病人的诊断和鉴别诊断、治疗、病程进展及预后都产生重要的影响，也是病人常见的直接死因。我国尘肺流行病学调查资料显示，尘肺病病人死因构成与呼吸系统并发症占首位，为51.8%，其中主要是肺结核和气胸；心血管疾病占第二位，为19.9%，其中主要是慢性肺源性心脏病。因此，及时正确的诊断和治疗各种并发症，是抢救病人生命、改善病情、延长寿命、提高病人生活质量的重要内容。下面讨论尘肺并发呼吸系统感染、气胸、肺源性心脏病和呼吸衰竭。

A　呼吸系统感染

呼吸系统感染主要是肺内感染，是尘肺病病人最常见的并发症。由于长期接触粉尘，在粉尘的化学和物理作用的刺激下，呼吸道黏膜损伤，常合并慢性支气管炎，呼吸道分泌物增加，长期的慢性炎症和机械刺激作用使呼吸系统的清除自净功能严重下降。肺部广泛的纤维化，使肺组织损伤，通气功能下降，纤维化组织的收缩、牵拉，使细支气管扭曲、变形、狭窄，引流受阻；加之慢性长期的病程，病人抵抗力降低，都是尘肺病病人易于发生肺内感染的原因。

呼吸系统感染的病原微生物可以是细菌、病毒、支原体、真菌等。医院外感染以流感嗜血杆菌和肺炎双球菌为多见，其次是葡萄球菌、卡他细球菌、链球菌等；也有大肠杆菌、绿脓杆菌等革兰阴性杆菌。部分尘肺病病人长期住院极易发生院内感染，治疗往往更困难。医院内感染主要是病人相互交叉感染和医源性感染，以革兰阴性杆菌为多见，其中绿脓杆菌和大肠杆菌最多，医疗用品消毒不彻底，特别是尘肺病病人常用的雾化吸入装置、吸氧设备等是发生院内感染的主要原因。长期、反复滥用抗生素和激素是导致复杂多菌群感染，微生物产生耐药性，造成临床治疗困难的主要原因。

a　临床表现

并发感染时，主要表现是咯痰量增多，咳嗽加重，痰可呈黄色脓性，也可是白色黏稠痰，呼吸困难加重。病人可有无力、食欲不振等全身症状；可有发烧，但多不明显，或仅是低烧，少见有高烧者。检查时可在局部听到干湿性啰音，多在背部肺底部，有时可闻及痰鸣音，实验室检查可见血中的白细胞增加，中性白细胞比例增高。

b　诊断

根据病人临床表现，咳嗽、咯痰、呼吸困难突然明显增加，要考虑到肺部感染的可能，应做进一步的检查。X射线检查是最重要的，和既往X射线胸片比较，新出现的淡薄的、不规则的斑片状阴影，多见于中下肺叶，有时可在多处发生，连续观察变化较快，即可做出感染的诊断，及时给予治疗。痰液的细菌学检查具有病原学意义，顽固的反复的肺内感染，痰液的细菌学检查和药敏实验更为重要。痰液细菌学检查必须避免污染，取样前应先让病人咳出上呼吸道的痰液，清洁口腔，并用1%的过氧化氢溶液漱口，保证所取痰液来自深部呼吸道。痰液应立即送检，首先涂片检查以确定痰液是来自深部呼吸道，即显微镜在低倍视野下鳞状上皮细胞<10个，然后再进行培养和药物敏感实验。

B　气胸

尘肺并发气胸是急诊，诊断不及时或误诊，可造成严重后果，应予十分重视。

肺组织纤维化使肺通气/血流比例失调，导致纤维化部位通气下降，而纤维化周边部位则代偿性充气过度造成泡性气肿，泡性气肿相互融合成为肺大泡。发生在肺脏层胸膜下的肺大泡破裂导致气体进入胸腔是发生气胸的主要原因。肺组织表面和胸膜的纤维化及纤维化组织的牵拉和收缩，也可发生气胸。气胸发生往往有明显的诱因，任何能使肺内压急剧升高的原因都可导致发生气胸，它们主要是：合并呼吸系统感染时，咳嗽、咯痰加重，用力咳嗽和呼吸困难，通气阻力增加，肺内压升高，使肺大泡破裂；用力憋气，如负重、便秘时发生气胸；意外的呛咳，如异物对咽部及上呼吸道的刺激等。

a　分类

根据发生原因的不同，气胸分为自发性气胸和创伤性气胸两种。由肺组织原发疾病导致肺气肿、肺大泡破裂使空气进入胸腔引起的气胸为自发性气胸，故尘肺病病人并发的气胸是自发性气胸。肺部无明确的疾病的健康者，多为青壮年，有时也可发生气胸，称为“单纯性气胸”或“特发性气胸”，也属于自发性气胸。按肺脏裂口及胸腔压力的不同气胸分为以下三种。

（1）闭合性气胸。闭合性气胸裂口较小，肺组织弹性较好，肺脏收缩后裂口可自动完全闭合，空气不再进入胸腔。胸腔积气可由血—淋巴管系统吸收，胸腔负压很快恢复，肺脏复张。

（2）开放性气胸。开放性气胸裂口接近胸膜粘连的底部，既受到肺组织收缩的牵拉，又受到胸膜粘连的牵拉，裂口不能闭合。肺组织纤维化导致收缩不良或裂口位于纤维化的部位，也使裂口无法闭合。胸腔通过气管树和大气直接相通，气体可自由进出胸腔，胸腔内压和大气压相等，胸腔积气可随呼吸有变化，故也称为“交通性气胸”。由于裂口经久不能闭合，胸腔长时间和大气直接相通，加之胸腔插管排气等医源性原因，常造成胸腔感染。尘肺病病人肺组织及胸膜的广泛纤维化，肺组织收缩不好，加之黏膜的牵拉，使形成的裂口很难闭合，故尘肺病病人并发开放性气胸较多，临床病程较长。

（3）张力性气胸。张力性气胸裂口呈活瓣样，吸气时裂口张开，呼气时裂口闭合，空气只能进入胸膜腔，而不能排出，胸腔积气逐渐增多，胸腔压力随之逐渐增高。咳嗽则加剧胸腔压力的升高，咳嗽前声门关闭，肺内压力增高，使裂口张开，气体进入胸腔；呼气时肺内压力降低，裂口关闭，气体无法排出。随着胸腔压力的增高，患侧肺可完全萎陷，纵膈向对侧移位，压迫对侧肺脏和大静脉，血液回流发生障碍。此类气胸是最严重的。

b 临床表现

症状和体征主要决定于气胸发生的快慢、气胸的类型、胸腔气体的多少及是否合并胸腔内感染等。如气胸发生缓慢，进入胸腔的气体较少，病人可没有症状，可能只是在体检中才发现胸腔有积气。尘肺病病人由于胸膜纤维化常发生局限性包裹性气胸，一般胸腔气体较少，临床症状也不明显。有时可同时发生多个包裹性气胸。急性发病者，以突然感到患侧胸部强烈的刺痛或胀痛，疼痛可向同侧的背部和肩部放射。一般在一侧肺体积压缩 30%时病人会有明显的呼吸困难发生，随着肺压缩体积的增加，呼吸困难将加重，严重时病人有窒息感觉。若伴有胸腔出血者，病人可有休克表现，面色苍白、四肢阴冷、冷汗淋漓，甚至血压下降。合并胸腔感染时可有脓胸，病人有持续高热，甚至产生感染性毒血症。临床上也可见到在一侧气胸治疗过程中又发生另一侧气胸，或双侧同时发生气胸，应特别注意。

体检患侧胸廓显饱满，呼吸运动减弱，呼吸音及语音减低。气管及纵膈向对侧移位。叩诊患侧呈鼓音，左侧气胸时心脏浊音界缩小甚至消失，右侧气胸时肝浊音界下降。气胸可致肺容量及通气量明显减少，但此时不应该作肺功能检查。

X 射线胸片检查可见积气的胸腔透亮度增加，肺纹理消失，肺脏被压缩，和积气的胸腔之间可见发线状的肺脏层胸膜。如有感染或胸腔积液，可见到液平面。

c 诊断

尘肺病病人突然发生典型的气胸症状和体征，临床诊断并不困难，及时进行 X 射线检查，则可明确诊断，并确定肺脏被压缩的程度。轻度气胸，胸腔积气较少，病人没有明显的症状，则需要依赖 X 射线的检查才能得到诊断。

胸膜腔内压测定，对气胸及其分类的诊断有很大价值。临床提示有气胸可能不能明确诊断时，用人工气胸器测定胸膜腔内压，负压消失，通常胸膜腔内压高于大气压。抽气后压力下降，留针观察 1~2min，如压力不再上升，可能为闭合性气胸。如果胸膜腔内压接近大气压，即在“0”上下，抽气后压力不变，可能是开放性气胸。如果胸膜腔内压为正压，抽气后降为负压，留针观察则变为正压并逐渐上升，提示为张力性气胸。

胸膜下的巨大肺大泡可能有气胸的体征，应注意和气胸鉴别。但病人无明确诱因，也无突发的胸痛、呼吸困难等典型的气胸症状。X 射线检查，透亮的肺大泡内仍可见细小的条纹影，为肺泡间隔的残留；大泡的边缘也没有发线状的肺脏层胸膜影。

C 慢性肺源性心脏病

慢性肺源性心脏病是由于肺、胸或肺动脉慢性病变引起的肺循环阻力增高，右心室超负荷造成肥大，最后导致心力衰竭。尘肺病病人发生慢性肺源性心脏病的主要原因：一是尘肺病变本身，二是尘肺病病人多合并慢性支气管炎。尘肺导致肺组织广泛的纤维化，使肺通气面积缩小，通气/血流比例失调，局部或广泛的肺气肿使肺内压升高，压迫肺毛细血管床；肺组织纤维化也使肺毛细血管床减少，肺血管受纤维化的压迫和牵拉，管腔面积缩小；肺血管本身纤维化，管壁增厚，弹性减小；这些都使肺动脉压升高，肺循环阻力增加，从而增加右心后负荷。尘肺病病人合并慢性支气管炎是非常普遍的。长期的慢性支气管炎使气道狭窄，通气阻力增加，继之发生肺气肿、肺内压增高，进一步导致肺动脉压升高，也是尘肺病病人合并慢性肺源性心脏病的主要原因。此外，尘肺病病人长期慢性缺氧可引起心肌变性，并常继发红细胞增多，使血液黏稠度增加，也导致肺循环阻力增加。我国尘肺流调资料显示，尘肺并发肺源性心脏病以煤工尘肺、石棉肺、水泥尘肺为多见，分别占死因构成比的25%、28%和29%。

a 临床表现

慢性肺源性心脏病主要和心功能有关，心功能分为代偿期和失代偿（衰竭）期。

（1）代偿期。心脏在动员储备力量超负荷工作情况下，可以保持基本正常的血液循环和机体活动对血液和氧气的需要，此时病人仍以原发病的临床表现为主。检查可有肺动脉压增高和右心肥大的特征，心脏受累的主要表现是肺动脉第二音亢进和上腹部剑突下可见比较明显的心脏搏动，大部分尘肺合并肺心病的病人均有肺气肿的体征，胸廓呈桶状，肋间隙较宽，叩诊呈过静音或鼓音，呼吸音减弱。由于肺气肿，心脏虽有增大，但心浊音界则多无扩大。肝浊音上界下降到第五肋间以下。心电图检查可见肢体导联低电压和右心肥大改变。

（2）失代偿期。随着病程的进展，心脏功能逐渐出现失代偿，即心脏不能搏出同静脉回流及身体组织代谢所需相称的血液。特别是在合并肺部感染时，使心脏功能很快恶化，表现为呼吸困难加重、心悸、甲床及黏膜发绀；由于静脉回流受阻出现颈静脉怒张、肝脏肿大和压痛、下肢水肿、少尿等；心律增快，可闻及由于相对三尖瓣关闭不全引起的剑突下收缩期吹风样杂音或心前区奔马律。心功能衰竭往往和呼吸功能衰竭同时发生，并加重呼吸困难和缺氧的表现，出现严重的二氧化碳滞留导致高碳酸血症和呼吸性酸中毒；神经系统累及时出现头痛、烦躁不安、语言障碍，以致嗜睡和昏迷，发生肺性脑病。

b 诊断

尘肺病病人并发肺心病的诊断主要是在心功能代偿期确定是否心脏已经受累及，即是否有肺动脉高压及右心肥大，如有右心功能衰竭的表现，诊断则不困难。肺动脉高压及右心增大应根据体征、X 射线检查、心电图、超声心动图、心向量图等诊断。

体征：肺动脉区第二音亢进，剑突下有明显的心脏搏动并闻及吹风样收缩期杂音，三尖瓣区也可有收缩期杂音。

（1）X 射线胸片检查。①右前斜位肺动脉圆锥明显凸出≥7mm。②后前位肺动脉段凸出高度≥3mm。③左前斜位右心室扩大。④右下肺动脉干扩张，横径≥15mm。⑤中心肺动脉扩张和外围分支纤细，形成鲜明对比。

（2）心电图检查。①主要条件：额面平均电轴明显右偏≥900；右心肥大，Vl 导联 R/S≥1，或 aVR 导联 R/S 或 R/Q≥1，或 Rv1+Sv5>1.05mV；心脏重度顺钟向转位，V5 导联 R/S≤1，或 V1-3 可呈酷似心肌梗死的 Qr、Qs 或 qr 型；肺型 P 波。②次要条件：肢体导联低电压及右束支传导阻滞（完全性或不完全性）。

D 呼吸衰竭

尘肺并发呼吸衰竭是尘肺病病人晚期常见的结果。随着尘肺所致肺组织纤维化的进展，正常的肺组织被纤维化组织取代以及胸膜纤维化的发生，肺的容量、通气量降低，有效呼吸面积减少；纤维化部位的有效通气减少，血流则可能相应正常，而没有纤维化的部位则发生代偿性气肿或通气过度；二者均导致通气不足和通气/血流比例失调。尘肺病病人长期咳嗽、咯痰，呼吸道分泌物增多，多数合并慢性支气管炎，均导致呼吸道狭窄，呼吸阻力增高，发生阻塞性通气障碍。由于尘肺纤维化病变呈进行性的加重，病程较长，晚期尘肺病病人多并发慢性代偿性呼吸衰竭。上呼吸道及肺部感染、气胸等诱因是导致发生失代偿性呼吸衰竭的主要原因；滥用镇静及安眠类药物也是导致尘肺病病人呼吸衰竭的原因之一。严重尘肺病由于肺组织大面积纤维化及合并慢性呼吸系统感染，可表现为长期的严重失代偿性呼吸衰竭。尘肺病病人的呼吸衰竭多表现为缺氧和二氧化碳潴留同时存在。缺氧对中枢神经系统、心脏和循环系统以及细胞和组织代谢、电解质平衡都有明显的影响。二氧化碳潴留对中枢神经系统、呼吸及酸碱平衡则有明显的影响。

a 定义及分类

呼吸衰竭是由于呼吸功能严重障碍，以致在静息呼吸空气的情况下，病人不能维持正常的动脉血氧和二氧化碳分压。临床上分为代偿性及失代偿性呼吸衰竭。前者是指病人虽有缺氧和（或）二氧化碳潴留，但在呼吸空气的情况下仍可维持自理日常的正常的基本生活，有些病人长期处于代偿性呼吸衰竭，故也称为慢性呼吸衰竭；后者是指在一定诱因作用下发生严重的缺氧和二氧化碳潴留甚至呼吸性酸中毒，必须进行临床治疗才能维持生命活动的危重情况，故也称为急性呼吸衰竭。

根据呼吸衰竭的病理生理特点，结合血气实验室检查，临床所见的呼吸衰竭可分为以下三种类型。

（1）缺氧和二氧化碳潴留同时存在（Ⅱ型呼吸衰竭）。肺泡有效通气量不足，肺泡氧分压下降，二氧化碳分压增高，肺泡-肺毛细血管血之间的氧和二氧化碳压差减少，影响氧和二氧化碳的气体交换。这一类型主要是由于通气功能障碍所致，通气不足所引起的缺氧和二氧化碳潴留的程度是平行的；治疗以增加通气量为主。

（2）缺氧为主，伴有轻度或没有二氧化碳潴留（Ⅰ型呼吸衰竭）。这种衰竭主要见于动静脉分流，通气/血流比例失调或弥散功能障碍的病例。由于氧和二氧化碳的动静脉分压差差别很大及二者的解离曲线特性不同，在通气/血流比例失调的情况下，当血液通过通气不足的肺泡时，既不能充分释放二氧化碳，也不能吸收足够的氧气；当血液通过通气过度的肺泡时，二氧化碳的释放则易于进行，但仍不能吸收足够的氧气。故通气/血液比例严重失调的结果是机体有明显的缺氧，没有或仅有轻度的二氧化碳潴留。

（3）只有二氧化碳潴留而没有缺氧。这种衰竭主要是治疗过程中过度吸入高浓度氧，使肺泡氧分压及血氧分压增加，缺氧对颈动脉窦和主动脉化学感受器的刺激减弱甚至消失，使通气量进一步减低，加重二氧化碳潴留。在呼吸空气条件下，不会发生这种情况。

b 临床表现

（1）缺氧的临床表现。呼吸困难是缺氧的主要症状。在呼吸衰竭代偿期，病人有轻度的呼吸困难，活动较多或轻体力活动时感觉气短、呼吸费力、胸闷等，休息后可得到缓解。在失代偿期，呼吸困难明显加重，早期表现呼吸频率加快，呼吸表浅，随缺氧的加重和时间延长，呼吸变深，频率变慢；严重时出现呼吸窘迫甚至潮式或间隙式呼吸，患者可出现烦躁不安、神志恍惚、谵妄、昏迷，可并发肝肾功能的损害，尿中出现蛋白、红细胞及管型，血中尿素氮升高。呼吸衰竭晚期可发生胃肠黏膜缺氧而致糜烂、出血。紫绀是缺氧的主要体征，尘肺病病人呼吸衰竭表现为中心性紫绀，紫绀程度主要决定于血中还原型血红蛋白的量，故受到血红蛋白总量的影响，一般在血氧饱和度低于75%时即有明显的紫绀。

（2）二氧化碳潴留的临床表现。临床主要表现为精神和神经方面的症状。早期表现为头胀、头痛，继之表现为烦躁不安、兴奋、失眠、幻觉、神志恍惚及精神症状，最后进入神志淡漠、昏迷，即肺性脑病。二氧化碳潴留时碳酸酐酶作用加强，离解出更多的 H^+，使血液 pH 值下降导致呼吸性酸中毒。由于个人对呼吸性酸中毒的代偿能力不同，临床症状和二氧化碳潴留程度的关系也因人而异。

二氧化碳潴留病人常有面部肌束及四肢震颤，手部可有扑翼样震颤或间隙抽动。昏迷病人瞳孔缩小，对光反应迟钝或消失。神经系统检查，肌腱反射减弱或消失，锥体束征可呈阳性。患者周围血管扩张，四肢浅表静脉充盈，皮肤潮湿、红润。深度昏迷病人或伴严重酸中毒时，血压下降，有休克和循环衰竭的表现。

c 诊断

根据尘肺病史及导致呼吸衰竭的诱因，具有缺氧及二氧化碳潴留的临床表现，结合有关体征，一般均可作出正确的诊断。但许多尘肺病病人的呼吸衰竭发生缓慢，临床表现也相对隐匿，诊断往往疏忽，此时应严密的观察病情，及时的实验室血气分析对诊断和治疗都是很重要的。动脉血氧分压（PaO_2）正常为12.64~13.3kPa（95~100mmHg），二氧化碳分压（$PaCO_2$）为4.66~5.99kPa（35~45mmHg）。当PaO_2<8kPa（60mmHg），$PaCO_2$<6.66kPa（50mmHg），为Ⅰ型呼吸衰竭，即低氧血症；当PaO_2 < 8kPa（60mmHg），$PaCO_2$ > 6.66kPa（50mmHg），为Ⅱ型呼吸衰竭，既有低氧血症，又有二氧化碳潴留。

5.1.5 金属矿山常见的尘肺病

5.1.5.1 矽肺

矽肺是由于长期吸入游离二氧化硅粉尘所致的以肺部弥漫性纤维化为主的全身性疾病。粉尘中游离二氧化硅含量的多少、生产环境中粉尘浓度的高低以及生产者暴露时间的长短是矽肺病发生、发展及转归的主要影响因素。

石英近似纯的游离结晶型二氧化硅，此外几乎各种矿物和岩石均含有不同程度的游离二氧化硅。钨矿、铜矿、金矿、铅锌矿等是我国发生矽肺较多的矿山。其他矿山如煤矿、铁矿、镍矿、铀矿及非金属矿的岩石中均含石英，也可引起矽肺。在矿山的作业中以凿岩工、放炮工、支柱工、运输工接触粉尘最多，尤其是干式凿岩，粉尘浓度很高，矽肺发病非常严重。

A 矽肺的分类

由于接触粉尘中的游离二氧化硅含量不同，作业场所粉尘浓度不同，其所引起的矽肺临床表现、疾病的发展和转归，甚至病理改变也不同，一般认为有以下几种。

a 慢性（或典型）矽肺

粉尘中的游离二氧化硅含量低于30%，接触工龄一般在20~45年发病。病变以胶原化矽结节为主，并常先发生在肺上叶，可能与肺下叶对粉尘的清除较好有关。这种单纯矽结节一般小于5mm，对肺功能的损害也多不明显。一些研究表明，没有临床症状和肺功能损害，X射线胸片上只有小阴影改变的病人寿命并不受影响。矽肺可形成进行性大块状纤维化，通常发生在两肺上部，是由于纤维结节融合所致。慢性矽肺的病理改变在脱离粉尘接触之后也仍然会进展。

b 快进型矽肺

粉尘中二氧化硅含量（质量分数）在 40%～80%之间，接触工龄一般在 5～15 年发病，纤维化结节较大，X 射线上可形成所谓“暴风雪”样改变，进行性大块状纤维化可发生在两肺中叶，病变进展很快，肺功能损害常较严重。此型矽肺多见于石英磨粉工和石英喷砂工。

c 急性型矽肺

急性型矽肺也称矽性蛋白沉着症，是一种罕见的由矽尘引起的矽肺，发生在接触二氧化硅含量很高且粉尘浓度也很高的作业工人中。Betts 在 1900 年首先报道了矽肺的这种临床类型。此后，Buechner 和 Ansari 报道了 4 例喷砂工在接触矽尘 4 年后发生急性矽肺。一般在接触 1～4 年发病，迅速进展并因呼吸衰竭而死亡。病理特征和非特异性肺泡蛋白沉着症所见相同，即肺泡由脂质蛋白物所填充。临床表现为明显的进行性的呼吸困难和缺氧，气体弥散功能严重受损。

B 发病机制

矽肺的发病机制长期以来国内外都在研究，资料不少，学说很多，如表面活性学说、机械刺激学说、化学中毒学说、免疫学说及近年研究提出的细胞因子、氧自由基、癌基因等，但各有偏颇，仍不清楚。目前以 Heppleston 提出细胞毒学说是研究热点，该学说认为吞噬石英粉尘颗粒后的肺巨噬细胞发生崩解、坏死后，释放出一种能促进成纤维细胞增生和促进胶原形成的细胞因子，称为 H 因子。进一步研究认为，所谓的 H 因子并非一种，而是种类很多，如肿瘤坏死因子（TNF-α）、成纤维细胞生长因子（FGF）、表面细胞生长因子（EGF）、转化生长因子（TGF-β）、逆胰岛素生长因子（IGF）、血小板生长因子（PDGF）、白细胞三烯（LTB4、LTC4）、白细胞介素（IL-1α，IL-6）、淋巴因子（CD4，CD8）等。实际上这些因子属于炎性介质，其中白细胞介素（IL-1）和肿瘤坏死因子（TNF-α）对肺损伤最为突出，而且有协同作用。以上这些细胞因子是如何促进成纤维细胞和胶原形成，这些细胞因子是如何协调及相互作用是一个复杂而精巧的过程，至今仍在深入研究之中。

近来有人提出氧自由基学说，认为石英粉尘可诱导氧自由基的产生。SiO_2 能使巨噬细胞的类脂质发生过氧化反应并产生自由基，它使膜通透性及脆性增加，同时还能直接攻击膜离子通道，使膜内外离子交换紊乱，细胞溶解，自由基与细胞膜上的酶受体或其他成分共价结合改变膜结构，造成细胞功能紊乱。因而有人提出“粉尘—自由基—细胞因子”是矽尘毒性作用的连锁反应，是肺纤维化的启动点。

癌基因的研究主要是针对矽肺和石棉肺引起肺癌的癌基因或抑癌基因的表达和突变的研究，目前尚处于起步阶段。

C　病理改变

矽肺的基本病变是矽结节、弥漫性肺间质纤维化和矽肺团块的形成，矽结节是诊断矽肺的病理形态学依据。

矽肺尸检大体标本可见肺体积增大，肺表面呈灰黑色，重量增加，质坚韧，胸膜增厚粘连，切面两肺部有许多矽结节及间质纤维化。晚期可见单个或多个质硬如橡胶的矽肺团块，支气管-肺门淋巴结增大、变硬、粘连。

矽结节外观呈灰黑色，质韧，直径2~3mm，多在胸膜下、肺小叶及支气管、血管周围淋巴组织中。典型矽结节境界清晰，胶原纤维致密呈同心圆排列，结节中心可见不完整的小血管，纤维间无细胞反应，出现透明性变，周围是被挤压变形的肺泡。偏光显微镜检查矽结节中可见折光的矽尘颗粒。

弥漫性肺间质纤维化在矽肺不是很突出，主要表现为胸膜下、肺小叶间隔、小血管及小支气管周围和邻近的肺泡隔有广泛的纤维组织增生，呈小片状或网状结构。严重者肺组织破坏，代之以成片粗大的胶原纤维，其间仅残存少数腺样肺泡及小血管。

矽肺团块形成是矽肺发展到严重阶段，多发生在两肺上叶或中叶内段及下叶背段。组织学上表现为矽结节的融合，即结节与结节紧密镶嵌，轮廓清晰；或表现为由粗大胶原纤维取代的肺间质相连接形成无明显结节的团块，常可见胶原纤维玻璃样变和残留的无气肺泡。团块可发生坏死、钙化，形成单纯的矽肺空洞，也可并发结核形成矽肺结核空洞。

D　临床表现

a　症状

矽肺早期可没有自觉症状，即使有也很轻微，主要是胸闷和轻微胸痛。而且与X射线胸片病变程度不呈平行关系。

（1）胸闷实际是呼吸困难的一种主诉。由于肺通气障碍所致，随着病变加重，或合并有肺气肿，有低氧血症者，呼吸困难加重，需要氧疗才能维持生命，严重者因呼吸衰竭死亡。

（2）胸痛常发生在两下胸部，多为阵发性或间断性，但较轻微，是由于肺纤维化侵犯胸膜所致。若胸痛突然加重并伴有气急者，应考虑发生自发性气胸的可能。

（3）咳嗽不是矽肺固有症状，一般认为与吸烟、合并慢性支气管炎和肺部慢性炎症有关。咳嗽严重并伴有咳痰、发热者，应考虑肺部感染或合并肺结核的可能性，及时检查和治疗。

（4）声音嘶哑是由于纵膈、肺门淋巴结肿大压迫、刺激气管、支气管神经感受器和喉返神经所致。

（5）咯血是由于支气管炎症或支气管扩张或合并肺结核所致，应仔细检查，认真鉴别，分别处理。

b 体征

早期矽肺多无异常体征，合并慢性支气管炎或呼吸道感染时，可听到呼吸音降低或两下肺细小干、湿啰音，是由于支气管扭曲、变形、狭窄导致引流不畅所致。晚期矽肺或伴有并发症，如肺气肿、肺源性心脏病、气胸、继发肺部感染时，就会出现较多相应体征，如紫绀、肺部啰音，呼吸音低下、下肢浮肿、颈静脉怒张、肝肿大、腹水、心脏杂音、心律失常等。

E X射线表现

典型矽肺X射线表现是肺野出现圆形小阴影，常以p形小阴影为主。虽然病理上发现小阴影常先在肺野上部形成，但X射线胸片早期则多见于中下肺野。随着病变发展小阴影逐渐增多，密集增高，分布范围也逐渐扩大乃至全肺。小阴影也可逐渐增大，而出现q影和r影。小阴影继续增多，密集度增加，导致发生小阴影聚集然后融合成大块状纤维化影。矽肺的大块状影常呈双翼状或腊肠状分布在两上肺野，多为对称，和肋骨垂直呈“八字状”，但也有单侧出现，或中、下肺野出现团块阴影。融合团块致密，密度较均匀，团块周边有气肿带。由于肺门区矽性淋巴结增大、硬结，导致肺门增大、致密，加至肺野小阴影增加、密集，肺纹理发生变形、中断，直至不能辨认，使增大肺门呈残根状，肺门淋巴结和气管旁淋巴结因缺氧坏死，可呈蛋壳样钙化。在肺门淋巴结钙化的病例，也可发生矽结节中心型坏死而发生矽结节钙化，出现矽结节钙化后，病变常比较稳定。随着病变进展，两上肺团块向肺门、纵膈收缩、内移，致使肺门上提，加上两上肺气肿加重，肺纹理拉直呈垂柳状，其间可见肺段间隔线。也可见叶间胸膜增厚，肺的周边部常可见泡性肺气肿，是引起自发性气胸的基础。

F 诊断和鉴别诊断

a 诊断和分期

根据有肯定的职业性石英粉尘接触史，结合胸部X射线胸片表现特点，并排除其他原因引起的类似疾病，慢性矽肺一般说诊断并不困难。快进型矽肺主要是发病快，临床进展快，要求定期检查或随访的时间间隔要缩短，其X射线分期和慢性矽肺一样，均应根据《尘肺病诊断标准》进行诊断和分期。要注意的是近来确有快进型矽肺发生。

急性矽肺根据其接触高含二氧化硅粉尘且粉尘浓度很高的职业史，临床以进行性呼吸困难为主，X射线胸片表现为双肺弥漫性细小的羽毛状或结节状浸润影，边界模糊，并可见支气管充气征。病理检查可见肺泡内有过碘酸雪夫（PAS）染色阳性的富磷蛋白质。支气管肺泡灌洗液检查可明确诊断。

b 辅助诊断

新修订的《尘肺病诊断标准》明确规定了尘肺病的诊断原则，即根据可靠的生产性粉尘接触史，以 X 射线胸片表现作为主要依据。但有时为了鉴别诊断的需要，下面一些辅助诊断措施也是有用的。应该强调的是，活体组织学标本检查的诊断应根据病理诊断标准进行，尘肺病的诊断标准中不包含这方面的内容，而支气管肺泡灌洗液检查及生化指标测定对尘肺的诊断或早期诊断，目前尚没有肯定的意义。

（1）经皮胸腔穿刺活检。在病变部位进行针刺活检取病变组织做病理检查，对诊断和鉴别诊断有很大帮助，该技术副反应少，损伤轻是其优点。

（2）纤维支气管镜检查。同时进行肺灌洗、肺活检，可以协助病因学诊断和明确诊断，对急性矽肺有重要诊断意义。

（3）胸腔镜检查。目前已广泛开展进行肺活检，对病因学诊断和鉴别诊断意义很大。

（4）锁骨上淋巴结组织学检查。对于鉴别结核、癌转移和矽结节有很大价值。

通过以上各种技术进行组织学检查，如果确定是矽结节或肺纤维化，还应根据矽肺病理学诊断标准进行确诊，可以弥补 X 射线胸片不足之处，特别是在鉴别诊断上有重要价值，以免误诊或漏诊。

c 电子计算机断层摄影（CT）检查

该检查对矽肺小阴影检出率与高仟伏肺大片无多大差异，唯清晰度较高，无早期诊断价值。但是在观察大阴影方面优于胸大片，主要是在胸大片观察不明显的大阴影，在 CT 中清晰可见，而且有时还能见到大阴影中心部的钙化。因此，对于大阴影具有早期识别价值，同时对胸部其他异常的检出率也高于胸大片。对于肺癌、肺结核的鉴别诊断也有重要的参考价值。

d 生化指标的检查

有关矽肺的生化指标研究较多，目前常用的指标有血铜蓝蛋白、肿瘤坏死因子、血清磷酸酯及磷醋、补体 C3、IgG、IgA、IgM、SOD 等，都与纤维化形成过程有关。这些都来自动物实验研究资料，而人体资料中自相矛盾的情况也不少，因此作为矽肺辅助诊断指标意义不大。

e 鉴别诊断

（1）血行播散型肺结核（Ⅱ型）。这种肺结核包括急性粟粒性肺结核、亚急性血行播散型肺结核和慢性血行播散型肺结核。急性粟粒性肺结核两肺出现分布均匀粟粒状阴影，以两上肺野明显，肺尖常受累，结节可融合，酷似Ⅱ期矽肺。亚急性粟粒性肺结核由于肺内反复发生播散，粟粒状阴影常大小不一，分布不均。由于病灶新旧不一，有渗出性的、纤维化的、钙化的，故结节密度不一，在胸片上有时与矽肺也难以鉴别。但血行播散型肺结核有明显的临床症状，如发热、典型的呈午后发热，倦怠、乏力、失眠、盗汗、食欲不振，妇女月经不调等。呼吸道症状有咳嗽、咳痰、咯血，从少量血痰到大量咯血，可见胸腔积液。浓缩法痰液涂片检查可查到抗酸杆菌，结核杆菌培养常呈阳性；纤维支气管镜检查，留分泌物作脱落细胞涂片以及冲洗、活检，其结核杆菌检测阳性率较高。因此，鉴别诊断并不困难。

（2）特发性肺纤维化。过去曾称 Hamman-Rich 综合征，目前已不常使用。本病原因不明，导致纤维化过程，可能与活化巨噬细胞有关的各种细胞因子，生长因子，活性氧的连锁反应有关。本病起病隐匿，常表现为劳动性呼吸困难、干咳，呼吸困难呈进行性。咯血在疾病进展后一段时间出现，有时也有发热、疲劳、关节痛和肌肉酸痛，最重要的体征是在肺底部吸气期听到 Velcro 啰音，还可有杵状指和紫绀。胸片表现为阴影分布呈弥漫性、散在性、边缘性，下肺野多于上肺野，两肺门无淋巴结肿大。阴影形状呈小结节状、结节网状、广泛性网状、蜂窝状，肺大泡影。本病以限制性通气功能障碍为主。经支气管活检、胸腔镜活检，必要时进行局限性开胸肺活检，组织病理学所见早期为非特异性肺泡炎，晚期为广泛纤维化，无矽结节形成。根据以上临床特点，鉴别诊断也不困难。

（3）结节病。结节病是一种原因未明的多系统非干酪肉芽肿性疾病，常累及的器官是肺，其次是皮肤、眼、浅表淋巴结、肝、脾、肾、骨髓、神经系统以及心脏等，大多预后良好。胸部 X 射线表现双（或单）肺门及纵膈淋巴结肿大，伴或不伴肺内网状、结节状或杵状阴影。有时可被误诊为矽肺。但通过胸部 CT 检查，尤其是薄层 CT 扫描和浅表肿大淋巴结和支气管内窥镜活检或纵膈淋巴结活检可确定诊断。

（4）肺含铁血黄素沉着症。这种病多见于成年风心病二尖瓣狭窄反复发生心力衰竭的患者，长期反复的肺毛细血管扩张、淤血和破裂出血，含铁血黄素沉着于肺组织中。肺部 X 射线呈典型的二尖瓣狭窄心，肺野对称性的散布弥漫性结节样病灶，近肺门处较密，逐渐向外带消退。所以只要问清病史，鉴别诊断并不困难，原因不明的特发性肺含铁血黄素沉着症很少见。

（5）肺泡微石症。本病特点是肺内充满细矽状结石，与家族遗传有关。X 射线表现两肺满布弥漫性、细小矽粒样阴影，数量极多，在两肺下野及内带密集，肺尖部较少，X 射线表现常多年不变。病变进展缓慢，早期可没有任何症状。有家族史，同胞兄弟中也有相同疾病，可资鉴别。支气管镜活检可以确诊。

（6）外源性变应性肺泡炎。本病为吸入外界有机物粉尘或生物性代谢物、真菌等所引起的过敏性肺泡炎。组织学特征早期为肺泡炎和慢性间质性肺炎，伴肺泡内渗出性水肿。炎症和水肿消退后继之出现非干酪性肉芽肿，也称为“急性肉芽肿性肺炎”，有时累及终末细支气管。X 射线表现急性期在中、下肺野见弥漫性、细小、边缘模糊的结节状阴影，间有线状或片状间质性浸润，病变可逆转，肺门淋巴结不肿大。慢性期，肺部有弥漫性间质纤维化，表现为条索状和网状阴影增多，伴多发性小囊性透明区，呈蜂窝状；临床表现以进行性活动时呼吸困难、缺氧、杵状指、肺底有固定性细湿啰音，肺功能以气体弥散功能损害为主。通过血清学检查，有沉淀抗体，皮肤试验出现 Arthus 反应，支气管肺泡灌洗液分析 IgM 增高等，结合临床表现，鉴别诊断并不困难，必要时可进行肺活检明确诊断。

（7）肺癌。肺癌主要是周围型肺癌与Ⅲ期矽肺大阴影鉴别，肺癌块影常为单个，多发生在肺上叶段、中叶等处，呈类圆形，边缘有分叶、毛刺，块影内钙化少见。矽肺块影常为双侧，多发生在上肺后部，呈腊肠状，与肋骨垂直，边缘整齐，无毛刺，且常有周边气肿带，块影内钙化多见，两肺野可见弥漫性小阴影。

（8）并发症。矽肺常见的并发症有肺结核、肺气肿、气胸、呼吸道感染、支气管扩张、肺源性心脏病（包括肺性脑病）、呼吸衰竭等，少见的并发症有发音障碍、声音嘶哑、中叶综合征、膈肌麻痹、肺间质气肿、纵膈气肿、上腔静脉综合征。

5.1.5.2　铝尘肺

A　概述

铝（Al）是一种银白色轻金属，在地壳中含量仅次于氧和硅，位居第三。铝矾土是自然界存在的主要矿石，从铝矾土中提取较纯的三氧化二铝（Al_2O_3），再以 Al_2O_3 为原料，通过铝电解制取金属铝。金属铝及其合金比重小，强度大，广泛用于建筑材料、电器工业、航空、船舶、冶金等工业部门。金属铝粉用于制造炸药、导火剂等。氧化铝经电炉熔融（2300℃）制得的聚晶体（白钢玉），由于其强度高，可制成磨料及磨具。关于铝尘是否致肺纤维化曾有过不一致的结论和争执，一项实验研究表明：铝尘经气管吸入后生物代谢缓慢，可长时间滞留于体内，沉积在肺组织而产生毒性。动物实验结果与人体资料也越来越支持铝尘致肺纤维化作用。金属铝有粒状或片状之分，工业中用的氧化铝则有 α、β 或 γ 型不同的晶型结构，不同粒径的金属铝尘及不同晶型的氧化铝导致纤维化作用不尽相同。因此在上述生产环境和生产过程中长期吸入金属铝粉或含氧化铝的粉尘，均有发生铝尘肺的危险。我国已将铝尘肺列入法定尘肺之一。

B　发病机制

铝尘肺首先在 20 世纪三四十年代由德国报道，之后 Shaver 等报道了氧化铝磨料工尘肺（Shaver 病），英国、瑞典、日本等地相继也有病例报道。20 世纪 80 年代起我国也陆续有铝尘肺的报道，患者大多为烟花工、铝厂电解 Al_2O_3 的工人、生产片状铝粉的球磨工、抛光工、生产粒状铝粉、片状铝粉或混合有粒状和片状铝粉的工人，刚玉磨料车间的工人。我国“全国尘肺流行病学调查研究资料集”显示：至1986年我国共诊断铝尘肺患者210名，其中14人已死亡，病死率为6.67%；在197例铝尘肺的调查中，合并结核者7人，合并率为3.55%；在202例Ⅰ期铝尘肺的发病工龄调查中显示，95%的患者发病工龄在32.04年内。发病工龄在10.88年以内者仅为5%，50%的Ⅰ期铝尘肺患者发病工龄在24.43年以内。

C 病理改变

铝尘肺有三种形式，即金属铝尘肺、氧化铝尘肺和铝矾土尘肺，这三种尘肺病理改变各有特点。动物实验结果提示：金属铝粉尘导致大鼠肺组织尘纤维灶和尘细胞灶形成，剂量大，尘纤维灶多；剂量小，则尘细胞灶多，三氧化二铝粉尘致纤维化能力要弱于金属铝粉尘。胡天锡（1983年）报道：实验大鼠用脱脂的铝尘经气管内注入染尘及狗吸入未脱脂的铝尘进行染尘，结果发现两种染尘均引起肺纤维化，肺内可见多量结节状病灶和弥漫性肺间质纤维化。

金属铝尘肺患者尸检发现，肉眼观察两肺外观呈灰黑色，胸膜表面有少量干性纤维素渗出，质地较坚，重量增加，切面散在境界不清的黑色斑点和尘灶，直径为0.1~0.5cm，气管与气管旁淋巴结肿大；镜检见黑色铝尘与尘细胞沉积于终末细支气管、呼吸性细支气管、肺泡、间隔及间质的小血管周围，形成直径≤0.1cm的圆形、星形或索条状的尘灶，这些尘灶呈孤立分布或相互融合。尘灶所在处部分管腔呈不同程度扩张，管壁及肺泡隔增厚，其中有尘细胞和组织细胞浸润，部分肺泡腔内有上皮细胞脱落，与尘细胞混合成团，形成尘细胞结节，灶周有胶原纤维及结缔组织包绕，中心有少量透明样物质。肺泡壁破坏，肺泡间隔及细支气管壁水肿肥厚，形成以小叶为中心的肺气肿改变。金属铝尘肺以尘斑病变为主，表现为粉尘围绕呼吸性细支气管、小血管及小支气管周围形成尘细胞灶，灶内有网状纤维与少量胶原纤维增生。

王明贵（1990年）报道一例氧化铝尘肺病理，镜下见许多粉尘纤维灶，多位于呼吸细支气管周围的肺泡腔内，由大盘黑色粉尘和不等量的网状纤维构成，其间也可见少量胶原纤维。上述病变向附近肺泡壁延伸，并使之增厚，病灶呈星芒状，混合尘结节较少见，可仅为一个肺泡腔的机化性纤维化。胸膜下胶原纤维轻度增生，肺周边组织内呼吸性细支气管和所属肺泡不同程度扩张。通过对氧化铝尘肺经支气管肺活检（TBLB），光镜下见肺泡结构紊乱，部分萎陷、闭锁或改建，肺泡腔可见不等量黑色粉尘沉着和较多尘细胞渗出，肺间质纤维组织中至重度增生，多量胶原纤维沉积，部分区域胶原纤维融合。肺泡间隔血管增生，血管壁增厚。氧化铝尘肺的病理特点是非结节性弥漫性间质纤维化和肺气肿。

铝矾土矿物的主要成分是SiO_2和Al_2O_3，所引起的尘性病变为混合性病变，有尘斑型和弥漫纤维化型。李毅等报道5例铝矾土尘肺尸检观察发现，粉尘沉积性尘斑是铝矾土尘肺最常见的尘性病变，特征性病变是尘斑气肿伴尘性间质纤维化，尘斑常发生在呼吸性支气管和伴行的小血管部，可见残留管腔，伴灶周肺气肿和少量胶原纤维组织增生。尘性间质纤维化轻度局限在肺小叶内，表现为小血管周围、呼吸性细支气管壁、肺泡道、肺泡隔被尘细胞浸润而增宽，纤维组织增生，重者可累及全小叶，肺泡萎陷或消失，胶原纤维增生、粗大伴平滑肌增生。

D　临床表现

铝尘肺早期的症状一般较轻，主要表现为轻微的咳嗽、气短、胸闷、胸痛，也可有倦怠、乏力，咯血罕见。

由于铝尘对鼻黏膜的机械性刺激和化学作用，可表现为鼻腔干燥、鼻毛脱落、鼻黏膜和咽部充血、鼻甲肥大。肺部早期可无体征，在并发支气管和肺部感染时可闻及干、湿啰音。

铝尘肺在早期对肺功能的损伤程度较轻，可表现为阻塞型或限制型通气功能障碍；而晚期由于肺容积的缩小，则多以限制型或混合型通气功能障碍为主，伴有换气功能障碍，严重病例可反复并发自发性气胸、呼吸衰竭死亡。

5.2　矿山有毒有害气体引起的职业中毒

5.2.1　职业中毒概述

所谓“职业中毒”实际上也是一种“化学中毒”，主要是指由于致病物质的直接化学作用所引起的机体功能、结构损伤，甚至可造成死亡的疾病状态。可引起化学中毒的致病物质即称为“毒物”，对于职业中毒而言“毒物”主要来自患者的工作环境或生产过程，被称为“职业性毒物”。需要注意的是，任何化学物质，包括药物甚至营养物、内生性物质，只要达到一定剂量，皆可能成为毒物，可见毒物的范围十分广泛，但习惯上的“毒物”是指较小剂量即能引起中毒的物质。

在金属矿山开采过程中能够接触到的职业性毒物较多，且一些物质毒性较强或较独特，在实际工作中尤其需要引起警惕：（1）重金属类，普遍具有较强的肾脏毒性，免疫毒性也较突出，如镍、铬、钴、铂、铍、汞、金、锌、铜、铝、镉、锰、锑、银、铁、钨、钒、锇等；个别金属还具有致癌性（砷、铬、镍、铍、镉、锑、铅、汞等）。（2）刺激性气体类，对呼吸道有明显的损伤作用，轻者可引起上呼吸道刺激，重者则致喉头水肿、喉痉挛、支气管炎、肺炎、肺水肿，甚至导致急性呼吸窘迫综合征，常见毒物如成酸的氮氧化物、成酸氢化物等。（3）窒息性气体类，能直接妨碍氧的供给摄取、运输和利用，从而造成机体缺氧，最具代表性的化合物是一氧化碳、二氧化碳和硫化氢。

5.2.2 职业中毒的分类

由于生产性毒物的毒性、接触浓度和时间、个体差异等因素的影响，职业中毒可表现为以下四种临床类型。

(1) 急性中毒。指毒物一次或短时间（几分钟至数小时）内大量吸收进入人体而引起的中毒，如急性苯中毒、氯气中毒等。

(2) 慢性中毒。指毒物少量长期吸收进入人体而引起的中毒，如慢性铅中毒、锰中毒等。

(3) 亚急性中毒。发病情况介于急性和慢性之间，称亚急性中毒，如亚急性铅中毒；但无截然清晰的发病时间界限。

(4) 迟发型中毒。脱离接触毒物一定时间后，才呈现中毒临床病变，称迟发型中毒，如锰中毒等。毒物或其代谢产物在体内超过正常范围，但无该毒物所致临床表现，呈亚临床状态，称毒物的吸收，如铅吸收。

5.2.3 职业中毒的发病机制

5.2.3.1 化学中毒的分子机制

近二十年，生物学和基础医学研究的飞速进展，已使人们得以在更深的层面探讨化学中毒的机制问题，因而也有助于更有效地诊治和预防化学中毒。从亚细胞乃至分子层面来看，职业中毒也和任何化学中毒一样，下面分析其主要机制。

(1) 直接损伤作用主要表现为如下几个方面。

1) 刺激腐蚀作用。刺激腐蚀可直接造成细胞变性坏死，常见病因，如强酸、强碱、刺激性气体、腐烂性气体等。

2) 干扰体内活性物质（神经介质、激素、信使及活性物质等）功能。可导致机体生理生化过程紊乱，如砷化氢可大量消耗红细胞的还原型谷胱甘肽，使其抗氧化损伤能力明显降低导致溶血；锰可抑制脑纹状体生成多巴胺、去甲肾上腺素，导致帕金森病等。

3) 与体内大分子物质结合，导致其结构变异及功能损害。①与结构蛋白结合。如 As，Hg 等可与膜蛋白中的—SH 基结合，造成膜的传输功能障碍；苯胺可与血红蛋白中珠蛋白的—SH 基结合，使红细胞的柔韧性降低，导致溶血。②与酶蛋白结合。如 CN，H_2S 等可与细胞色素氧化酶中的 Fe^{3+} 结合，阻碍细胞生物氧化过程；丙烯酰胺可与神经细胞轴浆蛋白的巯基结合，抑制与轴浆运输有关的酶类，导致轴索变性；有机磷可与胆碱酯酶结合，造成乙酰胆碱积累，神经系统功能紊乱。③与体内的遗传物质 DNA 发生共价结合。此种结合可攻击碱基，甚至造成链断裂、链间或链与蛋白间交联等损伤，一旦未能得到完全修复，则可引起基因突变或染色体畸变，成为化学物质致癌、致畸、致突变的重要生化基础。能以原形直接与 DNA 结合的化学物极少，仅见于直接烷化剂（氮芥、硫芥、环氧乙烷、卤代亚硝基脲等）及亚硝酸盐、亚硫酸氢盐、甲醛、羟胺等，绝大多数 DNA 损伤是自由基尤其是氧自由基（或活性氧）作用的结果。因为即便在正常情况下，也有将近 4%的摄入氧并不参与氧化磷酸化过程，而是转化成活性氧，造成细胞氧化性损伤；少数 DNA 损伤可为亲电子基团所引起。

（2）在体内诱导自由基或活性氧生成自由基是指原子外层轨道有奇数电子的原子或原子团，主要由化合物的共价键发生均裂所产生。自由基可在体内诱发脂质过氧化反应，该反应属一链式反应，一旦启动，可重复一万次至一百亿次，从而造成生物膜结构的严重破坏，故此过程可能是细胞损伤最重要的机制之一。

不少化学物质本身即是自由基，如氧是最普遍存在的天然自由基，进入体内的氧还会进一步转化成化学性质更为活泼的活性氧（ROS），如超氧阴离子、过氧化氢、羟自由基等，更易引起细胞“氧化性”损伤；过渡性金属元素，如铁、锌、铜、锰、铬、钒，以及汽车尾气、氮氧化物等也都是自由基。

还有不少化学物质，如四氯化碳、百草枯、氯丁二烯、硝基芳烃等则可在体内转化为自由基，引起脂质过氧化反应。

（3）引起细胞的内环境失衡。细胞内环境稳定的破坏是造成细胞损伤最基本的条件，如细胞缺氧、水和电解质紊乱、酸碱失衡、钙超载等；细胞内钙超载可能是造成细胞损伤最重要的分子机制，缺氧则是导致细胞内钙超载主要的启动环节。

化学物质乃至各种致病因子均可通过直接或间接作用引起缺氧，缺氧不仅使生物氧化过程受阻、能量生成障碍、细胞内水钠潴留、酸中毒，细胞内 H^+增加还会通过强化 H^+-Na^+交换进而将 Na^+-Ca^{2+}交换机制激活，引起细胞内钙超载。钙超载则可诱使黄嘌呤脱氢酶变构为黄嘌呤氧化酶，使机体在生成尿酸的过程中产生大量超氧阴离子，引起脂质过氧化损失；钙超载还会激活细胞内的磷酸酯酶 A_2，导致膜磷脂分解并生成大量花生四烯酸，后者可进而转化为血栓素，引起微血管痉挛、微血栓形成，加重缺血缺氧，形成恶性循环。

不少化学物质尚可引起机体免疫性损伤，由于完全缺乏剂量-效应关系，机体损伤程度与毒物的摄入量无明显相关，不属于化学“中毒”范畴。但临床较为常见，故诊断时仍应列入考量范畴，以利于正确治疗。

5.2.3.2　影响毒物发挥毒性的主要因素

中毒的严重程度及预后与毒物的毒性当然有直接关系，但毒物毒性的发挥除与本身的理化性质、摄入剂量有关外，还受下列因素的明显影响。

（1）吸收状况以活性形式到达作用部位的速率及浓度是毒物得以充分发挥

毒性作用的基本条件，毒物的吸收状况则对此有重要影响。如气态毒物主要通过呼吸道吸收；皮肤和消化道则是液态毒物主要的吸收途径，但脂溶性不强、血/气分配系数较小的气态毒物仍不易为呼吸道吸收，液态毒物仅在兼具一定水溶性、脂溶性才能经皮肤及消化道吸收，而水溶性不大的固态毒物即便能进入消化道或深部呼吸道（<10μm 的小颗粒粉尘），也难以吸收。

（2）分布状况。外源性化合物吸收入血后，可迅速分布于全身各器官组织，分布率仅与器官组织的供血量有关；一般在数十分钟后进行再分布，其速率则取决于器官组织对毒物的亲和力及毒物本身的脂溶性、与血浆蛋白的结合力等因素。再分布后，毒物主要集中在靶部位、代谢转化部位、排泄部位及储存部位，而使这些部位成为最可能的损伤点。

由于损伤的发生与毒物在组织中的浓度有直接关系，故尽快减低毒物在上述各敏感部位的浓度，不使其增高至引起损伤的“临界水平”可能是防治中毒性损伤最根本的措施。注意以下现象可能对防治中毒性损伤有所启发：外来化合物很少以原形溶解在血浆中，多与血液中的某些成分结合存在于血循中，如 AsH_3、CO 等主要与血红蛋白结合，重金属类除与血浆蛋白结合外，尚与有机酸、氨基酸等小分子物质结合，可使毒物对组织的毒性作用受到暂时掩盖；故在中毒时投用血浆蛋白、谷胱甘肽或其他可与毒物形成低毒稳定化合物的药物无疑对缓解毒性有所帮助。

（3）排泄状况。肾脏是外来化合物的主要排出途径，故增加肾小球滤过率将有助于毒物的排泄，但化合物如与蛋白质结合，则分子量过大而难以从肾脏排出；排入原尿的化合物可为肾小管重吸收，投用葡萄糖醛酸、谷胱甘肽等与之结合使其水酶性增加则可减少重吸收；原尿的低 pH 性质有利于弱酸物质的重吸收，碱化尿液后，则可明显减低此种重吸收。

肝胆系统也是外源性化合物的重要排泄途径，需要注意的是不少化合物排入肠道后又可被重吸收，形成所谓“肠肝循环”，这对以肝胆为主要排出途径的化合物是十分不利的因素，如能克服，将对中毒治疗有重要帮助。呼气、胃肠液、唾液、汗液、乳汁等也均是毒物的排泄途径，根据化合物的性质而有不同主次，并可成为毒性的损伤部位。

上述情况还提示，排泄不仅是一种解毒方式，也是侦检毒物的重要窗口，但应注意选择“窗口”的时间性。如中毒早期，血液检测是最佳侦检窗口，尿液常难以检出毒物；数日后尿液则为毒物侦检的重要途径，血中常难以再检出毒物。

（4）代谢转化状况。外来化合物均需在肝内进行“生物转化”（biotransformation），目的在于提高其水溶性，降低透过细胞膜的能力，以加速排出；经生物转化后，多数外来化合物毒性减弱或消失，但少数化合物代谢后可转化为另一种有毒物质（如萘可转化为二羟基萘、萘醌等），或毒性更强的物质（如四乙基铅可在肝内转化为三乙基铅等)，甚至发生所谓“致死合成”（氟乙酸可转化为氟柠檬酸而阻断整个三羧循环)。转化一般分为两步进行，Ⅰ相反应是指在以微粒体酶为主的酶类催化下进行氧化、还原、水解等反应，以引入—OH、—COOH、—NH_2、—SH 等基团，提高水溶性并便于下一步反应；Ⅱ相反应是指在胞浆酶的催化下，使前步反应物中的极化基团与葡萄糖醛酸、硫酸、甘氨酸等结合，形成水溶性更强的化合物，以利于从细胞和机体排出。加强上述转化过程，无疑可使多数化合物毒性下降、排出增加。

5.2.4　职业中毒的表现特征

由于毒物本身的毒性和毒作用特点、接触剂量等各不相同，职业中毒的临床表现多种多样，尤其是多种毒物同时作用于机体时更为复杂，可累及全身各个系统，出现多脏器损害；同一毒物可累及不同的靶器官，不同毒物也可损害同一靶器官而出现相同或类似的临床表现。充分掌握职业中毒的这些临床特点，有助于职业中毒的正确诊断和治疗。

(1) 神经系统。许多毒物可选择性损害神经系统，尤其是中枢神经系统对毒物更为敏感，以中枢和周围神经系统为主要毒作用靶器官或靶器官之一的化学物统称为神经毒物。

生产环境中常见的神经性毒物有金属、类金属及其化合物、窒息性气体、有机溶剂和农药等。慢性轻度中毒早期多有类神经症，甚至精神障碍表现，脱离接触后可逐渐恢复。有些毒物，如铅、正己烷、有机磷等，还可引起神经髓鞘、轴索变性，损害运动神经的神经肌肉接点，从而产生感觉和运动神经损害的周围神经病变。一氧化碳、锰等中毒可损伤锥体外系，出现肌张力增高、帕金森病等症状。铅、汞、窒息性气体、有机磷农药等严重中毒时，可引起中毒性脑病和脑水肿。

(2) 呼吸系统。呼吸系统是毒物进入机体的主要途径，最容易遭受气态毒物的损害。引起呼吸系统损害的生产性毒物主要是刺激性气体，如氯气、光气、氮氧化物、二氧化硫，硫酸二甲酯等可引起气管炎、支气管炎等呼吸道病变；严重时，可产生化学性肺炎、化学性肺水肿及成人呼吸窘迫综合征（ARDS)；吸入液态有机溶剂如汽油等还可引起吸入性肺炎；有些毒物如二异氰酸甲苯酯（TDD）可诱发过敏性哮喘；砷、氯甲醚类、铬等可致呼吸道肿瘤。

(3) 血液系统。毒物吸收是指经各种途径进入血液，许多毒物对血液系统具有毒作用，可分别或同时引起造血功能抑制、血细胞损害、血红蛋白变性、出血凝血机制障碍等。铅干扰卟啉代谢，影响血红素合成，可引起低色素性贫血；砷化氢是剧烈的溶血性物质，可产生急性溶血反应；苯的氨基、硝基化合物及亚硝酸盐等可导致高铁血红蛋白血症；苯和三硝基甲苯抑制骨髓造血功能，可引起白细胞、血小板减少、再生障碍性贫血，甚至引起白血病；2-(二苯基乙酰基)-1,3 茚满三酮（商品名为敌鼠）抑制凝血因子Ⅱ、Ⅶ、Ⅸ、Ⅹ在肝脏合成，损害毛细血管，可引起严重出血；一氧化碳与血红蛋白结合，形成碳氧血红蛋白血症，可引起组织细胞缺氧窒息等。

（4）消化系统。消化系统是毒物吸收、生物转化、排出和经肠肝循环再吸收的场所，许多生产性毒物可损害消化系统。如接触汞、酸雾等可引起口腔炎；汞盐、三氧化二砷、有机磷农药急性中毒时可出现急性胃肠炎；四氯化碳、氯仿、砷化氢、三硝基甲苯中毒可引起急性或慢性中毒性肝病。铅中毒、铊中毒时可出现腹绞痛；有的毒物可损害牙组织，出现氟斑牙、牙酸蚀病、牙龈色素沉着等表现。

（5）泌尿系统。肾脏是毒物最主要的排泄器官，也是许多化学物质的贮存器官之一。泌尿系统尤其是肾脏成为许多毒物的靶器官。引起泌尿系统损害的毒物很多，其临床表现大致可分为急性中毒性肾病、慢性中毒性肾病、泌尿系统肿瘤以及其他中毒性泌尿系统疾病，以前两种类型较多见。如铅、汞、镉、四氯化碳、砷化氢等可致急、慢性肾病，β-萘胺、联苯胺可致泌尿系统肿瘤；芳香胺、杀虫脒可致化学性膀胱炎。近年来，尿酶如碱性磷酸酶、γ 谷氨酰转移酶、N 乙酰-β 氨基葡萄糖苷酶及尿蛋白，如金属硫蛋白、β_2-微球蛋白的检测已用作肾脏损害的重要监测手段。

（6）循环系统。毒物可引起心血管系统损害，临床可见急、慢性心肌损害、心律失常、房室传导阻滞、肺源性心脏病、心肌病和血压异常等多种表现。许多金属毒物和有机溶剂可直接损害心肌，如铊、四氯化碳等；镍通过影响心肌氧化与能量代谢，引起心功能降低、房室传导阻滞；某些氟烷烃如氟利昂可使心肌应激性增强，诱发心律失常，促发室性心动过速或引起心室颤动；亚硝酸盐可致血管扩张，血压下降；长期接触一定浓度的一氧化碳、二硫化碳的工人，冠状动脉粥样硬化、冠心病或心肌梗死的发病率明显增高。

（7）生殖系统。毒物对生殖系统的毒作用包括对接触者本人的生殖及其对子代发育过程的不良影响，即所谓“生殖毒性和发育毒性”。生殖毒性包括对接触者生殖器官、相关内分泌系统、性周期和性行为、生育力、妊娠结局、分娩过程等方面的影响；发育毒性可表现为胎儿结构异常、发育迟缓、出生体重不足、功能缺陷，甚至死亡等。很多生产性毒物具有一定的生殖毒性和发育毒性，例如铅、镉、汞等重金属可损害睾丸的生精过程，导致精子数量减少，畸形率增加、活动能力减弱；使女性月经先兆症状发生率增高、月经周期和经期异常、痛经及月经血量改变。孕期接触高浓度铅、汞、二硫化碳、苯系化合物、环氧乙烷的女工，自然流产率和子代先天性出生缺陷的发生率明显增高。

（8）皮肤。职业性皮肤病约占职业病总数的 40%～50%，其致病因素中化学因素占90%以上。生产性毒物可对皮肤造成多种损害，如酸、碱、有机溶剂等引起接触性皮炎；沥青、煤焦油等导致光敏性皮炎；矿物油类、卤代芳烃化合物等导致职业性痤疮；煤焦油、石油等导致皮肤黑变病；铬的化合物、铍盐等导致职业性皮肤溃疡；沥青、焦油等导致职业性疣赘；有机溶剂、碱性物质等导致职业性角化过度和皲裂；氯丁二烯、铅等可引起暂时脱发；砷、煤焦油等可引起职业性皮肤肿瘤。

(9) 其他。毒物可引起多种眼部病变，如刺激性化学物可引起角膜、结膜炎；腐蚀性化合物可使角膜和结膜坏死、糜烂；三硝基甲苯、二硝基酚可致白内障；甲醇可致视神经炎、视网膜水肿、视神经萎缩，甚至失明等；氟可引起氟骨症；黄磷可以引起下颌骨破坏、坏死；吸入氧化锌、氧化镉等金属烟尘可引起金属烟热。

5.2.5　金属矿山常见的职业中毒

5.2.5.1　刺激性气体中毒

刺激性气体的毒性按其化学作用分，主要是酸、碱和氧化剂，如成酸氧化物、卤素、卤化物、酯类遇水可形成酸或分解为酸。酸可从组织中吸出水分，凝固其蛋白质，使细胞坏死。胺类遇水形成碱，可从细胞中吸出水分并皂化脂肪，使细胞发生溶解性坏死。氧化剂如氧、臭氧、二氧化氮可直接或通过自由基氧化，导致细胞膜氧化损伤。刺激性气体通常以局部损害为主，其损害作用的共同特点是引起眼、呼吸道黏膜及皮肤不同程度的炎性病理反应，刺激作用过强时可引起喉头水肿、肺水肿以及全身反应。病变程度主要取决于吸入刺激性气体的浓度和持续接触时间，病变的部位与其水溶性有关。水溶性高的毒物易溶解附着在湿润的眼和上呼吸道黏膜局部，立即产生刺激作用，出现流泪、流涕、咽痒、呛咳等症状，如氯化氢、氨；中等水溶性的毒物，其作用部位与浓度有关，低浓度时只侵犯眼和上呼吸道；如氯、二氧化硫，而高浓度时则可侵犯全呼吸道；水溶性低的毒物，通过上呼吸道时溶解少，故对上呼吸道刺激性较小，如二氧化氮、光气，易进入呼吸道深部，对肺组织产生刺激和腐蚀，常引起化学性肺炎或肺水肿。液体刺激性气态物质直接接触皮肤黏膜或溅入眼内可引起皮肤灼伤及眼角膜损伤。刺激性气体作用主要表现在以下几个方面。

A　急性刺激作用

眼和上呼吸道刺激性炎症，如流泪、畏光、结膜充血、流涕、喷嚏、咽疼、咽部充血、呛咳、胸闷等。吸入较高浓度的刺激性气体可引起中毒性咽喉炎、气管炎、支气管炎和肺炎；吸入高浓度的刺激性气体可引起喉头痉挛或水肿，严重者可窒息死亡。

B 中毒性肺水肿

吸入高浓度刺激性气体后所引起的肺泡内及肺间质过量的体液潴留为特征的病理过程，最终可导致急性呼吸功能衰竭，是刺激性气体所致的最严重的危害和职业病常见的急症之一。中毒性肺水肿的发生主要决定于刺激性气体的毒性、浓度、作用时间、水溶性及机体的应激能力。易引起肺水肿较常见的刺激性气体如二氧化氮等。

刺激性气体引起的肺水肿，临床过程可分为以下四期。

（1）刺激期。吸入刺激性气体后表现为气管-支气管黏膜的急性炎症，主要在短时间内出现呛咳、流涕、咽干、咽痛、胸闷及全身症状，如头痛、头晕、恶心、呕吐等症状。吸入水溶性低的刺激性气体后，该期症状较轻或不明显。

（2）潜伏期。刺激期后，自觉症状减轻或消失，病情相对稳定，但肺部的潜在病理变化仍在继续发展，经过一段时间发生肺水肿，属“假象期”。潜伏期长短主要取决于刺激性气体的溶解度、浓度和个体差异，水溶性大，浓度高，潜伏期短，一般为 2~6h，也有短至 0.5h 者；水溶性小的刺激性气体潜伏期 36~48h，甚至 72h。在潜伏期症状不多，期末可出现轻度的胸闷、气短、肺部少许干性啰音，但胸部 X 射线胸片可见肺纹理增多、模糊不清等。此期在防止或减轻肺水肿发生以及病情的转归上具有重要的作用。

（3）肺水肿期。潜伏期之后，突然出现加重的呼吸困难，烦躁不安、大汗淋漓、剧烈咳嗽、咳大量粉红色泡沫样痰。体检可见口唇明显发绀、两肺密布湿性啰音，严重时大中水泡音、血压下降、血液浓缩、白细胞可高达（20~30）$\times 10^9$ 个/L、部分中毒者血氧分析可见低氧血症。胸部 X 射线胸片检查，早期可见肺纹理增粗紊乱或肺门影增浓模糊。随着肺水肿的形成和加重，两肺可见散在的 1~10mm 大小不等、密度均匀的点片状、斑片状阴影，边缘不清，有时出现由肺门向两侧肺野呈放射状的蝴蝶形阴影。此期病情在 24h 内变化最剧烈，若控制不力，有可能进入急性呼吸窘迫综合征期。

（4）恢复期。经正确治疗，如无严重并发症，肺水肿可在 2~3 天内得到控制，症状体征逐步消失（一般 3~5 天），X 射线胸片变化约在 1 周内消失，7~15 天基本恢复，多无后遗症。二氟一氯甲烷引起的肺损害，可产生广泛的肺纤维化和支气管腺体肿瘤样增生，继而可引发呼吸功能衰竭。

C 急性呼吸窘迫综合征（ARDS）

刺激性气体中毒、创伤、休克、烧伤、感染等心源性以外的各种肺内外致病因素所导致的急性、进行性呼吸窘迫、缺氧性呼吸衰竭，主要病理特征是肺毛细血管通透性增高而导致的肺泡渗出液中富含蛋白质的肺水肿及透明膜形成，并伴有肺间质纤维化。本病死亡率可高达 50%。刺激性气体所致中毒性肺水肿与 ARDS 之间的概念、致病机制、疾病严重程度以及治疗和预后存在着量变到质变的本质变化。

急性呼吸窘迫综合征临床可分为四个阶段：（1）原发疾病症状。（2）潜伏期：大多数患者原发病后24~48h，出现呼吸急促发绀；极易误认为原发病病情加剧，常失去早期诊断时机。（3）呼吸困难、呼吸频数加快是最早、最客观的表现，发绀是重要的体征之一。出现呼吸窘迫，肺部水泡音，X射线胸片有散在浸润阴影。（4）呼吸窘迫加重，出现神志障碍，胸部X射线胸片上有广泛毛玻璃样融合浸润阴影。ARDS的病程与化学性肺水肿大体相似，仅在疾病程度上更为严重，在临床上呈现严重进行性呼吸困难，呼吸频率大于28次/min，严重的低氧血症，$PaO_2 \leqslant 8kPa$（60mmHg）和（或）氧合指数（PaO_2/FiO_2）~40kPa（300mmHg）。用一般氧疗难以奏效，预后较差。而刺激性气体导致ARDS病因明确，其对肺部的直接损伤导致ARDS在发病过程中较其他原发病有更重要的意义，因此在肺部体征、X线胸片表现、病理损害等方面更为明显。由于无其他原发病，所以在预后上较为良好。

D 慢性影响

长期接触低浓度刺激性气体，可能成为引起慢性结膜炎、鼻炎、咽炎、慢性支气管炎、支气管哮喘、肺气肿的综合因素之一。急性氯气中毒后可遗留慢性喘息性支气管炎。有的刺激性气体还具有致敏作用，如氯、甲苯二异氨酸酯等。

5.2.5.2 窒息性气体中毒

窒息性气体是指被机体吸入后，可使氧（O_2）的供给、摄取、运输和利用发生障碍，使全身组织细胞得不到或不能利用氧，而导致组织细胞缺氧窒息的一类有害气体的总称。窒息性气体中毒表现为多系统受损害，但是神经系统受损最为突出。矿山常见的引起窒息性气体中毒的有一氧化碳、二氧化碳、硫化氢等。

不同种类的窒息性气体致病机制不同，但其主要致病环节都是引起机体组织细胞缺氧。

机体对氧的利用过程：空气中的氧经呼吸道吸入到达肺泡，扩散入血后与红细胞中的血红蛋白结合为氧合血红蛋白（HbO_2），随血液循环输送至全身各组织器官，与组织中的气体交换进入细胞。在细胞内呼吸酶的作用下，参与糖、蛋白质、脂肪等营养物质的代谢转化，生成二氧化碳和水，并产生能量，以维持机体的生理活动。窒息性气体可破坏上述过程中的某一环节，而引起机体缺氧窒息。

A 一氧化碳

一氧化碳主要与红细胞的血红蛋白结合，形成碳氧血红蛋白（HbCO），致使红细胞失去携氧能力，从而组织细胞得不到足够的氧气。

中枢神经系统（CNS）对缺氧最敏感。CO的毒作用影响了O_2和能量供应，引起脑水肿，脑血液循环障碍，使大脑和基底神经节，尤其是苍白球和黑质，因血管吻合支较少和血管水肿、结构不健全，而发生变性、软化、坏死，或白质广泛性脱髓鞘病变，由此出现以中枢神经系统损害为主、伴有不同并发症的症状与体征，如颅压增高、帕金森氏综合征和一系列神经精神症状等。此外，因 HbCO 为鲜红色而引起皮肤黏膜呈樱桃红色；还可引起心肌损害等。

因 CNS 对缺氧最为敏感，故首先受累。吸入 CO 气体可引起急性中毒、急性一氧化碳中毒会导致迟发脑病（神经精神后发症）和慢性损害。

（1）急性中毒是吸入较高浓度 CO 后引起的急性脑缺氧性疾病，起病急骤、潜伏期短，主要表现为急性脑缺氧所致的中枢神经损伤。少数患者可有迟发的神经精神症状，部分患者也可有其他脏器的缺氧性改变。中毒程度与血中 HbCO 浓度有关。

1）轻度中毒。以脑缺氧反应为主要表现，表现为头痛、头昏、失眠、耳鸣、眼花、视物模糊、颞部压迫和搏动感，并可有恶心、呕吐、心悸、胸闷和四肢无力、步态不稳等症状，可有意识模糊、嗜睡、朦胧、短暂昏厥，甚至语妄状态等轻度至中度意识障碍，但无昏迷。血液 HbCO 浓度可高于 10%。经治疗，症状可迅速消失。

2）中度中毒。在轻度中毒的基础上出现面色潮红，口唇、指甲、皮肤黏膜呈樱桃红色（面颊、前胸、大腿内侧尤为明显），多汗、烦躁，心率加速、心律失常、血压先升后降，一时性感觉-运动分离，出现嗜睡、短暂昏厥或不同程度的意识障碍、大小便失禁、抽搐或强直、瞳孔对光反应、角膜反射及腱反射减弱或消失等深浅程度不同的昏迷，但昏迷持续时间短，经脱离现场和抢救，可较快苏醒。部分患者脑电图异常。血液 HbCO 浓度可高于 30%。经抢救可较快清醒，恢复后一般无并发症和后遗症。

因 HbCO 为鲜红色，故患者皮肤黏膜在中毒之初呈樱红色，与其他缺氧不同，这是其临床特点之一；再是全身乏力显著，即使患者清醒，也已难以行动，不能自救。

3）重度中毒。中度中毒症状进一步加重，因脑水肿而迅速进入深度昏迷或去大脑皮质状态，昏迷可持续十几个小时，甚至几天；肤色因末梢循环不良而呈灰白或青紫，呼吸、脉搏由弱、快变为慢而不规则，甚至停止，心音弱而低钝，血压下降；瞳孔缩小，瞳孔对光反射等各种反射迟钝或消失，可出现病理反射；初期四股肌张力增高、牙关紧闭、阵发性强直性全身痉挛，晚期肌张力显著降低，瞳孔散大，大小便失禁，可因呼吸麻痹而死亡。经抢救存活者可有严重并发症及后遗症，如脑水肿、脑出血、脑梗死、癫痫、休克，严重的心肌损害、横纹肌溶解、筋膜间隙综合征；水电解质紊乱；肺炎、肺水肿、呼吸衰竭，肺内可出现湿啰音；消化道出血；皮肤水泡、红斑或类似烫伤的片状红肿、肌肉肿胀坏死；锥体系或锥体外系损害等脑局灶损害症状，以精神意识障碍为主要表现的一氧化碳神经精神后发症或迟发脑病等严重并发症，多数有脑电图异常，肝、肾损害等，出现肝肿大、黄疸、氨基转移酶及血尿素氮升高、蛋白尿等；血液 HbCO 浓度可高于 50%。

如继发脑水肿（意识障碍加重，出现抽搐或去大脑强直，病理反射阳性，脑电图慢波增多或视神经盘水肿）、肺水肿、呼吸衰竭、休克、严重心肌损害或上消化道出血，皆提示病情严重。

4）其他系统损害。出现脑外其他器官异常，如皮肤红斑水泡、肌肉肿痛、心电图或肝、肾功能异常，单神经病或听觉前庭器官损害等。较中枢神经症状出现晚，仅见于部分患者，病变一般较轻，多为一过性、暂时性。

（2）急性一氧化碳中毒迟发脑病是指少数急性一氧化碳中毒意识障碍恢复后，经 2~60 天的“假愈期”又出现严重的神经精神和意识障碍症状，包括：痴呆、语妄或去大脑皮质状态；锥体外系障碍，出现帕金森综合征表现；锥体系损害，出现偏瘫、病理反射阳性或大小便失禁等；大脑皮质局灶性功能障碍如失语、失明等，或出现继发性癫痫。重者生活不能自理、甚至死亡。头颅 CT 检查脑部可见病理性密度减低区；脑电图可见中、高度异常。因表现出“双相”的临床过程，有人也称为“急性一氧化碳中毒神经精神后发症”。约 10%的患者可发生此病，部分患者经治疗后可恢复，有些则留下严重后遗症。

发生迟发脑病的危险因素：急性期病情重、昏迷时间长、苏醒后头晕和乏力持续时间长、休息不够充分、治疗处理不当、高龄、有高血压病史、脑力劳动者、精神刺激。

（3）急性中毒后遗症直接由急性期延续而来，有神经衰弱、帕金森病、偏瘫、偏盲、失语、吞咽困难、智力障碍、中毒性精神病或去大脑强直。部分患者可发生继发性脑病。

（4）慢性影响 CO 是否可引起慢性中毒尚有争论。有人认为可出现神经和心血管系统损害，如神经衰弱综合征，表现为头痛、头晕、耳鸣、无力、记忆力减退及睡眠障碍等，以及心律失常、心肌损害和动脉粥样硬化等。

B　硫化氢

硫化氢进入机体后的作用是多方面的，主要是硫化氢与氧化型细胞色素氧化酶中的 Fe^{+}结合，抑制细胞呼吸酶的活性，导致组织细胞缺氧；硫化氢可与谷胱甘肽（GSH）的巯基（—SH）结合，使谷胱甘肽失活，加重了组织细胞的缺氧。另外，高浓度硫化氢通过对嗅神经、呼吸道黏膜神经及颈动脉窦和主动脉体的化学感受器的强烈刺激，导致呼吸麻痹，甚至猝死。

H_2S 可引起刺激反应、急性中毒和慢性损害。

（1）刺激反应。接触 H_2S 后出现眼刺痛、畏光、流泪、流涕、结膜充血、咽部灼热感、咳嗽等眼和上呼吸道刺激症状，以及头痛、头晕、乏力、恶心等神经系统症状。脱离接触后短时间内即可恢复。

（2）急性中毒。按中毒程度分为轻、中、重度三级，程度不同，其临床表现有明显的差别。

1）轻度中毒。眼胀痛、异物感、畏光、流泪、流涕、鼻及咽喉部干燥、灼热感、咳嗽、咳痰、胸闷和头痛、头晕、乏力、恶心、呕吐等症状，可有轻至中度意识障碍和急性气管-支气管炎或支气管周围炎。检查可见眼睑浮肿、眼结膜充血、水肿，肺部呼吸音粗糙，可闻及散在干、湿啰音。X 线胸片显示肺纹理增多、增粗或边缘模糊。

2）中度中毒。立即出现明显的头痛、头晕、乏力、恶心、呕吐、共济失调等症状，意识障碍程度加重，表现为浅至中度昏迷。同时有明显的眼和呼吸道黏膜刺激症状，出现咳嗽、胸闷、痰中带血、轻度发绀和视物模糊、结膜充血、水肿、角膜糜烂、攒房等。肺部可闻较多干、湿啰音，X 线胸片显示两肺纹理模糊，肺野透亮度降低，两中、下肺叶肺野点、片状密度增高阴影等急性间质性肺水肿或支气管肺炎表现；心电图显示心肌损害，经抢救多数短时间内意识可恢复正常。

3）重度中毒。吸入高浓度 H_2S 后，迅速出现头晕、心悸、呼吸困难、行动迟钝等明显的中枢神经系统症状，继而呕吐、腹泻、腹痛、烦躁和抽搐，意识障碍达深昏迷或呈植物状态，以及肺泡性肺水肿、休克等心、肝、肾多脏器衰竭，最后可因呼吸麻痹而死亡，接触极高浓度 H_2S，可在数秒内突然倒下，呼吸停止，发生所谓的“电击型”死亡。

（3）部分严重中毒患者经治疗后可留有后遗症，如头痛、失眠、记忆力减退、自主神经功能紊乱、紧张、焦虑、智力障碍、平衡和运动功能障碍、周围神经损伤等，头颅 CT 显示轻度脑萎缩等。

（4）慢性危害，长期接触低浓度 H_2S 可引起眼及呼吸道慢性炎症，如慢性结膜炎、角膜炎、鼻炎、咽炎、气管炎和嗅觉减退，甚至角膜糜烂或点状角膜炎等。全身症状可有类神经症、中枢性自主神经功能紊乱，如头痛、头晕、乏力、睡眠障碍、记忆力减退和多汗、皮肤划痕症阳性等，也可损害周围神经。至今未见慢性中毒病例报道。

5.2.5.3 金属中毒

金属和类金属及其合金、化合物广泛应用于各种工业，尤其在建筑、汽车、航空航天、电子和其他制造工业以及在油漆、涂料和催化剂生产过程中都大量使用。各种金属都是通过矿山开采、冶炼、精炼和加工后成为工业用金属原料。因此，从矿山开采、冶炼到加工成金属以及应用这些金属时，都会对车间和工作场所造成污染，给工人的身体健康造成潜在危害。了解有害金属和类金属的理化特性、接触机会、毒性和毒理作用及可能引起的中毒，在职业医学中具有特殊意义。

和其他毒物中毒一样，每一种金属因其毒性和靶器官不同而出现不同的临床表现。很多金属具有靶器官性，即有选择性地在某些器官或组织中蓄积并发挥生物学效应，并引起慢性毒性作用。金属也可与有机物结合，改变其物理特性和毒性，如氧化物和碳基化物结合毒性很大。急性金属中毒多由吸入高浓度金属烟雾或金属气化物或食入含金属化合物的食品所致。在现代工业中，这种类型的接触比较少见，常常是由于意外的化学反应、事故或在密闭空间燃烧或焊接造成。低剂量长时间接触金属和类金属引起的慢性毒性作用是目前金属中毒的重点。

了解金属中毒表现，结合职业史可帮助诊断。大多数金属通过代谢可在血和尿中检出，从而帮助确立诊断。随着科学技术，特别是医学检测技术的进展，对以前认为是安全的接触剂量可能提出质疑。医学监测和生物学检测对于确定安全接触剂量和诊断十分重要。金属毒物在体内代谢过程中，一般主要通过和体内巯基及其他配基形成稳定复合物而发挥生物学作用，正是这种特性构成了应用络合剂疗法治疗金属中毒的基础。治疗金属中毒常用的络合剂有两种，即氨羧络合剂和巯基络合剂。氨羧络合剂中的氨基多羧酸能与多种金属离子络合成无毒的金属络合物并排出体外，如依地酸二钠钙、喷替酸钙钠（促排灵）。巯基络合剂的碳链上带有巯基，可和金属结合，保护人体的巯基酶系统，免受金属的抑制作用，同时也可解救已被抑制的巯基酶，使其活性恢复，如二巯丙醇、二巯基丙磺酸钠、二巯丁二钠、青霉胺等。

A 铅

金属铅不溶于水，但溶于稀盐酸、碳酸和有机酸，铅尘遇湿和 CO_2 变为 $PbCO_3$。铅的化合物多为粉末状，大多不溶于水，但可溶于酸；但醋酸铅、硝酸铅则易溶于水。

（1）铅化合物可通过呼吸道和消化道吸收。生产过程中，铅及其化合物主要以粉尘、烟或蒸气的形式污染生产环境，所以呼吸道是主要吸入途径，其次是消化道。铅经呼吸道吸收较为迅速，吸入的氧化铅烟约有 40%吸收入血液循环，其余由呼吸道排出；铅尘的吸收取决于颗粒大小和溶解度。铅经消化道吸收，主要是由在铅作业场所进食、饮水、吸烟或摄取被铅污染的食物引起；经消化道摄入的铅化合物有 5%～10%通过胃肠道吸收，空腹时可高达 45%。铅及其无机铅化合物不能通过完整皮肤，但四乙基铅可通过皮肤和黏膜吸收。儿童经过呼吸道和消化道对铅的吸收率明显高于成人。

（2）分布在血液中的铅 90%以上与红细胞结合，其余在血浆中。血浆中的铅一部分是活性较大的可溶性铅，主要为磷酸氢铅（$PbHPO_4$）和甘油磷酸铅，另一部分是血浆蛋白结合铅。血液中的铅初期随血液循环分布于全身各器官系统中，以肝、肌肉、皮肤、结缔组织含量较高，其次是肺、肾、脑。数周后，由软组织转移到骨，一并以难溶的磷酸铅［$Pb_3(PO_4)_2$］形式沉积下来。铅在骨内先进入长骨小梁部，然后逐渐分布于皮质。人体 90%～95%的铅储存于骨内，一部分比较稳定，半减期约为 20 年，一部分具有代谢活性，可迅速向血液和软组织转移，半减期约为 19 天；骨铅与血液和软组织中的铅保持着动态平衡。

（3）代谢铅在体内的代谢与钙相似，凡能影响钙在体内储存和排出的因素，均可影响到铅的代谢。缺铁、缺钙及高脂饮食可增加胃肠道对铅的吸收；当缺钙或因感染、饮酒、外伤、服用酸性药物等改变体内酸碱平衡时，以及骨疾病（如骨质疏松、骨折），可导致骨内储存的磷酸铅转化为溶解度增大 100 倍的磷酸氢铅而进入血液，使血液中铅浓度短期内急剧升高，引起铅中毒症状发作或使其症状加重。

（4）体内的铅主要经肾脏随尿排出。尿中排出量可代表铅的吸收状况，正常人每日由尿排泄 20～80ng。少部分铅可随粪便、唾液、汗液、乳汁、月经、脱落的皮屑等排出。乳汁内的铅可影响婴儿，血铅也可通过胎盘进入胎儿体内而影响到后代。

（5）铅中毒的作用机制尚未完全阐明。铅作用于全身各器官和系统，主要累及神经系统、血液及造血系统、消化系统、心血管系统及肾脏等。目前，在铅中毒机制研究中，铅对卟啉代谢和血红素合成影响的研究最为深入，并认为出现卟啉代谢紊乱是铅中毒重要和较早的变化之一。

卟啉代谢和血红素合成是在一系列酶促作用下发生的。在这个过程中，目前比较清楚的是铅抑制 δ-氨基-γ-酮戊酸脱水酶（ALAD）和血红素合成酶。ALAD 受抑制后，δ-氨基-γ-酮戊酸（ALA）形成胆色素原受阻，血 ALA 增加并由尿排出。血红素合成酶受抑制后，二价铁离子不能和原卟啉Ⅸ结合，使血红素合成障碍，同时红细胞游离原卟啉（FEP）增加，使体内的 Zn 离子被络合于原卟啉Ⅸ，形成锌原卟啉（ZPP）。铅还可抑制 δ-氨基-γ-酮戊酸合成酶（ALAS），但由于 ALA 合成酶受血红素反馈调节，铅对血红素合成酶的抑制又间接促进 ALA 合成酶的生成。

此外，铅对红细胞，特别是骨髓中幼稚红细胞具有较强的毒作用，使红细胞形成增加。铅可使骨髓幼稚红细胞发生超微结构的改变，如核膜变薄，胞浆异常，高尔基体及线粒体肿胀，细胞成熟障碍等。铅在细胞内可与蛋白质的巯基结合，干扰多种细胞酶类活性，例如铅可抑制细胞膜兰磷酸腺苷酶，导致细胞内大量钾离子丧失，使红细胞表面物理特性发生改变，寿命缩短，脆性增加，导致溶血。

目前，铅对神经系统的损害日益受到关注。除了对神经系统的直接毒作用外，还由于血液中增多的ALA可通过血-脑屏障进入脑组织，因其与γ-氨基丁酸（GABA）化学结构相似，可与GABA竞争突触后膜上的GABA受体，产生竞争性抑制作用而干扰神经系统功能，出现意识、行为及神经效应等改变。铅还可影响脑内儿茶酚胺的代谢，使脑内和尿中高香草酸（HVA）和香草扁桃酸（VMA）显著增高，最终导致中毒性脑病和周围神经病。铅还可损害周围神经细胞内线粒体和微粒体，使神经细胞膜改变和脱髓鞘，表现为神经传导速度减慢；还可以引起轴索变性，导致垂腕。

铅可抑制肠壁碱性磷酸酶和ATP酶的活性，使肠壁和小动脉平滑肌痉挛收缩，肠道引起腹绞痛。

铅可影响肾小管上皮线粒体功能，抑制ATP酶活性，引起肾小管功能障碍甚至损伤，造成肾小管重吸收功能降低，同时还影响肾小球滤过率。

经口摄入大量铅化合物可致急性铅中毒，多表现为胃肠道症状，如恶心、呕吐、腹绞痛等，少数出现中毒性脑病。工业生产中急性中毒已极罕见。职业性铅中毒基本上为慢性中毒，早期表现为乏力、关节肌肉酸痛、胃肠道症状等。随着病情进展，可出现下列表现。

1）神经系统主要表现为类神经症、周围神经病，严重者出现中毒性脑病。类神经症是铅中毒早期和常见症状，表现为头昏、头痛、乏力、失眠、多梦、记忆力减退等，属功能性症状。周围神经病分为感觉型、运动型和混合型。感觉型表现为肢端麻木，四肢末端呈手套、袜套样感觉障碍。运动型表现为握力减退，进一步发展为伸肌无力和麻痹，甚至出现“腕下垂”或“足下垂”。严重铅中毒可出现中毒性脑病，表现为头痛、恶心、呕吐、高热、烦躁、抽搐、嗜睡、精神障碍、昏迷等症状，在职业性中毒中已极为少见。

2）消化系统表现为口内金属味、食欲减退、恶心、隐性腹痛、腹胀、腹泻与便秘交替出现等。重者可出现腹绞痛，多为突然发作，部位常在脐周，发作时患者面色苍白、烦躁、冷汗、体位卷曲，一般止痛药不易缓解，发作可持续数分钟以上。检查腹部常平坦柔软，轻度压痛但无固定点，肠鸣减弱，常伴有暂时性血压升高和眼底动脉痉挛；腹绞痛是慢性铅中毒急性发作的典型症状。

3）血液及造血系统可有轻度贫血，多呈低色素正常细胞型贫血，亦有呈小细胞性贫血；卟啉代谢障碍，点彩红细胞、网织红细胞、碱粒红细胞增多等。

4）其他口腔卫生不好者，在齿跟与牙齿交界边缘上可出现由硫化铅颗粒沉淀形成的暗蓝色线，即铅线。部分患者肾脏受到损害，表现为近曲小管损伤引起的Fanconi综合征，伴有氨基酸尿、糖尿和磷酸盐尿；少数较重患者可出现蛋白尿，尿中红细胞、管型及肾功能减退。此外，铅可使男性精子数目减少、活动力减弱和畸形率增加；还可导致女性月经失调、流产、早产、不育等。

B 汞

金属汞主要以蒸气形式经呼吸道进入体内。由于汞蒸气具有脂溶性，可迅速弥散，透过肺泡壁被吸收，吸收率可达70%以上；空气中汞浓度增高时，吸收率也增加。金属汞很难经消化道吸收，但汞盐及有机汞化合物易被消化道吸收。

汞及其化合物进入机体后，最初分布于红细胞及血浆中，以后到达全身很多组织。最初集中在肝，随后转移至肾脏，主要分布在肾皮质，以近肾小管上皮组织内含量最多，导致肾小管重吸收功能障碍；在肾功能尚未出现异常时可观察到尿中某些酶和蛋白的改变，如N-乙酰-β-氨基葡萄糖苷酶（NAG）和β_2微球蛋白（β_2-MG）。汞在体内可诱发生成金属硫蛋白（MT），这是一种低分子富含巯基的蛋白质，主要蓄积在肾脏，对汞在体内的解毒和蓄积以及保护肾脏起一定作用。汞可通过血脑屏障进入脑组织，并在脑中长期蓄积。汞也易通过胎盘进入胎儿体内，影响胎儿发育。

汞主要经肾脏随尿排出，在未产生肾损害时，尿汞的排出量约占总排出量的70%；但尿汞的排出很不规则，且较为缓慢，停止接触后十多年，尿汞仍可超过正常值。少量汞可随粪便、呼气、乳汁、唾液、汗液、毛发等排出。汞在人体内半减期约60天。

汞中毒的机制尚不完全清楚。汞进入体内后，在血液内通过过氧化氢酶氧化为二价汞离子（Hg^{2+}）。Hg^{2+}与蛋白质的巯基（—SH）具有特殊亲和力，而巯基是细胞代谢过程中许多重要酶的活性部分，当汞与这些酶的巯基结合后，可干扰其活性甚至使其失活，如汞离子与GSH结合后形成不可逆性复合物而损害其抗氧化功能；与细胞膜表面上酶的巯基结合，可改变酶的结构和功能。汞与体内蛋白结合后可由半抗原成为抗原，引起变态反应，出现肾病综合征，高浓度的汞还可直接引起肾小球免疫损伤。

汞与巯基结合并不能完全解释汞毒性作用的特点。汞毒性作用的确切机制仍有待进一步研究。

（1）急性中毒。短时间吸入高浓度汞蒸气或摄入可溶性汞盐可致急性中毒，多由于在密闭空间内工作或意外事故造成。一般起病急，有发热、咳嗽、呼吸困难、口腔炎和胃肠道症状，继之可发生化学性肺炎伴有发绀、气促、肺水肿等。急性汞中毒常出现皮疹，多呈现泛发性红斑、丘疹或斑丘疹，可融合成片。肾损伤表现为开始时多尿，继之出现蛋白尿、少尿及肾衰。急性期恢复后可出现类似慢性中毒的神经系统症状。口服汞盐可引起胃肠道症状，恶心、呕吐、腹泻和腹痛，并可引起肾脏和神经损害。

（2）慢性中毒。慢性汞中毒较常见，其典型临床表现为易兴奋症、震颤和口腔炎。

1）神经系统。初期表现为类神经症，如头昏、乏力、健忘、失眠、多梦、易激动等，部分病例可有心悸、多汗等自主神经系统紊乱现象，病情进一步发展则会发生性格改变，如急躁、易怒、胆怯、害羞、多疑等。震颤是神经毒性的早期症状，开始时表现为手指、舌尖、眼睑的细小震颤，多在休息时发生；进一步发展成前臂、上臂粗大震颤，也可伴有头部震颤和运动失调。震颤特点为意向性，即震颤开始于动作时，在动作过程中加重，动作完成后停止，被别人注意、紧张或欲加以控制时，震颤程度常更明显加重。震颤、步态失调、动作迟缓等症候群，类似帕金森病，后期可出现幻觉和痴呆。部分患者出现周围神经病，表现为双下肢沉重、四肢麻木、烧灼感、四肢呈手套、袜套样感觉减退。慢性中毒性脑病以小脑共济失调表现多见，还可表现为中毒性精神病。

2）口腔牙龈炎。早期多有流涎、糜烂、溃痛、牙龈肿胀、酸痛、易出血；继而可发展为牙龈萎缩、牙齿松动，甚至脱落；口腔卫生不良者，可在龈缘出现蓝黑色示线。

3）肾脏损害。少数患者可有肾脏损害，早期因肾小管重吸收功能障碍可表现为 NAG 和—MG 和视黄醇结合蛋白（RBP）含量增高；随着病情加重，肾小球的通透性改变，尿中出现高分子蛋白、管型尿甚至血尿，可见水肿。

4）其他。胃肠功能紊乱、脱发、皮炎、免疫功能障碍，生殖功能异常，如月经紊乱、不育、异常生育、性欲减退、精子畸形等。

实验室检查：尿汞反映近期汞接触水平，急性汞中毒时，尿汞往往明显高于生物接触限值（我国正常人尿汞正常参考值为 2.25μmol/mol 肌酶，4μg/g 肌酐）；长期从事汞作业的劳动者，尿汞往往高于其生物接触限值（20μmol/mol 肌酐，35μg/g 肌酐）；尿汞正常者经驱汞试验（用 5%二巯基丙磺酸钠 5mL 一次肌注），尿汞大于 45μg/天，亦提示有过量汞吸收。尿汞测定多推荐用冷原子吸收光谱法。

C　锰

锰中毒与锰作业时间、锰烟尘浓度、防护措施有密切关系。锰主要通过呼吸道和胃肠道吸收，皮肤吸收甚微。锰主要以烟尘形式经呼吸道吸收，人血中的锰与血浆中的 β 球蛋白结合为转锰素分布于全身，小部分进入红细胞，形成锰卟啉，并迅速从血液中转移到富有线粒体的细胞中，以不溶性磷酸盐的形式蓄积于肝、肾、脑及毛发中，且细胞内的锰 2/3 潴留于线粒体内；少部分经胃肠道吸收的锰入肝，在血浆铜蓝蛋白作用下将 Mn^{2+} 氧化成 Mn^{3+}，再经铁传递蛋白转运至脑毛细血管脉络丛。锰能特异性地蓄积在线粒体中，在有线粒体的神经细胞和神经突触中，抑制线粒体三磷酸腺苷酶和溶酶体中的酸性磷酸酶活力，从而影响神经突触的传导能力。锰还引起多巴胺和 5-羟色胺含量减少。锰又是一种拟胆碱样物质，可影响胆碱酯酶合成，使乙酰胆碱蓄积，此与锰中毒时出现帕金森病有关。后期脑中含锰量甚至可超过肝的蓄积量，多在豆状核和小脑。锰大多经胆囊分泌，随粪便缓慢排出，尿中排出量少，唾液、乳汁、汗腺排出微量。慢性锰中毒的发病机理至今尚未完全阐明，但与神经细胞变性、神经纤维脱髓鞘以及多巴胺合成减少、乙酰胆碱递质系统兴奋作用相对增强等导致精神-神经症状和出现帕金森综合征有关。

锰中毒有以下临床表现。

（1）急性锰中毒可因口服高锰酸钾或吸入高浓度氧化锰烟雾引起急性腐蚀性胃肠炎或刺激性支气管炎、肺炎。口服高锰酸钾可引起口腔黏膜糜烂、恶心、呕吐、胃痛，重者胃肠黏膜坏死，剧烈腹痛、呕吐、血便，5~10g锰可致死。在通风不良条件下进行电焊，可发生咽痛、咳嗽、气急，并发生寒战和高热（金属烟热）。

（2）慢性锰中毒主要见于长期吸入锰烟尘的工人。慢性锰中毒一般在接触锰的烟、尘3~5年或更长时间后发病。早期主要表现为类神经症，继而出现锥体外系神经受损症状，肌张力增高，手指细小震颤，腱反射亢进，并有神经情绪改变如激动、多汗、欣快、情绪不稳定。后期出现典型的帕金森综合征，说话含糊不清、面部表情减少、动作笨拙、慌张步态、肌张力呈齿轮样增强、双足沉重感、静止性震颤，并于精神紧张时加重，以及不自主哭笑、记忆力显著减退、智力下降、强迫观念和冲动行为等精神症状。可以有好发于晚间的肌肉痉挛，以腓肠肌阵发性痉挛为多见。体征可见蹲下易于跌倒、闭目难立试验阳性、单足站立不稳、轮替续慢。少数患者可有手套袜子样分布的感觉障碍，浅反射由引出转向迟钝、消失，深反射由正常转向活跃、亢进。此外，还会出现血压、心率、心电图以及肝功能等方面的改变。锰烟尘可引起肺炎、尘肺，尚可发生结膜炎、鼻炎和皮炎。

5.3　矿山物理因素引起的职业病

5.3.1　高低温引起的中暑和冻伤

5.3.1.1　中暑

高温作业可导致急性热致疾病（如刺热、痱子和中暑）和慢性热致疾病（慢性热衰竭、高血压、心肌损害、消化系统疾病、皮肤疾病、热带性嗜睡、肾结石、缺水性热衰竭等）。这里，我们主要介绍中暑。中暑是高温环境下由于热平衡和（或）水盐代谢紊乱等而引起的一种以中枢神经系统和（或）心血管系统障碍为主要表现的急性热致疾病。

A　致病因素

环境温度过高、湿度大、风速小、劳动强度过大、劳动时间过长是中暑的主要致病因素。过度疲劳、未热适应、睡眠不足、年老、体弱、肥胖和抗热休克蛋白抗体都易诱发中暑。

B　发病机制与临床表现

中暑按发病机制可分为三种类型：即热射病、热痉挛和热衰竭。这种分类是相对的，临床上往往难以区分，常以单一类型出现，也可多种类型并存，我国职业病名单统称为中暑。

（1）热射病。人体在热环境下，散热途径受阻，体温调节机制失调所致。其临床特点为突然发病，体温升高可达40℃以上，开始时大量出汗，以后出现“无汗”并伴有干热和意识障碍、嗜睡、昏迷等中枢神经系统症状，死亡率甚高。

（2）热痉挛。由于大量出汗，体内钠、钾过量丢失所致，主要表现为明显的肌肉痉挛，伴有收缩痛。痉挛以四肢肌肉及腹肌等经常活动的肌肉多见，尤以腓肠肌最为严重。痉挛常呈对称性，时而发作，时而缓解。患者神志清醒，体温多正常。

（3）热衰竭。多数认为在高温、高湿环境下，皮肤血流的增加不伴有内脏血管收缩或血容量的相应增加，因此不能足够的代偿，致脑部暂时供血减少而晕厥。一般起病迅速，先有头昏、头痛、心悸、出汗、恶心、呕吐、皮肤湿冷、面色苍白、血压短暂下降，继而晕厥，体温不高或稍高。通常休息片刻即可清醒，一般不引起循环衰竭。

这三种类型的中暑，热射病最为严重，尽管迅速救治，仍有20%～40%的病人死亡。

C　中暑的诊断

根据高温作业人员的职业史及体温升高、肌痉挛或晕厥等主要临床表现，排除其他类似的疾病，可诊断为职业性中暑。中暑按其临床症状的轻重可分为轻症和重症中暑，重症中暑包括热射病、热痉挛、热衰竭。

（1）轻症中暑。具备下列情况之一者，诊断为轻症中暑。1）头昏、胸闷、心悸、面色潮红、皮肤灼热。2）有呼吸与循环衰竭的早期症状，大量出汗、面色苍白、血压下降、脉搏细弱而快。3）体温升高达38.5℃以上。

（2）重症中暑。凡出现前述热射病、热痉挛或热衰竭的主要临床表现之一者，可诊断为重症中暑。

5.3.1.2　冻伤

作业人员在接触低于0℃的环境或介质（如制冷剂、液态气体等）时，均有发生冻伤的可能。低温作业对机体有以下影响。

A　体温调节

寒冷刺激皮肤冷感受器发放神经冲动传入到脊髓和下丘脑，反射性引起皮肤血管收缩、寒战、立毛及动员贮存的脂肪和糖。血液由于外周血管收缩而转向流入深部组织，热在此不易散失。寒战、脂肪和糖动员也使得代谢产热增加，体温能够维持恒定。人体具有适应寒冷的能力，但有一定的限度。如果在寒冷(-5℃以下）环境下工作时间过长，或浸于冷水中（使皮温及中心体温迅速下降），超过适应能力，体温调节发生障碍。则体温降低，甚至出现体温过低，影响机体功能。

B 中枢神经系统

低温条件下，脑内高能磷酸化合物代谢降低；可出现神经兴奋与传导能力减弱，并与体温有直接的关系。在体温 32.2~35℃范围内，可见手脚不灵、运动失调、反应减慢及发音困难。寒冷引起的这些神经效应使低温作业工人易受机械和事故的伤害。

C 心血管系统

初期心率加快，心排出血量增加；后期则心率减慢，心排出血量减少。体温过低并不降低心肌收缩力而是影响心肌的传导系统。房室结的传导障碍表现为进展性心动过缓，进而出现心收缩不全。传导障碍可在心电图上有明显变化。

D 体温过低

一般将中心体温 35℃或以下称为体温过低。体温 35℃时，寒战达到最大程度，体温再下降，寒战则停止，且逐渐出现系列临床症状和体征（如血压、脉搏、瞳孔对光反应等消失，甚至出现肺水肿、心室纤颤和死亡）。在寒冷环境中，大量血液由外周流向内脏器官，中心和外周之间形成很大的温度梯度，所以中心体温尚未过低时，易出现四肢或面部的局部冻伤。

5.3.2 高低压引起的减压病和高原病

5.3.2.1 减压病

海平面的大气压力通常为 1 个大气压，进行水下作业时，潜水员或潜水工具等每下沉 10.3m，压力增加 101.33kPa（1 个大气压），增加部分称为附加压。附加压与水面大气压之和为总压，称绝对压。当下沉达到一定深度时，所形成的高气压作业环境会危害作业工人的健康。高气压作业相关的职业危害主要有气压伤、高铁血红蛋白症与减压病等，其中减压病是高气压作业的最重要的职业病。减压病是在高气压下工作一定时间后，在转向正常气压时，因减压过速所致的职业病。此时高气压作业时进入人体组织和血液中的氮形成气泡，栓塞小血管致血液循环障碍和组织损伤。

急性减压病大多数在数小时内发病，减压后 1h 内发病占 85%，6h 内 99%，6h 以后到 36h 发病者仅占 1%。一般减压愈快，症状出现愈早，病情也愈重。减压病临床表现主要在以下几个方面。

（1）皮肤。较早较多的症状为奇痒，搔之如隔靴搔痒，并有灼热感，蚁走感和出汗，主要由于气泡对皮下感觉神经末梢直接刺激所致。若皮下血管有气栓，可反射地引起局部血管痉挛与表皮微血管继发性扩张、充血及淤血，可见发绀，呈大理石样斑纹。此外，尚可发生水肿或皮下气肿。

（2）肌肉、关节、骨骼系统。气泡形成于肌肉、关节、骨膜等处，可引起疼痛。关节痛为减压病常见症状，约占病例数的90%。轻者出现酸痛，重者可呈跳动样、针刺样、撕裂样剧痛，迫使患者关节呈半屈曲状态，称“屈肢症”。骨质内气泡所致远期后果可产生减压性坏死（或称无菌性骨坏死），国外报道有经验的潜水员发病率约为25%，国内报道为26%，多发于股骨和股骨上端。减压性骨坏死的病因与机制主要是由于骨骼血管内氮气泡积聚，产生局部缺血。此外，尚有脂肪栓塞、血小板凝聚、气体引起渗透压改变、自体免疫反应等的综合作用。

（3）神经系统。大多发生在供血差的脊髓，可产生截瘫、四肢感觉和运动功能障碍及直肠、膀胱功能麻痹等。若脑部受累，可发生头痛、感觉异常、运动失调、偏瘫。视觉和听觉系统受累，可产生眼球震颤、复视、失明、听力减退及内耳眩晕综合征等。

（4）循环呼吸系统。血液循环中有大量气泡栓塞时，可引起心血管功能障碍如脉搏细数、血压下降、心前区紧压感、皮肤和黏膜发绀、四肢发凉。淋巴系统受累，可产生局部水肿。若有大量气泡在肺小动脉和毛细血管内，可引起肺梗死、肺水肿等，表现为剧咳、咯血、呼吸困难、发绀、胸痛等。

（5）其他。若大网膜、肠系膜和胃血管中有气泡栓塞时，可引起腹痛、恶心和呕吐等。

5.3.2.2　高原病

医学意义上的高原与高山是指海拔在3000m以上的地区，海拔越高，氧分压越低。低海拔地区大气压力通常为101.33kPa；当海拔达到3000m时，气压为70.66kPa，氧分压为14.67kPa；而当海拔达到8000m时，气压降至35.99kPa，氧分压仅为7.47kPa，此时肺泡气氧分压和动脉血氧饱和度仅为前者的一半。低气压作业的主要有害因素为缺氧等，在高山与高原作业，还会遇到强烈的紫外线和红外线，昼夜温差大，温湿度低，气候多变等不利条件。

职业性高原病是在高海拔低氧环境下从事职业活动所致的一种疾病。高原低气压性缺氧是导致该病的主要病因，机体缺氧引起的功能失代偿和靶器官受损是病变的基础。

A 低气压对机体的影响

低气压对机体影响的大小与以下因素有关：上升速度、到达高度和个体易感性（如有无高原病史、有无高原生活经历、劳累程度、年龄、疾病状态，特别是呼吸道感染）。在高海拔低氧环境下，人体为保持正常活动和进行作业，在细胞、组织和器官首先发生功能性的适应，逐渐过渡到稳定的适应称为习服，这一过程需要1~3个月。人对缺氧的适应能力个体差异很大，一般在海拔3000m以内，能较快适应；海拔3000~5330m部分人需较长时间适应，海拔5330m为人的适应临界高度。这些影响也决定于人体对缺氧适应性的大小及其他影响因素，特别是呼吸和循环系统受到影响的程度更为明显。

B 分类

高原病分为急性高原病和慢性高原病两大类，急性高原病包括急性高原反应、高原肺水肿、高原脑水肿；慢性高原病包括高原红细胞增多症和高原性心脏病。

（1）急性高原病。急性高原病包括急性高原反应、高原性肺水肿和高原性脑水肿。

1）急性高原反应（AMS）的主要症状为头痛、失眠、呼吸困难、食欲缺乏和疲劳，其中头痛是很突出的。这些症状多在抵达高海拔地区24h内发生。与登山中的多尿相反，少尿是AMS的一个特点。潮气量下降，20%~30%受影响个体可闻及啰音。神经系统症状包括记忆减退、眩晕、耳鸣和视听觉障碍。突然暴露于中等海拔高度（3000m）时，约30%的人患AMS，更高海拔（4500m）患高原反应的人则达75%。

2）高原性肺水肿。无高原生活经历者快速进入海拔3000~4000m地区易发生高原性肺水肿（HAPE），过度用力和缺乏习服是此病的诱因。常见症状包括干咳、发绀、多量血性泡沫状痰、呼吸极度困难、胸痛、烦躁不安等。两肺广泛性温啰音。X射线检查见两肺中、下部密度较淡，云絮状边缘不清阴影，尤其右下侧严重。低氧性肺血管收缩、肺动脉高压和肺毛细血管负载失效共同导致HAPE。肺血/气相间的膜很薄（平均为0.6μm，约1/2的区域只有0.2~0.4μm），剧烈活动时，肺底部毛细血管内产生的透壁压可达到使血管负载失效的压力（40mmHg）。

3）高原性脑水肿。发病急，一般发生于海拔4000m以上，多为未经习服的登山者。发病率低，但病死率高。由于缺氧引起大脑血流和脑脊液压力升高，血管通透性增强，而产生脑水肿；缺氧又可直接损害大脑皮质，如脑细胞变性、灶性坏死等。故患者可出现一系列神经精神症状，如剧烈头痛、兴奋、失眠、恶心和呕吐，颅侧神经麻痹、瘫痪、幻觉、癫痫样发作、木僵和昏迷。

4）视网膜出血。调查发现，39名处于海拔3700m的登山者中，36%的人发生视网膜出血，头痛的人视网膜出血的比例更高。高海拔脑水肿患者60%的人视网膜出血。视网膜出血并不是由于颅侧压力增高，房内压力也无明显变化，而是与视网膜血流增加及毛细血管扩张有关。

（2）慢性高原病。慢性高原病（CMS）是指长期生活在高海拔地区的世居者或移居者失去了对高海拔低氧环境的适应而导致的临床综合征，主要有以下几种类型。

1）高原性红细胞增多症。在海拔3000m以上高原发病，病程呈慢性经过，主要临床表现有头痛、头晕、气喘、心悸、失眠、乏力、发绀、厌食、眼结膜充血、皮肤紫红等。

2）高原性心脏病。一般在海拔3000m以上高原发病，主要临床表现有心悸、胸闷、呼吸困难、咳嗽、乏力、发绀、肺动脉瓣第二心音亢进或分裂等，重症者出现尿少、肝脏肿大、下肢水肿等右心衰竭症状，具有肺动脉高压征象。

5.3.3 噪声引起的噪声聋

长期接触一定强度的噪声，可以对人体产生不良影响。此影响是全身性的，即除听觉系统外，也可影响非听觉系统。噪声对人体产生不良影响早期多为可逆性、生理性改变，但长期接触强噪声，机体可出现不可逆的、病理性损伤。

5.3.3.1 听觉系统

噪声引起听觉器官的损伤，一般都经历由生理变化到病理改变的过程，即先出现暂时性听阈位移，暂时性听阈位移如不能得到有效恢复，则逐渐发展为永久性听阈位移。

（1）暂时性听阈位移（TT），是指人或动物接触噪声后引起听阈水平变化，脱离噪声环境后，经过一段时间听力可以恢复到原来水平。1）听觉适应。短时间暴露在强烈噪声环境中，机体听觉器官敏感性下降，听阈可提高10~15dB。脱离噪声接触后对外界的声音有“小”或“远”的感觉，离开噪声环境1min之内即可恢复，此现象称为听觉适应。听觉适应是机体一种生理性保护现象。2）听觉疲劳。较长时间停留在强噪声环境中，引起听力明显下降，听阈提高超过15~30dB，离开噪声环境后，需要数小时甚至数十小时听力才能恢复，称为听觉疲劳。通常以脱离接触后到第二天上班前的间隔时间（16h）为限，如果在这样一段时间内听力不能恢复，因工作需要而继续接触噪声，即前面噪声暴露引起的听力变化未能完全恢复又再次暴露，听觉疲劳逐渐加重，听力下降出现累积性改变，听力难以恢复，听觉疲劳便可能发展为永久性听阈位移。

（2）永久性听阈位移（PT），是指由噪声或其他因素引起的不能恢复到正常听阈水平的听阈升高。永久性听阈位移属于不可恢复的改变，其具有内耳病理性基础。常见的病理性改变有听毛倒伏、稀疏、缺失，听毛细胞肿胀、变性或消失等。

除了噪声以外，其他因素，如外力、药物等，均可以引起鼓膜、听神经或听毛细胞等器质性变化，导致听力不能恢复到正常水平。任何原因引起的持久性听阈升高都属于永久性听阈位移，听力测定或临床诊断时要注意鉴别。

永久性听阈位移的大小是评判噪声对听力系统损伤程度的依据，也是诊断职业性噪声聋的依据。国际上对由职业噪声暴露引起的听觉障碍，通称为“职业性听力损失”。

噪声引起的永久性听阈位移早期常表现为高频听力下降，听力曲线在3000~6000Hz（多在4000Hz）出现“V”形下陷，又称听谷（tip）。此时患者主观无耳聋感觉，交谈和社交活动能够正常进行。随着病损程度加重，除了高频听力继续下降以外，语言频段（500~2000Hz）的听力也受到影响，出现语言听力障碍。

高频听力下降（特别是在4000Hz）是噪声性耳聋的早期特征。对其发生的可能原因有几种解释：（1）认为耳蜗感受高频声的细胞纤毛较少且集中于基底部，而接受低频声的细胞纤毛较多且分布广泛，初期受损伤的是耳蜗基底部，故表现为高频听力下降。（2）认为内耳螺旋板在感受4000Hz高频声的部位血循环较差，且血管有一狭窄区，易受淋巴振动的冲击而引起损伤，且三个听小骨对高频声波缓冲作用较小，故高频部位首先受损。（3）共振学说。外耳道平均长度2.5cm，根据物理学原理，对于一端封闭的管腔，波长是其4倍的声波能引起最佳共振作用。对于人耳，这一长度相当于10cm，而3000Hz声音的波长为11.40cm，因此能引起共振的频率为3000~4000Hz。

（3）职业性噪声聋是指劳动者在工作过程中，由于长期接触噪声而发生的一种渐进性的感音性听觉损伤，是国家法定职业病。职业性噪声聋也是我国最常见职业病之一。

据我国《职业性噪声聋诊断标准》（GBZ 49—2007），职业性噪声聋的诊断需要有明确的噪声接触职业史（连续噪声作业工龄不低于3年；暴露噪声强度超过职业接触限值），有自觉听力损失或耳鸣等其他症状，纯音测听为感音性聋，结合动态职业健康检查资料和现场卫生学调查，排除其他原因所致听力损失（如语频听损大于高频听损；中毒性或外伤性听损），才可进行诊断。

职业性噪声聋分为：轻度噪声聋（26~40）dB(HL)，中度噪声聋（41~55）dB(HL)，重度噪声聋≥56dB(HL)。

（4）爆震性耳聋。在某些特殊条件下，如进行爆破，由于防护不当或缺乏必要的防护设备，可因强烈爆炸所产生的冲击波造成急性听觉系统的外伤，引起听力丧失，称为爆震性耳聋。爆震性耳聋因损伤程度不同，可伴有鼓膜破裂，听骨破坏，内耳组织出血等，还可伴有脑震荡等。患者主诉耳鸣、耳痛、恶心、呕吐、眩晕，听力检查为严重障碍或完全丧失。经治疗，轻者听力可以部分或大部分恢复，严重损伤者可致永久性耳聋。

5.3.3.2　非听觉系统

（1）对神经系统影响。听觉器官感受噪声后，神经冲动信号经听神经传入大脑的过程中，在经过脑干网状结构时发生泛化，投射到大脑皮质的有关部位，并作用于下丘脑自主神经中枢，引起一系列神经系统反应，可出现头痛、头晕、睡眠障碍和全身乏力等类神经症，有的表现为记忆力减退和情绪不稳定，如易激怒等。客观检查可见脑电波改变，主要为 α 节律减少及慢波增加。此外，可有视觉运动反应时潜伏期延长，闪烁融合频率降低等。自主神经中枢调节功能障碍主要表现为皮肤划痕试验反应迟钝。

（2）对心血管系统的影响。在噪声作用下，心率可表现为加快或减慢，心电图 ST 段或 T 波出现缺血型改变。血压变化早期表现不稳定，长期接触强的噪声可以引起血压持续性升高。脑血流图呈现波幅降低、流入时间延长等，提示血管紧张度增加，弹性降低。

（3）对内分泌及免疫系统的影响。有研究显示，在中等强度噪声［70 ~ 80dB(A)］作用下，机体肾上腺皮质功能增强；而受高强度［100dB(A)］噪声作用，功能则减弱；部分接触噪声工人尿中的 17-羟固醇或 17-酮固醇含量升高等。接触强噪声的工人或实验动物可出现免疫功能降低，接触噪声时间愈长，变化愈显著。

（4）对消化系统及代谢功能的影响。接触噪声工人可以出现胃肠功能紊乱、食欲减退、胃液分泌减少、胃的紧张度降低、蠕动减慢等变化。有研究提示，噪声还可引起人体脂代谢障碍，血胆固醇升高。

（5）对生殖功能及胚胎发育的影响。国内外大量的流行病学调查表明，接触噪声的女工有月经不调现象，表现为月经周期异常、经期延长、经血量增多及痛经等。月经异常以年龄 20 ~ 25 岁，工龄 1 ~ 5 年的年轻女工多见。接触高强度噪声，特别是 100dB(A) 以上强噪声的女工中，妊娠高血压综合征发病率有增高趋势。

（6）对工作效率的影响。噪声对日常谈话、听广播、打电话、阅读、上课等都会产生影响。当噪声达到 65dB(A) 以上，即可干扰普通谈话；如果噪声达 90dB(A)，大声叫喊也不易听清。打电话在 55dB(A) 以下不受干扰，65dB (A) 时对话有困难，80dB(A) 时就难以听清。

在噪声干扰下，人会感到烦躁，注意力不能集中，反应迟钝，不仅影响工作效率，而且降低工作质量。在车间或矿井等作业场所，由于噪声的影响，掩盖了异常的声音信号，容易发生各种事故，造成人员伤亡及财产损失。

5.3.4 振动引起的手臂振动病

适宜的振动有益于身心健康，具有增强肌肉活动能力、解除疲劳、减轻疼痛、促进代谢、改善组织营养、加速伤口恢复等功效。在生产条件下，作业人员接触的振动强度大、时间长，对机体可以产生不良影响，甚至引起疾病。

5.3.4.1 手臂振动病

手臂振动病是长期从事手传振动作业而引起的以手部末梢循环和（或）手臂神经功能障碍为主的疾病，并可引起手、臂骨关节-肌肉的损伤。其典型表现为振动性白指（VWF）。手臂振动病在我国矿山的发病多发工种为凿岩工。

手臂振动病早期表现多为手部症状和类神经症，其中以手麻、手痛、手胀、手僵等较为普遍；类神经症常表现为头痛、头昏、失眠、乏力、记忆力减退等，也可出现自主神经功能紊乱表现。检查可见皮温降低，振动觉、痛觉阈值升高，前臂感觉和运动神经传导速度减慢和远端潜伏时延长，肌电图检查可见神经源性损害。

手臂振动病的典型表现是振动性白指（VWF），又称职业性雷诺现象，是诊断本病的重要依据。其发作一般是在受冷后，患指出现麻、胀、痛，并由灰白变苍白，由远端向近端发展，界限分明，可持续数分钟至数十分钟，再逐渐由苍白变潮红，恢复至常色。白指常见的部位是食指、中指和无名指的远端指节，严重者可累及近端指节，以至全手指变白。白指可在双手对称出现，亦可在受振动作用较大的一侧发生。手部受冷尤其是全身受冷时容易发生白指，故冬季早晨上班途中主诉白指较多，春秋季出现白指也往往在气温13℃以下的阴雨或冷风天气。每次发作时间不等，轻者5～10min，重者20～30min。白指在振动作业工龄长者中明显多见，发作次数也随病情加重逐渐增加。严重病例可见指关节变形和手部肌肉萎缩等。

5.3.4.2 影响振动对机体作用的因素

（1）振动的频率。一般认为，低频率（20Hz以下）、大振幅的全身振动主要作用于前臂、内脏器官。振动频率与人体器官固有频率一致时，可产生共振，使振动强度加大，加重器官损伤。

低频率、大强度的手传振动，主要引起手臂骨-关节系统的障碍，并可伴有神经、肌肉系统的变化。如30～300Hz的振动对外周血管、神经功能的损害明显比300Hz以上的高频振动血管的挛缩作用减弱，神经系统的影响较大，而1000Hz以上的振动，则难以被人体主观感受。据调查，许多振动工具产生的振动，其主频段的中心频率多为63Hz、125Hz、250Hz，容易引起外周血管的损伤。

频率一定时，振动的强度越大，对人体的危害越大。

（2）接触振动的强度和时间。手臂振动病的患病率和严重程度取决于接触振动的强度和时间。流行病学调查结果（见表5-1）表明，振动性白指检出率随接触振动强度增大和接触时间延长而增高，严重程度也随着接触振动时间延长而加重。

表5-1　振动加速度、接触时间与振动性白指检出率的关系

工种	工具种类	调查人数	白指例数	白指/%	工具 $\alpha_{hw(4)}$	日接振时间/h	年接振工作日/d
油锯手	油锯（南方）	358	49	13.69	14.58	2.3	234
	油锯（北方）	232	19	8.19	15.20	2.5	125
清铲工	风铲	361	18	4.99	9.04	1.9	240
凿岩工	凿岩机	379	29	7.65	17.23	2.3	250
铆工	铆钉机	113	6	5.31	6.16	1.2	240
磨工	台式砂轮	232	49	21.12	41.47	2.5	300

（3）环境气温、气湿。环境温度和湿度是影响振动危害的重要因素，低气温、高气湿可以加速手臂振动病的发生和发展，尤其全身受冷是诱发振动性白指的重要条件。所以手臂振动病多发生在寒冷地区和寒冷季节。但值得注意的是我国秦岭-淮河流域以南的广大地区1月份平均气温在0℃以上，属亚热带，过去很少报告手臂振动病，但近年也时有发病报道。

（4）操作方式和个体因素。劳动负荷、工作体位、技术熟练程度、加工部件的硬度等均能影响作业时的姿势、用力大小和静态紧张程度，人体对振动的敏感程度与作业时的体位及姿势有很大关系，如站位时对垂直振动比较敏感，卧位则对水平振动比较敏感。有些振动作业需要采取强迫体位，甚至胸腹部直接接触振动工具或物体，更容易受到振动的危害。静态紧张程度影响局部血液循环并增加振动的传导，加重振动的不良作用。

常温下女性皮肤温度较低，对寒冷、振动等因素比较敏感。年龄较大的工人更易遭受振动的危害，并且治疗效果较差，较难康复。

5.3.5　职业性有害因素导致的其他职业病

矿山生产过程中，除可能发生以上所述职业病外，还可能导致职业性皮肤病、职业性眼病、职业性耳鼻喉口腔疾病等。

5.3.5.1　职业性皮肤病

职业性皮肤病包括接触性皮炎、光敏性皮炎、电光性皮炎、黑变病、痤疮、溃疡、化学性皮肤灼伤等。矿山中从事电焊工作的人员有可能患有电光性皮炎。

5.3.5.2 职业性眼病

职业性眼病包括化学性眼部灼伤、电光性眼炎、职业性白内障（含放射性白内障、三硝基甲苯白内障）等。矿山中从事化验工作的人员可能发生化学性眼部灼伤，从事电焊工作的人员可能发生电光性眼炎。

5.3.5.3 职业性耳鼻喉口腔疾病

职业性耳鼻喉口腔疾病包括噪声聋、锰鼻病、牙酸蚀病等。矿山中从事凿岩作业的人员可能发生噪声聋，电焊工作人员可能发生锰鼻病。

6　矿山职业性有害因素引起职业病的预防和治疗

6.1　尘肺病的预防和治疗

6.1.1　尘肺病的预防

三级预防是疾病预防的根本策略。尘肺病是病因明确的外源性疾病，是人类生产活动带来的疾病，预防策略应该为一级预防是根本，只要真正做好一级预防，尘肺病则可不发生。

6.1.1.1　控制尘源，防尘降尘

在做好工程防护，控制防尘的发生，降低粉尘浓度方面，我们已经有了非常成熟的经验，并取得了明确的效果，这就是防尘降尘的“八字方针”水、风、密、革、护、宣、管、查。“水”即坚持湿式作业，禁止干式作业；“风”即通风除尘，排风除尘；“密”即密闭尘源或密闭、隔离操作；“革”即技术革新和工艺改革，包括使用替代原料和产品；“护”即加强个体防护；“宣”即安全卫生知识教育培训；“管”即防尘设备的维护管理和规章制度的建立，保证设备的正常运转；“查”即监督检查。实践证明，这是行之有效的防尘降尘方法，是一级预防的重要措施。

6.1.1.2　开展健康监护和医学筛检

对从事粉尘作业的人员开展健康监护和定期的医学检查，是早期发现尘肺病病人的主要手段。早期发现病人或高危人群，早期采取干预措施，可预防疾病的进一步发展或延缓疾病的发展，甚至可使高危人群不发展成尘肺病病人。做好健康监护和医学筛检是做好二级预防的重要措施。

6.1.1.3　做好三级预防，延长病人寿命，提高生活质量

对已患尘肺的病人，应该积极地开展三级预防，即预防并发症的发生，包括加强个体保健和适当的体育活动，增强机体的抵抗力；建立良好的生活习惯，不吸烟，预防感冒和发生呼吸系统感染；早期发现治疗并发症。以预防和治疗并发

症，改善临床症状为目的，采取综合治疗是尘肺病病人临床治疗的主要方法。

6.1.2 尘肺病治疗方法

6.1.2.1 抗纤维化治疗研究

A 抗纤维化药物种类

自1937年加拿大Denny首先报道用铝粉预防家兔实验性矽肺的效果后，国内外都在进行寻找抗纤维化治疗的药物。1961年西德Schlipkotter报告PVNO（克矽平，聚-2-乙烯吡啶-氮氧化物）对实验性矽肺有效，以后动物实验先后发现磷酸哌喹（1973年）、汉防己甲素（1975年）、氢氧哌喹（1978年）、柠檬酸铝（1973年）、山铝宁（1975年）等有不同程度抑制肺纤维化的作用，并相继应用于临床治疗。

B 抗纤维化药物治疗作用机理

（1）铝制剂。铝制剂吸附于Si表面，阻止Si与体液发生水合作用产生Si—OH。

（2）克矽平。克矽平的N—O优先与—OH结合，使石英不与巨噬细胞发生成氢键反应，从而保护巨噬细胞，提高巨噬细胞对矽尘毒性的抵抗力；间接增强肺对矽尘的廓清能力，阻断和延缓胶原的形成。

（3）磷酸哌喹。磷酸哌喹间接增强肺的排除矽尘能力；保护细胞膜和溶酶体，防止尘细胞溃解；抑制正常胶原变性成为矽肺胶原；对不溶性的矽肺胶原蛋白可降解为小分子的肽段，对胶原纤维化有逆制作用；降低脂类与糖含量，减少形成矽结节的基质；有类激素及免疫抑制作用。

（4）汉防己甲素。汉防己甲素抑制胶原合成；影响细胞分泌功能，阻止胶原、黏多糖从细胞内向细胞外分泌，使其不能在细胞外形成胶原纤维；使不溶性的矽肺胶原蛋白降解为小分子的肽段；可与铜离子络合，影响胶原的交联反应；降低脂类与糖含量，减少形成矽结节的基质。

C 药物剂量及方法

磷酸哌喹，口服，每周一次，每次0.5~0.75g，6个月为一疗程，间隔1~2个月后继续下一疗程。汉防己甲素，口服，每日200~300mg分三次，3~6个月一疗程，间隔1~2个月后继续下一疗程。羟基磷酸哌喹，口服，每周1~2次，每次0.25g，6个月为一疗程，间隔1~2个月后继续下一疗程。柠檬酸铝，肌注每次20mg，每周一次，6个月一疗程，间隔1~2个月后继续下一疗程。克矽平，雾化吸入，每日0.3g，3~6个月一疗程，或静滴，每周一次，每次2g，3~6月为一疗程，间隔1~2个月后继续下一疗程。

D　临床疗效

鉴于临床治疗和疗效研究的难度很大，现有的多数临床研究均难以完全遵循多中心、双盲、随机的原则，疗效的判定也比较可能。大多认为抗纤维化治疗能够在一定程度上延缓纤维化的进展，并有一定的长期疗效。

E　副反应

汉防己甲素、磷酸哌喹、羟基磷酸哌喹副反应相似，主要有以下表现。

(1) 胃肠道症状多发生在开始几次服药后，有口苦、胃纳减退、胃痛、腹泻及腹胀等，停药后可自行缓解。

(2) 窦性心动过缓，少数病例。

(3) 肝功能异常，特别 SALT 升高，各疗程均可发生，部分病例可自然恢复，部分病例停药后恢复。

(4) 皮肤色素沉着及皮肤痛痒较普遍，以汉防己甲素为甚，多发生在用药 1~2 个疗程以后，用药时间越长表现越明显，但停药后自行消失。

6.1.2.2　大容量肺灌洗治疗

1996 年 Ramireg 首先将全肺灌洗术应用于治疗重症进行性肺泡蛋白沉积症后，近年来，这一技术曾应用于肺泡蛋白沉积症、支气管哮喘持续状态、肺囊性纤维化、慢性支气管炎等疾患。它有清除呼吸道和肺泡中滞留的物质，缓解气道阻塞，改善呼吸功能，控制感染等作用。1982 年 Mason 对 1 例尘肺患者进行肺灌洗治疗后，症状立即得到改善，但肺功能未见明显好转。1986 年国内开展大容量肺灌洗治疗矽肺的实验研究和临床治疗，已积累了近 5000 例的治疗病例。大容量肺灌洗治疗可以排出一定数量的沉积于呼吸道和肺泡中的粉尘及由于粉尘刺激所生成的与纤维化有关的细胞因子，被认为具有病因治疗的意义，同时灌洗可使滞留于呼吸道的分泌物排出，有明确改善临床症状的效果。有报道 20 例单纯矽肺病例，采用大容量全肺灌洗治疗，结果显示 2/3 病人治疗后感觉呼吸轻松，胸闷、气急迅速好转，还能适当参加体力劳动，登楼、上坡也不感吃力，明显优于对照组。X 射线胸片显示，治疗组 50%稳定无变化，进展和明显进展各占 25%，而对照组有 40%进展、30%明显进展。支气管肺泡灌洗术可分：单侧全肺灌洗、双侧全肺灌洗，均需在全麻下进行。大容量肺灌洗是风险性较高的操作技术，特别要求麻醉技术，要有一定的条件和有经验的医师，在严格掌握适应证的情况下进行。预防和处理术中及术后并发症是重点，这些包括低氧血症、心律失常、肺不张、支气管痉挛、肺感染等。

6.1.3 综合治疗

6.1.3.1 药物治疗

A 克矽平

1961 年首先由德国 Schlipkoter 报道，聚-2-乙烯吡啶-N-氧化物（PVNO，克矽平）对实验性矽肺具有明显抑制病变进展的作用。随后，我国在 1964 年合成了克矽平，1967 年开始试用于临床，1970 年通过鉴定，1977 年收入中华人民共和国药典。经过对 PVNO 的药物合成、实验性疗效、毒性临床等方面深入的研究，证实其能保护巨噬细胞的溶酶体膜，免受石英尘的毒性而死亡，还可以抑制肺巨噬细胞分泌致纤维化因子，阻止矽肺纤维化的形成；有促进胶原退逆的作用；增强肺的廓清功能，促使被吸入肺内的石英粉尘的捕出，具有病因学预防作用。在临床试用中，能使胸痛、气短、咳嗽、咳痰等症状有所改善，并有阻止和延缓矽肺病变进展的作用。治疗 8 年胸片病变的稳定率为 86.7%，对照组为 53.3%；预防给药 5 年，胸片稳定率为 78.25%，有进展趋势的为 15.94%，与对照组比较有显著差异。经长期连续性的使用观察，未见慢性中毒情况。不同分子量与治疗效果和毒性密切相关，临床应用 7 万~10 万分子量的 PVNO 即有疗效，也可减少在体内蓄积性毒性反应。对尘肺结核的治疗用 PVNO 与抗痨药一同使用要比单用抗痨药效果好。PVNO 对石英尘肺效果好，对煤肺和煤矽肺不明显，且其在临床的效果远不如动物实验的效果。

B 汉防己甲素

汉防己甲素是从防己科千金藤属植物——汉防己中提取的一种生物碱，化学结构属于双苄基异喹啉类。以中国预防医科院卫研所为主的协作组开展了一系列的实验和临床研究。研究得出汉防己甲素可以络合铜离子，能影响胶原的交联反应，抑制胶原合成；抑制 DNA 增生，从而抑制蛋白质合成和胶原合成；能与 γ 球蛋白结合并促使其分解，对胶原蛋白也有此作用，具有影响成纤维细胞分泌功能，使前胶原（procollagen）与精胶多糖（GAG）不能分泌到细胞外，以致不能在细胞外形成胶原纤维。降低肺内类脂与氨基己糖含量，阻止矽肺结节形成；作用于肺血管平滑肌，解除血管痉挛，降低血管阻力，改善组织灌流，加速矽肺病变消散等。其不但对矽肺有明显的预防和治疗作用，而且对已形成的矽肺胶原纤维有一定的逆退作用。

汉防己甲素 1977 年开始用于临床，结果显示对患者咳嗽、气急、胸痛等症状有改善，血清铜蓝蛋白降低，尿羟脯氨酸和 IgG 均下降，X 射线胸片好转率为 24.9%，稳定率为 62%，但有肝功异常、皮肤色素沉着等不良反应。临床应用对急性及快速型矽肺疗效较好，可见团块周边雾状阴影消失，团块缩小，部分团块中心密度减低，阴影显得稀疏、浅淡。1982 年汉防己甲素通过国家鉴定。由于其停药后有肺纤维化迅速进展，“反跳”现象，而影响了在临床的应用。若与羟哌类药物或克矽平联合用药则可提高疗效，降低毒副作用。

C　喹哌类药物

喹哌类药物包括磷酸喹哌和羟基喹哌，是我国发现的另一种矽肺治疗药物，具有保护肺泡巨噬细胞及抑制胶原纤维形成的作用，可稳定病情，延缓矽肺进展，用量每周口服 1~2 次，每次 0.25g。长期用药副作用有窦性心动过缓和窦性心律不齐，个别病例出现 I 度房室传导阻滞，皮肤可出现色素沉着，停药后上述副作用可消失好转。

D　矽肺宁

矽肺宁是国家医药总局委托杭州胡庆余堂制药厂、浙江省医学科学院、浙江医科大学合作研制的复方中药，来源为民间验方。1987 年通过专家鉴定，1989 年由国家医药总局批准生产。

矽肺宁具有活血散结、止咳平喘的功效；既能拮抗矽肺毒性，又能保护细胞膜，具有一定的抗溶血作用；保护肺泡巨噬细胞膜，提高肺泡巨噬细胞 ATP 含量，可使肺泡巨噬细胞免受粉尘破坏，有缓解矽肺病变进展的作用，该药还有抗炎、抗感染作用，能增强机体的免疫功能。

经 400 多例临床观察显示，矽肺宁能改善临床症状，改善肺功能，增加肺活量，X 射线胸片好转率为 11%~20%，稳定率为 80%，血清铜蓝蛋白和黏蛋白含量明显下降。在病例的选择上突破了单纯矽肺的概念，可扩大至有心肺并发症者，长期服用无副作用，对尘肺具有一定的治疗价值。

E　黄根片

黄根为茜草科三角瓣花属植物，用 60%乙醇提取液，其中含铝 3%~4.5%，主要作用成分是以有机铝为主的多种金属元素形成的聚合物。

该药的作用机理为铝在二氧化硅表面形成难溶性的硅酸铝，使之对巨噬细胞丧失毒性作用，从而起拮抗石英细胞毒效应，保护巨噬细胞，抑制石英致纤维化作用。

黄根是治疗肝硬化、贫血的中草药。1972 年广西合山矿务局疗养院开始用于治疗矽肺，治疗 6 个月，咳嗽好转率为 53.3%，胸闷好转率为 73%，气短好转率为 51.6%，X 射线胸片显示病变稳定率为 73%，治疗 3 年。铜蓝蛋白、尿羟脯氨酸、血清 IgG、IgA 明显降低，X 射线胸片稳定率为 95.2%。广西壮族自治区用其治疗煤工尘肺，黄根组病情稳定率为 73%，与对照组有明显差异，经动态观察，在应用黄根治疗煤工尘肺的 11 年间，与对照组比，累计稳定率的下降趋势明显延缓；与前 15 年比，每一年度的累计稳定率都有明显提高，治疗组的存活率明显高于对照组，且用药时间越长，存活率越高，长期服用，无副作用。该药1985年通过鉴定。

F　千金藤素片

千金藤素片属双苄基异喹啉类药物，是从防已科千金藤属、地不容等植物中提取的生物碱。其药理作用有生白细胞、抗肿瘤、抗炎及治疗皮肤病的作用，还具有调节免疫功能作用。其治疗矽肺的研究代号为抗尘-80。1987年通过贵州省级鉴定，1993年卫生部正式批准生产。在实验性研究中，预防治疗组硅结节为0～Ⅰ期，对照组为Ⅰ期；治疗组的硅结节为Ⅰ期，对照组为$Ⅰ^{+}$。临床观察，每年用72g治疗煤工尘肺组的有效率为69.1%～88.5%，以两年疗程的有效率为高；每年用62g治疗矽肺的有效率为71.8%～94.1%，疗程以三年为宜。两组间疗效无显著性差异。治疗后X射线胸片结果表明，治疗组和对照组经两年治疗后，X射线胸片稳定率，矽肺分别为70.1%、36.3%；煤工尘肺分别为60.0%、45.7%；进展率，矽肺分别为12.3%、63.7%，煤工尘肺分别为8.6%、54.3%，两者统计学有显著性差异。治疗后铜蓝蛋白和尿羟脯氨酸下降，用药三年未发现严重不良反应。千金藤素片是一种疗效较好、安全性较高的抗矽肺药物。

G　矽宁（量酸替络欧）

矽宁是乙胺芴酮类衍生物，矽宁的研究也是我国"八五"国家科技攻关课题。1983年发现在化学合成的十几种乙胺芴酮类衍生物中，矽宁（量酸替络欧）对实验性矽肺具有明显抑制肺纤维病变进展的作用，而且毒副作用小。1992年开始进行Ⅱ期临床试验。研究显示，矽宁具有保护肺巨噬细胞，抑制其分泌超氧离子、过氧化氢、白细胞介素-1，从而抑制纤维化作用；还可诱生干扰素，具有非特异性抗炎作用。用矽宁治疗后，患者咳嗽、咳痰、呼吸困难等症状明显好转，感冒和支气管肺部感染频度比对照组明显降低，通气功能也较对照组明显改善。在血清铜蓝蛋白对比实验中，治疗组的血清铜蓝蛋白活性明显降低，说明该药可能具有延缓矽肺纤维化的作用。

对该药进行为期两年的临床疗效观察结果显示，矽宁治疗4个疗程已显示出其疗效，若在4个疗程的基础上再加2个疗程，可巩固和提高矽宁的疗效。在停药8个月后，病情比较稳定，似乎进一步好转的迹象，未发现严重的不良反应。

H　矽复康

矽复康是以莨菪药为主加上活血化瘀的复方片剂。1989年通过专家鉴定。该药具有活血化瘀、疏通微循环、松弛支气管平滑肌、增强肺廓清能力、保护巨噬细胞、调整免疫功能等作用。经临床治疗后的患者症状改善，肺活量增加，部分患者X射线胸片清晰度增高，结节阴影密度降低，融合块影不同程度缩小。

I　克矽风药酒

克矽风药酒是广西桂林大东亚制药厂生产的有批准文号的保健药酒，1993

年通过专家评审。由73种中药组方，含有丰富的微量元素，可以保护巨噬细胞免受石英粉尘的毒害，提高机体超氧化物歧化酶（SOD）水平，抑制和减慢肺组织纤维化进程。临床应用矽肺病情稳定率占89%，X射线胸片好转率占9.6%，对咳嗽、平喘、胸痛、易感冒的有效率为83.82%~95.24%，对风湿病的有效率为97%，既能改善矽肺病临床症状又能防治风湿病，且服用安全、方便。

6.1.3.2　尘肺病氧气疗法

所谓氧疗，就是通过各种手段增加吸入氧的浓度，从而提高肺泡内氧分压，提高动脉血氧分压和血氧饱和度，增加可利用氧的方法。通过氧疗，能纠正尘肺肺心病患者的低氧血症，延缓肺功能恶化，减轻缺氧性肺血管收缩，降低肺动脉高压，延缓肺心病进展，延长患者寿命。尘肺肺心病患者的呼吸道的解剖结构发生了巨大改变，因此呼吸系统通气功能、换气功能发生严重障碍，甚至通气血流比例失调，造成缺氧。

A　氧疗的作用

氧疗的作用显而易见，它对缺氧给人体所造成的所有危害都有治疗作用。如治疗各组织器官因缺氧所导致的代谢紊乱、功能障碍、细胞损害等都有作用。

（1）对呼吸系统的作用。急性缺氧时氧疗可以改善缺氧对主动脉体、颈动脉体化学感受器的刺激、减慢呼吸；纠正呼吸中枢抑制的作用，改变周期性呼吸状态，可以缓解支气管痉挛状态，缓解肺血管收缩所导致的肺动脉高压，延缓右心室肥厚和肺心病的发生进程。对于尘肺患者来讲其作用尤为明显。

（2）对中枢系统的影响。脑组织对缺氧特别敏感，耐受性差。及时氧疗可以改善因脑缺氧所致的疲劳、表情忧郁、淡漠、嗜睡等症状，使脑组织免遭不可逆损害，避免脑水肿和脑细胞的死亡。

（3）对心血管系统的影响。心肌的耗氧量最大，对缺氧也很敏感。氧疗可以缓解中度缺氧所致的心律增快、血压升高，重度缺氧所致的心律减慢、血压下降、排血量降低；可以缓解心脏传导系统因缺氧所致的心律失常，甚至心脏骤停。

（4）对肝肾功能的影响。氧疗可以缓解急性严重缺氧引起的肝细胞水肿、变性、坏死，可以减缓慢性缺氧导致的肝脏纤维化功能障碍。氧疗可以缓解缺氧所致的肾血管收缩、肾血流减少，甚至肾功能的损害。

B　氧疗的适应证

理论上讲，低氧血症均为氧疗的适应证，$PaO_2<60mmHg$，$SaO_2<80\%$，均需氧疗，但是对于不同疾病引起的低氧血症，氧疗的效果也不一样。

（1）换气障碍主要病变为弥散障碍。早期只有缺氧，无二氧化碳的潴留，

PaO_2<60mmHg，$PaCO_2$≤35~45mmHg，可通过提高吸入氧浓度来纠正缺氧，而且不会引起氧疗后二氧化碳的进一步升高，氧疗效果好。

(2) 通气障碍主要由肺泡通气量减少所致。其中不仅有缺氧，而且有二氧化碳的潴留，PaO_2<60mmHg，$PaCO_2$>50mmHg，其治疗必须在改善通气功能，排出二氧化碳的前提下给予低浓度氧。单纯吸入高浓度氧反而导致二氧化碳进一步潴留。这类病人平时氧分压较低，呼吸中枢主要靠缺氧来刺激，若单纯吸入高浓度氧，氧分压提高后肺通气量反而减少，使二氧化碳分压进一步升高。

(3) 耗氧量增加见于合并发热、代谢量增加、严重甲状腺功能亢进、高度脑力劳动等情况。

(4) 非低氧血症引起的组织缺氧，氧分压在正常生理范围时，氧饱和度接近100%，吸氧不能再提高氧饱和度。但能增加物理溶解状态的血氧含量，从而增加血液向组织送氧的能力，使组织缺氧有一定程度的改善。有些疾病虽然氧分压在正常范围内，但组织有缺氧的情况，这时可给予吸氧。

(5) 长期低流量吸氧的适应证。对于慢性阻塞性肺部疾病人，长期低流量吸氧可以改善智力、记忆力、运动协调能力，改善高血红蛋白血症及缺氧性肺血管收缩，从而使肺动脉压下降，提高生存质量，延长生存时间，降低病死率。这类病人PaO_2<55mmHg，应接受长时间低流量吸氧，即使PaO_2>55mmHg，当存在以下情况时，也应当长期低流量氧疗：1）肺动脉高压。2）肺心病。3）运动时发生严重低氧血症。4）因缺氧被限制运动，吸氧后改善。5）继发性血红蛋白增高症。长期氧疗（LTOT）是指慢性低氧血症患者每日吸氧，并持续较长时间，一般指24h持续吸氧。但是，患者由于各种原因不能实现24h吸氧，有学者认为把每日吸氧18h以上就可称为持续吸氧。

6.1.3.3 尘肺病雾化吸入疗法

尘肺病患者因为受到粉尘长期的刺激，呼吸道黏膜遭到破坏，使其防御能力明显减弱。同时尘肺病是因肺部广泛纤维化使细支气管扭曲、变形、狭窄或痉挛，造成支气管引流不畅；再加上其免疫机能变化，尘肺病患者呼吸道感染机会较普通人群多，而且发病后症状重，持续时间长；仅用一般的抗感染治疗，临床疗效不理想，如果同时采用既直接方便，又安全的雾化吸入疗法，保持患者呼吸道通畅，往往有事半功倍的作用。雾化吸入具体方法：用雾化吸入装置将相关的药物分散成微小的雾滴或微粒，使其悬浮于气体中，并进入呼吸道及肺内，达到洁净气道、湿化气道以及使用治疗药物达到治疗的目的。

A 雾化吸入的作用

a 病理生理基础

为了保持呼吸道黏膜的湿润，维持呼吸道黏液-纤毛系统的生理功能，呼吸道内必须保持恒定的温度及湿度。室温下的空气进入鼻腔后，其温度增高到34℃，相对湿度达到80%~90%，当达到气管隆嵴时，温度可达到37℃，湿度可达到95%以上。

尘肺患者的呼吸道解剖结构遭到严重破坏，上呼吸道的加温、保湿功能严重下降或丧失，下呼吸道接受的所吸引入的气体又凉又干燥，使正常情况下的呼吸道分泌物水分丢失。尘肺患者下呼吸道本身的完整结构也遭到严重破坏，加上感染等因素致使呼吸道的分泌物较普通患者明显增多，这样就大大加重了呼吸道分泌物水分的丢失。正常成年人通过呼吸及皮肤排出水分每24h约1L，其中支气管占约250mL，遇到特殊情况时会有双倍水分的呼吸道丢失，如过度通气、季节寒冷干燥、吸入干燥气体、高热等。如果以上情况合并存在时，呼吸道的水分将大量丢失，此时分泌物黏稠。痰液黏稠发生后，引起通气障碍等一系列变化，其原因是阻塞性通气功能障碍：

（1）粉尘的长期刺激使支气管管腔扭曲、变形、狭窄或痉挛。煤工尘肺病变越重，这些改变越严重，有时管腔可闭塞成不规则的缝隙状。同时气道受到气管外的压迫而闭合，这些均使空气吸入明显受限。

（2）尘肺患者气管壁黏液腺增生肥大，黏液分泌亢进，大量的黏液结合大量尘细胞的堆积，往往使管腔阻塞，空气吸入受限。

（3）随着病情的不断发展，慢性支气管炎和肺气肿的产生，气体呼出较吸入困难，肺泡内残气量增多，降低了吸入气体的氧饱和浓度，氧分压进一步降低，患者用加大呼吸来代偿，使通气增加。

（4）肺泡受损后，肺泡壁结构遭到破坏，形成肺大泡，膨胀的肺大泡挤压邻近的正常肺泡，使吸入的空气不能充分灌入，造成空气在肺内分布不均的现象，也是通气不均的一种表现。

综上所述，以上这些原因导致阻塞性通气功能的障碍。

b　限制性通气功能障碍

由于尘肺造成的肺组织广泛纤维化，胸膜的广泛增厚粘连，使胸廓活动受限，引起肺活量、残气量、肺总量均减少，导致肺泡的通气受限，进出肺泡的气量减少，表现为限制性的通气功能障碍。往往多数尘肺患者既有阻塞性又有限制性的通气功能障碍，表现为混合性的通气功能障碍，更进一步加重了低氧血症的发生。

另一方面，痰液黏稠发生后可削弱纤毛的运动。在正常情况下呼吸道的纤毛运动，可在20~30min内将气管隆嵴部位的分泌物送到声带。当气道内气体水分低于体温饱和的70%时，即可出现纤毛运动的障碍，干燥的气体可使上述纤毛输送分泌物时间延长3~5h，直接吸入干燥气体，也可以使气管黏膜干燥、充血、痰液变黏，引起以上一系列变化，或加重以上变化。

B 作用机理

雾化吸入是基于以上病理变化，将药液分散为极小的颗粒，使其悬浮于气体相中，除了少数固体粉末状雾化剂以外，大多数雾化剂是溶于水中的。保持水滴的稳定性是雾化治疗的前提，决定水滴稳定性的因素有以下几种。

（1）水滴颗粒的体积和性质。颗粒直径0.2~0.7μm，颗粒浓度为100~1000个/L时，是水滴最稳定的条件。一般雾化器产生的颗粒直径多数在0.5~3μm之间，外形为球形，属于比较稳定的颗粒。雾化滴形成以后一般以三种形式沉积在各级支气管上，沉积方式分以下几种。

1）撞击沉积。由于雾滴粒子形成时的惯性碰撞而形成沉积，一般雾滴的直径最小为3μm，多见于上呼吸道壁。

2）重力沉积。由于重力作用沉积在气道壁上，颗粒直径在1~5μm之间，多见于下呼吸道壁，直径在0.5~1.0μm之间的颗粒也多以此种形式沉积在下呼吸道壁上。

3）弥散沉积。以布朗运动的形式沉积在气道壁上，颗粒直径多在0.2μm以下。一般来说，直径为0.4μm的颗粒在肺泡内沉积得最少，其余体积的颗粒均可沉积在肺泡内，可以在肺泡内沉积的最大颗粒为1.2μm，沉积率最高的是0.25~0.5μm的颗粒，最小的为0.25~0.5μm的颗粒。可见雾化吸入治疗过程中产生直径为1~5μm的雾滴最为合适，对下呼吸道的治疗最为直接，最为有效。

（2）水滴颗粒的浓度。水滴颗粒的浓度与空气中水蒸气的含量和空气的湿度也有关系，温度越低，水滴颗粒的浓度越低，所以保持湿度对尘肺患者至关重要，直接影响到呼吸道分泌物的黏稠程度和易咳出程度。

（3）空气的温度。空气中的水蒸气含量与温度有密切的关系，温度越低，水蒸气浓度也越低。当室温为10℃时，大气含水量不到呼气的1/4，也就是说机体呼气含水量超过吸气含水量的3倍，因此水分可从呼吸道丢失。

（4）雾化吸入颗粒的温度。雾化吸入雾滴的温度也是这种疗法起作用的主要因素之一，当浓度较低的气体被吸入后，由于与下呼吸道的温差较大，吸入的气体受热膨胀，颗粒密度降低，使雾化颗粒到达下呼吸道的数量减少，达不到治疗的目的。当雾化颗粒气温过高，在通过管路输送的过程中，温度逐渐降低，容易使雾化颗粒凝结在输送管路中，使雾化颗粒到达下呼吸道的数量下降，也达不到治疗的目的。所以在应用装置时应该使用近于人体温度的恒温装置，并且尽可能减少输出管的长度，以便增加雾化颗粒的浓度，更好地达到治疗目的。

6.1.3.4 机械通气法

机械通气法就是使用人工方法或机械装置的通气以代替、控制或改变自发呼吸，达到增加通气量、改善换气功能、减轻呼吸功消耗等目的。

机械通气治疗的使用指征包括以下几种情况：（1）通气不足，依靠呼吸机提供部分或全部通气。（2）减少呼吸功耗，减轻心肺功能上和体力上的负担，缓解呼吸困难状况。（3）纠正通气/血流比例失调。以上机械通气对呼吸生理过程的影响，是决定是否采用机械通气治疗的重要依据。但是在开始机械通气之前，应充分估计患者的病情是否可逆，有无撤机的可能，以减少无意义的马拉松式的人力、物力消耗。

6.1.3.5　肺灌洗方法

大容量肺灌洗技术最先用于治疗肺泡蛋白沉着症。1983 年南京胸科医院首先将其用于治疗尘肺病，收到较好的近期疗效，以后由中国煤矿工人北戴河疗养院等引进此项技术，开展大批量煤工尘肺、矽肺及其他无机粉尘所致尘肺病的治疗研究。经过二十余年的探索及改进，此项技术不断完善，从单侧分期整洗到双肺同期大容量灌洗。截至目前已治疗尘肺病人 2220 余例，均未发生意外。越南、俄罗斯等国的患者也来我国接受灌洗疗法，取得较好的近期效果。其作用机理可能为消除肺内部分粉尘、吞噬细胞和有害因子，从而改善症状和肺功能。对有接触史和可疑尘肺工人进行灌洗可能防止其发病。

大容量全肺灌洗（WLL）的治疗机理是针对病人始终存在于肺部的粉尘和炎性细胞而采取的治疗措施，不但能消除肺泡内的粉尘、巨噬细胞及致炎症、致纤维化因子等，而且还可改善症状，改善肺功能，是一种去除病因的疗法，是其他方法所不能代替的。

大容量肺灌洗治疗尘肺及其他肺部疾病的适应症：（1）各种无机尘肺，包括矽肺、煤工尘肺、水泥尘肺、电焊工尘肺等，且无合并活动性肺结核、肺大泡、严重肺气肿、支气管畸形及严重心脏病、高血压、血液病等，年龄一般 60 岁以下。（2）重症和难治性下呼吸道感染，如难治的喘息性支气管炎、支气管扩张症。（3）肺泡蛋白沉积症。（4）慢性哮喘持续状态。（5）吸入放射性粉尘的消除。

双肺同期大容量灌洗治疗尘肺的方法介绍：患者在全身麻醉下采用双腔气管插管。插管到位后，将气管导管套囊充气膨胀至完全封闭气道，左右侧完全隔开，使一侧肺通气，另一侧肺灌洗。灌洗前以 100%纯氧通气至少 20min，以充分冲洗肺内氮气，提高氧储备。然后将患者置于患侧卧位，使通气肺在上，灌洗肺在下，用血管钳阻断灌洗肺的通气，观察单侧肺通气情况，调节呼吸参数，使脉搏容积血氧饱和度（SPO_2）达到 90%以上。将三通管一端连接于双腔气管插管的灌洗侧肺的接口上，一端连于 1000mL 装的灌洗瓶，另一端与负压引流瓶相连，灌瓶高度距离手术床 100cm 左右。以 100mL/min 左右的速度向肺内注入加温至 37℃ 的生理盐水，每次灌洗量为 500mL，采用 80 ~ 100mmHg（1mmHg =

0.133kPa）负压吸引，观察回收液的颜色，反复灌洗直至回收液颜色完全变消，记录回收量，总量可达 20~40L。

灌洗过程中监测患者的心电图，血压、SPO_2 及通气侧肺的呼吸音。由于受重力影响，通气侧肺的血流激注减少，注入灌洗液后，灌洗侧内压增加，可使通气侧的血流灌注增加，从而改普通气血流比，可使 SPO_2 略有上升。若术中发现通气侧肺出现湿啰音，或术中一旦 SPO_2 下降至 90%以下，需考虑是否有气管套囊渗漏或出现肺水肿，应立即停止灌洗，改双肺通气，静注速尿，待情况稳定后再予灌洗。出现上述情况的病例，灌洗结束后应在术后复苏室继续机械通气约 1h，再拔除双腔管。若经处理 SPO_2 仍不能维持在 90%以上，应换单腔气管导管，送监护病房，予机械通气，并监测动脉血气，电解质，复查 X 射线胸片，12h 后拔管。在灌洗结束后，继续间断负压吸引，以尽可能减少灌洗液残留在肺内；灌洗后继续机械通气约 1h，若术中给予 20mg 速尿静注，可大大减少术后发生肺水肿的可能，使灌洗侧肺在短时间内恢复通气。患者可于灌洗后 48h 内症状和生理指标得到改善，但对病情的控制尚难以定论。大容量同期双肺灌洗所需技术条件较高，具有一定危险性，其主要并发症：（1）肺内分流增加，影响气体交换。（2）灌入的生理盐水流入对侧肺。（3）低血压。（4）液气胸。（5）支气管痉挛。（6）肺不张。（7）肺炎等。

6.2 职业中毒的预防和治疗

职业中毒的急救和治疗原则：职业中毒的治疗可分为病因治疗、对症治疗和支持疗法三类。病因治疗的目的是尽可能消除或减少致病的物质基础，并针对毒物致病的机制进行处理。及时合理的对症处理是缓解毒物引起的主要症状，促进机体功能恢复的重要措施。支持疗法可改善患者的全身状况，促进康复。

（1）急性职业中毒。急性中毒发病迅速，应立即采取以下措施。

1）现场急救。脱离中毒环境，立即将患者移至上风向或空气新鲜的场所，注意保持呼吸道通畅。若患者衣服、皮肤被毒物污染，应立即脱去污染的衣服，并用清水彻底冲洗皮肤（冬天宜用温水）；如遇水可发生化学反应的物质，应先用干布抹去污染物，再用水冲洗。现场救治时，应注意对心、肺、脑、眼等重要脏器的保护。对重症患者，应严密注意其意识状态、瞳孔、呼吸、脉搏、血压的变化；若发现呼吸、循环障碍时，应及时对症处理，具体措施与内科急救原则相同。对严重中毒需转送医院者，应根据症状采取相应的转院前救治措施。

2）阻止毒物继续吸收。患者到达医院后，如发现现场紧急清洗不够彻底，则应进一步清洗。对气体或蒸气吸入中毒者，可给予吸氧；经口中毒者，应立即催吐、洗胃或导泻。

3）解毒和排毒。应尽早使用解毒排毒药物，解除或减轻毒物对机体的损害。

必要时，可用透析疗法或换血疗法清除体内的毒物。常用的特效解毒剂有：①金属络合剂：主要有依地酸二钠钙（$CaNa_2EDTA$）、二乙三胺五乙酸三钠钙（DT-PA）、二巯丙醇（BAL）、二巯丁二钠（NaDMS）、二巯基丁二酸等，可用于治疗铅、汞、砷、锰等金属和类金属中毒。②高铁血红蛋白还原剂常用的有美蓝（亚甲蓝），可用于治疗苯胺、硝基苯类等高铁血红蛋白形成剂所致的急性中毒。③氰化物中毒解毒剂，如亚硝酸钠-硫代硫酸钠疗法，主要用于救治氰化物、丙烯腈等含“CN—”化学物所致的急性中毒。④有机磷农药中毒解毒剂主要有氯解磷定、解磷定、阿托品等。⑤氟乙酰胺中毒解毒剂常用的有乙酰胺（解氟灵）等。

4）对症治疗。由于针对病因的特效解毒剂种类有限，因而对症治疗在职业中毒的救治中极为重要，主要目的在于保护体内重要器官的功能，缓解病痛，促使患者早日康复，有时可挽救患者的生命。其治疗原则与内科处理类同。

（2）慢性职业中毒。慢性职业中毒早期常为轻度可逆的功能性改变，继续接触则可演变成严重的器质性病变，故应及早诊断和处理。

中毒患者应脱离毒物接触，及早使用有关的特效解毒剂，如NaDMS、$CaNa_2EDTA$等金属络合剂。但目前此类特效解毒剂为数不多，应针对慢性中毒的常见症状，如类神经症、精神症状、周围神经病变、白细胞降低、接触性皮炎、慢性肝、肾病变等，对患者进行及时合理的对症治疗，并注意适当的营养和休息，促进康复。慢性中毒患者经治疗后，应对其进行劳动能力鉴定，并安排合适的工作或休息。

6.2.1　刺激性气体中毒的预防和治疗

6.2.1.1　刺激性气体中毒的预防

刺激气体对人群的危害是突发性事故造成的群体性中毒和死亡，因此，预防控制的重点是消除刺激性气体中毒事故隐患，早期发现和预防重度中毒，加强现场急救，预防控制并发症。

A　消除事故隐患，控制接触水平

（1）加强对可能产生的刺激性气体、输送管道、贮槽或钢瓶等的维修及灌注、储存和运送通道的安全防范，做好防爆、防火、防漏。

（2）生产和使用刺激性气体的设备和过程实行密闭化、自动化及局部吸出式通风，做好废气的回收和利用。

（3）定期进行环境检测，及时发现刺激性气体超过最高容许浓度的原因，提出改进措施。

（4）提高作业人员素质与自我保健意识。加强职工上岗前安全培训，自觉执行安全操作规程，穿戴防护衣帽和防毒口罩。

B 提高现场急救水平，控制毒物吸收

（1）有潜在事故隐患作业，配置急救设备，如防毒面具、冲洗设备等，开展急救训练，并定期对急救设备和防毒面具进行维修和有效性检验。

（2）尽快使染毒者脱离接触，进入空气新鲜地带，迅速脱去污染衣服。皮肤、眼染毒立刻进行清洗或中和解毒，视吸入或接触气体为酸性或碱性，分别以3%~5%碳酸氢钠或3%~5%硼酸、柠檬酸冲洗，或湿敷，或呼吸道雾化吸入。

6.2.1.2 刺激性气体中毒的治疗

A 现场急救

迅速疏散可能接触者，脱离有毒作业场所并对病情做出初步估计和诊断。患者应迅速移至通风良好的地方，脱去被污染的衣裤，注意保暖。处理灼伤及预防肺水肿：用水彻底冲洗污染处及双眼，吸氧、静卧、保持安静。对于出现肺水肿、呼吸困难或呼吸停止的患者，应尽快给氧，进行人工呼吸，心脏骤停者可给予心脏按压，有条件的可给予支气管扩张剂与激素。凡中毒严重者采取了上述抢救措施后，应及时送往医院抢救。保护和控制现场、消除中毒因素。按规定进行事故报告，组织事故调查。对健康工人进行预防健康筛检。

B 治疗原则

（1）刺激性气道或肺部炎症。给予止咳、化痰、解痉药物，适当给予抗菌治疗。急性酸或碱性气体吸入后，应及时吸入不同的中和剂，如酸吸入后，应给予4%碳酸氢钠气雾吸入；而碱吸入后，应给予2%硼酸或醋酸雾化吸入。

（2）中毒性肺水肿与ARDS。迅速纠正缺氧，合理氧疗：早期轻症患者可用鼻导管或鼻塞给氧，氧浓度为50%。肺水肿或ARDS出现严重缺氧时，机械通气治疗是纠正缺氧的主要措施。常用的通气模式为呼气末正压（PEEP），该种方法由于呼气时肺泡仍能维持正压，防止肺泡萎陷，改善肺内气体分布，增加氧弥散、促进CO_2排出、纠正通气/血流失调，改善换气功能，从而减少病死率。

降低肺毛细血管通透性，改善微循环：应尽早、足量、短期应用肾上腺皮质激素，常用大剂量地塞米松，以减轻肺部炎症反应，减少或阻止胶体、电解质及细胞液等向细胞外排出，维持气道通畅；提高机体的应激能力。同时合理限制静脉补液量，ARDS应严格控制输入液体量，保持体液负平衡。为减轻肺水肿，可酌情使用少量利尿剂等。

保持呼吸道通畅，改善和维持通气功能：可吸入去泡沫剂二甲硅酮，以降低肺内泡沫的表面张力，清除呼吸道中水泡，增加氧的吸入量和肺泡间隔的接触面积，改善弥散功能；还可适当加入支气管解氢药氢溴酸东莨菪碱，以松弛平滑肌，减少黏液分泌，改善微循环。可根据毒物的种类不同，尽早雾化吸入弱碱（4%碳酸氢钠）或弱酸（2%硼酸或醋酸），以中和毒物；必要时施行气管切开、吸痰。

（3）积极预防与治疗并发症。根据病情可采取相应的治疗方法，并给予良好的护理及营养支持等，如继发性感染、酸中毒、气胸及内脏损伤等。

C　其他处理

一般情况下，轻、中度中毒治愈后，可恢复原工作。重度中毒治愈后，原则上应调离刺激性气体作业（参见 GBZ 72—2009）。急性中毒后如有后遗症，结合实际情况，妥善处理。

由于多数职业性毒物并无特殊解毒药物，故对症支持治疗实际上是职业中毒的主要治疗措施，是维持生命、争取抢救时间的重要保障，更是修复机体功能、促进机体康复的必要基础。

解毒治疗属于病因治疗的重要组成部分，其又可分为非特异性和特异性解毒两大类。

a　非特异性解毒治疗

（1）加速转化解毒有以下几种方法：

1）葡醛内酯，也称“肝泰乐”，水解后生成的葡萄糖醛酸可在肝内与多种有机化合物结合，生成低毒物质由尿排出。这种药的口服片剂（50mg）和注射剂（100mg）市场均有供应。

2）还原型谷胱甘肽，因含有丰富的巯基，故可保护体内含巯基的酶类，并能有效清除自由基，抑制脂质过氧化反应，是用途十分广泛的非特异性解毒剂。常用其注射剂，每日 600~1200mg 肌内或静脉注射。

3）乙酰半胱氨酸（N-acetylcysteine），进入体内可以合成谷胱甘肽，用途与谷胱甘肽相同；此外，它还是醋氨酚（对乙酰氨基酚）的特殊解毒剂及化痰药。市场有片剂或胶囊供应，剂量均为每片 200mg。

（2）阻止毒物吸收有以下几种方法：

1）葡萄糖酸钙，可与氟化物生成氟化钙，与乙二醇、乙二酸的代谢产物草酸生成不溶性草酸钙，达到解毒的目的。可用来洗胃、口服（0.2g，3 次/天）、静脉注射（10%10mL，1~2 次/天）。

2）硫酸钠，可与钡离子迅速结合成不溶性硫酸坝，达到解毒的目的。可用以吸胃（1%溶液）、口服（5%200mL，2 次/天）、静脉注射（20%20~40mL，1~2 次/天）。

3）普鲁士蓝，也称中国蓝，化学结构式为 $KFe[Fe(CN)_6]$ 属化学试剂，主要用于抢救误服铠、铊（Cs）等，其结构中的钾可与上述元素置换而形成不溶性化合物从粪便排出。常以 15g 溶于 20%甘露醇 250mL 中，分 6 次口服或经胃管灌入。

4）褐藻酸钠，是由褐藻中提取，不被胃肠道吸收，对锶（Sr）等金属有特殊亲和力，可预防和治疗锑中毒；用法为2%溶液600mL。

（3）阻遏毒性发挥有以下几种方法：

1）硫代硫酸钠，为供硫体，并可与氧离子、金属元素形成低毒化合物排出，属广谱解毒剂；用法为10%溶液10~20mL静注，1次/天。

2）乙醇可与甲醇、乙二醇在体内竞争醇脱氢酶，阻止上述二物在体内生成毒性较强的甲酸、草酸，达到阻遏其毒性发挥的效果；常用剂量为50%乙醇30mL口服，每4~6小时一次。

3）维生素B6（VitB6）可抑制肼类化合物（肼、甲基肼、二甲基肼、异烟肼等）的毒性；因该类化合物可与吡哆醛形成复合物而对磷酸吡哆醛激酶产生明显抑制，使吡哆醛不能转化为有活性的VitB6，从而影响脑内抑制性神经递质γ-氨基丁酸（GABA）生成，引起惊厥发生；大剂量VitB6有助于消除上述不良后果，控制惊厥；一般可用VitB6 1g加入葡萄糖溶液静脉滴注，直至症状消失。

4）维生素K1（VitKj）可抑制某些杀鼠剂（如茚满二酮类、双香豆素类）抗凝血毒性，因这些化合物化学结构与VitK相似，故在体内与VitK发生竞争，导致机体凝血功能障碍。补充VitK可有效对抗上述杀鼠药的毒性，常用剂量为50mg静注后，再改为10~20mg肌注，1~4次/天。

（4）清除自由基。研究表明，不少理化因素的损伤机制与自由基和脂质过氧化反应有关，使用自由基清除剂是职业病领域近年的重要进展之一。常用的自由基清除剂也称抗氧化剂，除谷酰甘肽外，还有：1）维生素E（VitE），它是自由基链式反应的终止剂，常用剂量为100~200mg/次。2）维生素C（VitC），它与VitE有协同作用，本身也可清除超氧阴离子、羟基阴离子，常用量为600~1200mg/d，口服或静注。3）R-胡萝卜素，具有很强的抗氧化能力，常用剂量为6~12mg/d。4）辅酶Q10也是体内重要的抗氧化剂，可口服、肌注或静注，5~10mg/次。5）糖皮质激素，用量需大，且应早期、短程使用。

b 特异性解毒治疗

特异性解毒治疗主要是金属络合剂，其对各种金属均具一定的亲和力，对有害金属的亲和性更强，故在临床常用于金属中毒治疗。常用的络合剂有两大类：巯基络合剂和氨羧络合剂。（1）巯基络合剂，如二巯基丙醇（BAL）、二巯丙磺钠（Na—DMPS）、二巯丁二酸（DMSA）、青霉胺（PCA）、巯乙胺也称半胱胺，或R-巯基乙胺（MEA）等。（2）氨羧络合剂，常见的有：依地酸钙钠也称乙二胺四乙酸二钠钙，喷替酸钙钠，也称二乙胺五乙酸三钠钙，或促排灵、喷替酸锌钠（也称二乙胺五乙酸三钠钙，或新促排灵）等。（3）其他络合剂，如金精三羧酸（ATA）、喹氨酸也称螯核羧酚、羟乙基乙二胺三乙酸、去铁胺也称去铁敏、乙烯胺基丙烯二磷酸钙钠也称 S186、对氨基水杨酸、二硫代氨基甲酸酯类等。

使用络合剂治疗需严格控制剂量，对于儿童尤需谨慎使用，因该类药的选择性不强，可能会同时排出大量其他微量元素如锌、铜、钙、镁等，产生“过络合综合征”，必要时可补充微量元素。

c　其他特殊治疗

（1）急性氰化物中毒。采用“亚硝酸钠-硫代硫酸钠疗法”也可用 4-二甲氨基苯酚或大剂量（10mg/kg）亚甲蓝取代亚硝酸钠作为高铁血红蛋白生成剂；欧美则推崇用依地酸二钴或羟钴胺直接络合氧氰离子排出。

（2）高铁血红蛋白血症。采用“还原疗法”，常用药物为亚甲蓝 1～2mg 静注；也有用甲苯胺蓝 0.4～0.8g 或硫堇 20～40mg 静注。

（3）急性有机磷中毒。常规应用“阿托品”胆碱酯酶复能剂疗法。复能剂中以氯解磷定、碘解磷定、双复磷较常用；其次为甲磺磷定、双磷定（TMB—4）等；阿托品类近年还使用山莨菪碱、樟柳碱、东莨碘间及较长效的格隆镍铵等。

（4）急性有机氟杀鼠药中毒。常规使用乙酰胺 2.5～5g 肌注，每日 2～4 次，连用 5～7 天；也可用乙醇代替乙酰胺使用。

（5）急性毒鼠强中毒。采用综合疗法，及时洗胃导泻，尽早血液灌流，全力防治抽搐。辅用巯基药物，积极对症处理。

（6）急性铊中毒。采用综合疗法，早期血液净化，积极补液利尿，口服普鲁士蓝，联用巯基药物，规范补充钾盐。

6.2.2　窒息性气体中毒的预防和治疗

6.2.2.1　窒息性气体中毒的预防

窒息性气体事故的主要原因是：设备缺陷和使用中发生跑、冒、滴、漏；缺乏安全作业规程或违章操作。

中毒死亡多发生在现场或送院途中。现场死亡除窒息性气体浓度高外，主要由于施救者不明发生窒息事故的原因，缺乏急救的安全措施，施救过程不做通风或通风不良而致施救者也窒息死亡；缺乏有效的防护面具；劳动组合不善，在窒息性气体环境单独操作而得不到及时发现与抢救，或窒息昏倒于水中溺死。据此，预防窒息性气体中毒的重点在于以下几个方面。

（1）严格管理制度，制订并严格执行安全操作规程。

（2）定期设备检修，防止跑、冒、滴、漏。

（3）窒息性气体环境设置警示标识，装置自动报警设备，如一氧化碳报警器等。

（4）加强卫生宣教，做好上岗前安全与健康教育，普及急救互救知识和技能训练。

（5）添置有效防护面具，并定期维修与效果检测。

（6）高浓度或通风不良的窒息性气体环境作业或抢救，应先进行有效的通风换气，通风量不少于环境容量的3倍，佩戴防护面具，并有人保护。

6.2.2.2 窒息性气体中毒的治疗

A 治疗原则

窒息性气体中毒病情危急，应分秒必争进行抢救。其中，包括有效的解毒剂治疗，及时纠正脑缺氧和积极防治脑水肿，是治疗窒息性气体中毒的关键。

B 处理原则

积极防治肺水肿和ARDS是抢救刺激性气体中毒的关键。

C 现场急救

窒息性气体中毒的抢救，关键在及时，重点在现场。窒息性气体中毒存在明显剂量效应关系，特别强调迅速阻止毒物继续吸收，尽快解除体内毒物毒性。（1）尽快脱离中毒现场，立即吸入新鲜空气。入院病人已脱离现场，仍应彻底清洗被污染的皮肤。（2）严密观察生命体征，危重者易发生中枢性呼吸循环衰竭；一旦发生，应立即进行心肺复苏；呼吸停止者，立即人工呼吸，给予呼吸兴奋剂。（3）并发肺水肿者，给予足量、短程糖皮质激素。

D 氧疗法急救

氧疗法是急性窒息性气体中毒急救的主要常规措施之一。采用各种方法给予较高浓度（40%~60%）的氧，以提高动脉血氧分压，增加组织细胞对氧的摄取能力，激活受抑制的细胞呼吸酶，改善脑组织缺氧，阻断脑水肿恶性循环，加速窒息性气体排出。

E 尽快给予解毒剂

（1）急性氰化物中毒。可采用亚硝酸钠-硫代硫酸钠联合解毒疗法进行驱排。近年来有人采用高铁血红蛋白（MtHb）形成剂10%的（4-二甲基氨基苯酮，4-DMAP）效果良好，作用快，血压下降等副作用小。重症者可同时静注15%硫代硫酸钠50mL，以加强解毒效果；也可用美蓝-硫代硫酸钠疗法，即采用美蓝代替亚硝酸钠，但剂量应加大；或用对氨基苯丙酮（PAPP）治疗。

（2）硫化氢中毒。可应用小剂量美蓝（20~120mg）治疗。理论上也可给予氰化氢解毒剂，但硫化氢在体内转化速率很快，且上述措施会生成相当量高铁血红蛋白（MtHb）而降低血液携氧能力，故除非在中毒后立即使用，否则可能弊大于利。

（3）一氧化碳中毒。无特殊解毒药物；但高浓度氧吸入，可加速HbCO解离，可视为“解毒”措施。

（4）苯的氨基或硝基化合物中毒。可致高铁血红蛋白血症，目前以小剂量美蓝还原仍不失为最佳解毒治疗。

（5）单纯窒息性气体中毒。无特殊解毒剂；但二氧化碳中毒可给予呼吸兴奋剂，严重者用机械过度通气，以促进二氧化碳排出，也可视作“解毒”措施。

F　积极防治脑水肿

脑水肿是缺氧引起的最严重后果，也是窒息性气体中毒死亡的最重要原因。因此，防治脑水肿是急性窒息性气体中毒抢救成败的关键；要点是早期防治、力求脑水肿不发生或程度较轻。

除了防治缺氧性脑水肿的基础措施外，还应采取措施：（1）给予脑代谢复活剂，如 ATP、细胞色素 C、辅酶 A，或能量合剂同时应用肌酐、谷氨酸钠、γ-氨络酸、乙酰谷氨酰胺、胞磷胆碱、二磷酸果糖、脑活素等。（2）利尿脱水，常用药物为 20%甘露醇或 25%山梨醇，也可与利尿药交替使用。（3）糖皮质激素的应用，对急性中毒性脑水肿有一定效果，常用药物地塞米松，宜尽早使用，首日应用较大的冲击剂量。

G　对症支持疗法

（1）谷胱甘肽。作为辅助解毒剂，加强细胞抗氧化作用，加速解毒。

（2）低温与冬眠疗法。可减少脑氧耗量，降低神经细胞膜通透性，并有降温作用，以保护脑细胞，减轻缺氧所致脑损害。

（3）二联抗生素预防感染。

（4）抗氧化剂。对活性氧包括氧自由基及其损伤作用具有明显抵御清除效果。用维生素 E、大剂量维生素 C、β-胡萝卜素及小剂量微量元素硒等拮抗氧自由基。

（5）纳洛酮。这是一种特异性阿片受体拮抗剂、卓越的神经元保护剂，对一氧化碳中毒患者起到有效的治疗作用，并有可能抑制一氧化碳中毒后的大脑后脱髓鞘和细胞变性，减少一氧化碳中毒后迟发性脑病的发生率。

（6）苏醒药。常用的有：克脑迷（乙胺硫脲、抗利痛），氯酯醒（甲氯芬酯、遗尿丁），胞磷胆碱，脑复康等，配合其他脑代谢复活药物，常可收到较好效果。

（7）钙通道阻滞剂。可阻止 Ca^{2+} 向细胞内转移，并可直接阻断血栓素的损伤作用，广泛用于各种缺血缺氧性疾患。常用药物有心可定、导博定、硝苯地平。

（8）缺氧性损伤的细胞干预措施。缺氧性损伤的分子机制主要有活性氧生成及细胞内钙超载，故目前的细胞干预措施主要针对这两点，目的在于将损伤阻遏于亚细胞层面，不使其进展为细胞及组织损伤。

（9）改善脑组织灌流。主要措施为：1）维持充足的脑灌注压，要点是使血压维持于正常或稍高水平，故应及时纠正任何原因的低血压，但也应防止血压突然增加过多，以免颅内压骤增。紧急情况下可用4~10℃生理盐水或低分子右旋糖酐（300~500mL/0.5h）经颈动脉直接快速灌注，以达降温、再通微循环目的。2）纠正颅内“盗血”可采用中度机械过度换气法进行纠正。因 $PaCO_2$ 降低后，可使受缺氧影响较小的区域血管反射性收缩，血液得以重新向严重缺氧区灌注，达到改善脑内分流、纠正“盗血”的目的。一般将 $PaCO_2$ 维持在4kPa（30mmHg）即可，$PaCO_2$ 过低可能导致脑血管过度收缩，反而有加重脑缺氧的现象。3）改善微循环状况可使用低分子（MW2万~4万）右旋糖酐，有助于提高血浆胶体渗透压、回收细胞外水分、降低血液黏稠度、预防和消除微血栓，且可很快经肾小球排出而具有利尿作用；一般可在24h内投用1000~1500mL。

（10）控制并发症。1）预防硫化氢中毒性肺水肿的发生发展，早期、足量、短程应用激素。2）预防一氧化碳中毒迟发性神经精神后发症，应用高压氧治疗或面罩加压给氧。

（11）其他对症处理。如对角膜溃烂等及时进行处理。

6.2.3 金属中毒的预防和治疗

6.2.3.1 铅

A 铅中毒的预防

定期对工人进行体检，有铅吸收的工种应早期进行驱铅治疗。妊娠及哺乳期女工应暂时调离铅作业。有贫血、卟啉病、多发性周围神经病的人员禁止从事铅作业。

B 铅中毒的治疗

（1）观察对象可继续原工作，3~6个月复查一次或进行驱铅试验，明确是否为轻度铅中毒。

（2）轻度、中度中毒治愈后可恢复原工作，不必调离铅作业。

（3）重度中毒必须调离铅作业，并根据病情给予治疗和休息，如需劳动能力鉴定者按GB/T 16180处理。

（4）治疗方法包括以下几种。

1）驱铅疗法。常用金属络合剂驱铅，一般3~4日为一疗程，间隔3~4日，根据病情使用3~5个疗程，剂量及疗程应根据患者具体情况结合药物的品种、剂量而定。首选依地酸二钠钙（$CaNa_2$-EDTA），每日1.0g静脉注射或加入25%葡萄糖液静脉滴注，$CaNa_2$-EDTA可与体内的钙、钠等形成稳定的络合物而排出，可能导致血钙降低及其他元素排出过多，故长期用药可出现“过络合综合征”患者自觉疲劳、乏力、食欲减退等，应注意观察。二巯丁二钠（Na-DMS）每日1.0g，用生理盐水或5%葡萄糖液配成5%~10%浓度静脉注射。二巯基丁二酸胶囊（DMSA）副作用小，可口服，剂量为0.5g，每日3次。

2）对症疗法。根据病情给予支持疗法，如适当休息、合理营养等；如有类神经症者给以镇静剂，腹绞痛发作时可静脉注射葡萄糖酸钙或皮下注射阿托品。

3）一般治疗。适当休息，合理营养、补充维生素等。

6.2.3.2　汞

A　汞中毒的预防

汞作业工人每年应坚持健康体检，检查出汞中毒的病人应调离汞作业并进行驱汞治疗。坚持就业前体检，患有明显肝、肾和胃肠道器质性疾患、口腔疾病、精神神经性疾病等应列为职业禁忌证，均不宜从事汞作业。妊娠和哺乳期女工应暂时脱离汞作业。

B　汞中毒的治疗原则

（1）急性中毒治疗原则。迅速脱离现场，脱去污染衣服，静卧，保暖；驱汞治疗，用二巯基丙磺酸钠或二巯丁二钠治疗；对症处理与内科相同。但需要注意口服汞盐患者不应该洗胃，应尽快口服蛋清、牛奶或豆浆等，以使汞与蛋白质结合，保护被腐蚀的胃壁。也可用0.2%~0.5%的活性炭洗胃，同时用50%硫酸镁导泻。

（2）慢性中毒治疗原则。应调离汞作业及其他有害作业；驱汞治疗用二巯基丙磺酸钠或二巯丁二钠、二巯基丁二酸治疗；对症处理和内科相同。

驱汞治疗应尽早尽快。急性中毒时，可用二巯基丙磺酸钠125~250mg，肌肉注射，每4~6h 1次，2天后125mg，每日1次，疗程视病情而定；慢性中毒时，可用二巯基丙磺酸钠125~250mg，肌肉注射，每日1次，连续3天，停4天为一疗程。一般用药3~4个疗程，疗程中需进行尿汞监测。当汞中毒肾损害时，尿量在约400mL/天以下者不宜使用二巯基丙磺酸镉、二巯丁二钠、二巯基丁二酸。

其他处理观察应加强医学监护，可进行药物驱汞；急性和慢性轻度汞中毒者治愈后可从事正常工作；急性和慢性中毒及重度汞中毒者治疗后不宜再从事接触汞及其他有害物质的作业；如需劳动能力鉴定，按GB/T 16180—2006处理。

6.3　矿山物理因素引起职业病的预防和治疗

6.3.1　中暑和冻伤的预防和治疗

6.3.1.1　中暑的预防和治疗

A　中暑的预防

对高温作业工人应进行就业前和入暑前体格检查。凡有心血管系统器质性疾病、血管舒缩调节功能不全、持久性高血压、溃疡病、活动性肺结核、肺气肿、肝、肾疾病，明显的内分泌疾病（如甲状腺功能亢进）、中枢神经系统器质性疾病、过敏性皮肤瘢痕患者、重病后恢复期及体弱者，均不宜从事高温作业。

B 中暑的治疗

中暑的治疗主要依据其发病机制和临床症状进行对症治疗，体温升高者应迅速降低体温。

（1）轻症中暑。应使患者迅速离开高温作业环境，到通风良好的阴凉处安静休息，给予含盐清凉饮料，必要时给予葡萄糖生理盐水静脉滴注。

（2）重症中暑。1）热射病。迅速采取降低体温、维持循环呼吸功能的措施，必要时应纠正水、电解质平衡紊乱。2）热痉挛。及时口服含盐清凉饮料，必要时给予葡萄糖生理盐水静脉滴注。3）热衰竭。使患者平卧，移至阴凉通风处，口服含盐清凉饮料，对症处理。静脉给予生理盐水虽可促进恢复，但通常无必要，升压药不必应用，尤其对心血管疾病患者慎用，避免增加心脏负荷，诱发心衰。

对中暑患者及时进行对症处理，一般可很快恢复，不必调离原作业。若因体弱不宜从事高温作业，或有其他就业禁忌证者，应调换工种。

6.3.1.2 冻伤的预防和治疗

A 冻伤的预防

环境温度低于-1℃，尚未出现中心体温过低时，表浅或深部组织即可冻伤，因此手、脚和头部的御寒很重要。低温作业人员的御寒服装面料应具有导热性小，吸湿和透气性强的特性。在潮湿环境下劳动，应发给橡胶工作服、围裙、长靴等防湿用品。工作时若衣服浸湿，应及时更换并烘干。教育、告诉工人体温过低的危险性和预防措施：肢端疼痛和寒战（提示体温可能降至35℃）是低温的危险信号，当寒战十分明显时，应终止作业。劳动强度不可过高，防止过度出汗。禁止饮酒，酒精除影响注意和判断力外，由于使血管扩张，减少寒战，增加身体散热而诱发体温过低。

人体皮肤在长期和反复寒冷作用下，会使表皮增厚，御寒能力增强而适应寒冷。故经常冷水浴或冷水擦身或较短时间的寒冷刺激结合体育锻炼，均可提高对寒冷的适应。此外，适当增加富含脂肪、蛋白质和维生素的食物。

B 冻伤的治疗

（1）皮损初起未破溃者。用10%樟脑酊、10%樟脑软膏、冻疮膏或蜂蜜猪油软膏（含70%蜂蜜和30%猪油），选其中1~2种外用，每日2~3次。温热水浸泡局部后再擦，并反复揉擦患处。

（2）已破溃者。除上述药膏外，可加雷夫奴尔糊膏、1%红霉素软膏、0.5%新霉素软膏或10%鱼石脂软膏等，每日1次外用。

（3）中医验方。宜温阳散寒、活血通络，药方用当归四逆汤及验方桂枝红花汤加麻黄3~6g煎服。冻疮溃疡可用紫云膏（紫草30g、胡麻油100mL、黄蜡150g）外敷。

6.3.2　减压病和高原病的预防和治疗

6.3.2.1　减压病的预防和治疗

A　减压病的预防

凡患神经、精神、循环、呼吸、泌尿、血液、运动、内分泌、消化系统的器质性疾病和明显的功能性疾病者；患眼、耳、鼻、喉及前庭器官的器质性疾病者；此外，凡年龄超过50岁者、各种传染病患者、过敏体质者等也不宜从事此项工作。

B　减压病的治疗

对减压病的唯一根治手段是及时加压治疗以消除气泡。将患者送入特制的加压舱内，升高舱内气压到作业时的程度，停留一段时间，待患者症状消失后，再按规定逐渐减至常压，然后出舱。出舱后，应观察6~24h。及时正确运用加压舱，急性减压病的治愈率可达90%以上，对减压性骨坏死也有一定疗效。此外，还需辅以其他综合疗法如吸氧等。按减压病的病因学，在加压前应给予补液和电解质以补充丧失的血浆，有助于微循环功能的恢复。皮质类固醇能减轻减压病对脑和脊髓的损伤和水肿，可用于中枢神经系统病例。

6.3.2.2　高原病的预防和治疗

A　高原病的预防

职业禁忌证：凡有明显的心、肺、肝、肾等疾病、高血压Ⅱ期、各种血液病、红细胞增多症者等不宜进入高原地区。

B　高原病的治疗

（1）急性高原病。早期发现、早期诊断、休息并就地给予对症治疗；大流量给氧、高压氧、糖皮质激素、钙通道拮抗剂等治疗或转移至低海拔地区，现代直升机可将病员从6000m高海拔地区运出。

（2）慢性高原病。转移至低海拔地区，一般不宜再返回高原地区工作。

6.3.3 噪声聋的预防和治疗

6.3.3.1 噪声聋的预防

定期对接触噪声工人进行健康检查，特别是听力检查，观察听力变化情况，以便早期发现听力损伤，及时采取有效的防护措施。从事噪声作业的工人应进行就业前体检，取得听力的基础资料，便于以后的观察、比较。凡有听觉器官疾患、中枢神经系统和心血管系统器质性疾患或自主神经功能失调者，不宜从事强噪声作业。在对噪声作业工人定期进行体检时，发现高频听力下降者，应注意观察。对于上岗前听力正常，接触噪声 1 年便出现高频段听力改变，即在 3000、4000、6000Hz 任一频率任一耳听阈达 65dB（HL）者，应调离噪声作业岗位。对于诊断为轻度以上噪声聋者，更应尽早调离噪声作业，并定期进行健康检查。噪声作业应避免加班或连续工作时间过长，否则容易加重听觉疲劳。有条件的可适当安排工间休息，休息时应离开噪声环境，使听觉疲劳得以恢复。噪声作业人员要合理安排工作以外的时间，在休息时间内尽量减少或避免接触较强的噪声，包括音乐，同时保证充足的睡眠。

6.3.3.2 噪声聋的治疗

A 治疗原则

（1）观察对象、听力损伤及噪声聋者，应加强个人听力防护。其他症状者可进行对症治疗。

（2）对重度听力损伤及噪声聋者，应佩戴助听器。

B 治疗措施

噪声性听力损伤和噪声聋，尚无特效疗法，主要采取对症及支持营养治疗。如用烟酸、阿托品、654-2、维生素 A、维生素 B、溴化纳、丹参制剂等营养、调节神经、扩张血管、促进细胞代谢和活血化瘀的药物，也有用高压氧舱合并药物治疗者。人类毛细胞是否能再生尚在研究中。爆震性耳聋，应及时给予促进内耳血液循环和改善营养及代谢的药物，有鼓膜、中耳、内耳外伤的应防止感染，并及时对症治疗。经治疗后，轻者可部分或大部分恢复，严重者可致永久性耳聋。

经过治疗处理后，按照相关要求进行劳动能力鉴定。（1）对观察对象和轻度听力损伤者，应加强防护措施，一般不需要调离噪声作业环境。对中度听力损伤者，可考虑安排对听力要求不高的工作，对重度听力损伤及噪声聋者应调离噪声环境。（2）对噪声敏感者（即在噪声环境下作业 1 年内）观察对象达Ⅲ级及Ⅲ级以上者应该考虑调离噪声作业环境。

6.3.4　手臂振动病的预防和治疗

6.3.4.1　手臂振动病的预防

依法对振动作业工人进行就业前和定期健康体检，早期发现，及时处理患病个体。加强健康管理和宣传教育，提高劳动者保健意识。定期监测振动工具的振动强度，结合卫生标准，科学地安排作业时间。长期从事振动作业的工人，尤其是手臂振动病患者应加强日常卫生保健：生活应有规律，坚持适度的体育锻炼；坚持温水（40℃）浴，既可使精神紧张得以松弛，又能促进全身血液循环；应尽可能避免着凉，雨季或寒潮期间多饮姜汤热茶水；烟气中含尼古丁，可使血管收缩；吸烟者血液中一氧化碳浓度增高，可影响组织中氧的供应和利用从而诱发VWF，因此，应力求戒烟。

6.3.4.2　手臂振动病的治疗

目前尚无特效疗法，基本原则是根据病情进行综合性治疗。应用扩张血管及营养神经类药物，改善末梢循环。也可采用活血化瘀、舒筋活络类的中药治疗并结合物理疗法、运程疗法等，促使病情缓解。必要时进行外科治疗。患者应加强个人防护，注意手部和全身保暖，减少白指的发作。

观察对象一般不需调离振动作业，但应每年复查一次，密切观察病情变化。轻度手臂振动病调离接触手传振动的作业，进行适当治疗，并根据情况安排其他工作。中度手臂振动病和重度手臂振动病必须调离振动作业，积极进行治疗。一般认为，手臂振动病的预后取决于病情。应脱离振动作业，注意保暖，适当治疗，多数轻症可逐渐好转和痊愈。忽视振动作业工人健康管理，延误治疗等是影响振动病预后的主要因素。因此，加强振动作业工人健康管理应予重视。

参考文献

[1] 赵金垣．临床职业病学［M］．北京：北京大学医学出版社，2010.

[2] 李珏，王洪胜．矿山粉尘及职业危害防控技术［M］．北京：冶金工业出版社，2017.

[3] 王青．采矿学［M］．北京：冶金工业出版社，2001.

[4] 陈国山．金属矿地下开采［M］．北京：冶金工业出版社，2012.

[5] 蒋仲安．矿山环境工程［M］．北京：冶金工业出版社，2009.

[6] 李德鸿．尘肺病［M］．北京：化学工业出版社，2011.

[7] 金泰廙．职业卫生与职业医学［M］．北京：人民卫生出版社，2003.

[8] 企业物理因素危害防护［M］．北京：煤炭工业出版社，2015.

[9] 王世强，张斌．噪声作业听力保护手册［M］．北京：人民军医出版社，2015.

[10] 张斌，胡伟江．工业企业噪声危害控制及听力保护［M］．北京：化学工业出版社，2015.

[11] 陈青松，唐仕川．卫生工程手册职业环境、健康和安全［M］．北京：中国环境出版社，2017.

[12] 金龙哲，李晋平，孙玉福，等．矿井粉尘防治理论［M］．北京：科学出版社，2010.

[13] 张世雄，蒋国安，固体矿物资源开发工程［M］．湖北：武汉理工大学出版社，2005.

[14] 郝吉明，马广大，王书肖，等．大气污染控制工程［M］．北京：高等教育出版社，2010.

[15] 奚旦立，孙裕生．环境监测［M］．北京：高等教育出版社，2012.

[16] 傅贵．矿尘防治［M］．北京：中国矿业大学出版，2002.

[17] 陈卫红，邢景才，史延明，等．粉尘的危害与控制［M］．北京：化学工业出版社，2005.

[18] 陈国山，王洪胜．矿井通风与防尘［M］．北京：冶金工业出版社，2010.

[19] 蒋仲安，杜翠凤，牛伟．工业通风与除尘［M］．北京：冶金工业出版社，2010.

[20] 王洪胜．矿山安全与防灾［M］．北京：冶金工业出版社，2011.

[21] 浑宝炬，郭立稳．矿井粉尘检测与防治技术［M］．北京：化学工业出版社，2005.

[22] 费雷德.N. 基赛尔．编著，张敏，译．采矿粉尘控制手册［M］．北京：中国科学技术出版社，2014.

[23] 孙贵范．职业卫生与职业医学（第7版）［M］．北京：人民卫生出版社，2016.

[24] 孙文武，马金良．金属矿山环境保护与安全［M］．北京：冶金工业出版社，2012.

[25] 国强．职业健康监督管理指南（第2版）［M］．西安：西安交通大学出版社，2013.

[26] 李云初．粉尘防治与尘肺病研究［M］．太原：山西科学技术出版社，1992.